普通高等教育"十二五"规划教材

Visual FoxPro 数据库技术与应用
（第二版）

段新昱　徐　甜　主编

科学出版社

北　京

内 容 简 介

本书选取 Visual FoxPro 9.0 作为数据库应用系统的软件开发工具,详细介绍了数据库应用系统开发技术,主要内容包括:数据库基础知识、Visual FoxPro 9.0 基础、表和数据库、查询和视图、关系数据库标准语言 SQL、程序设计基础、面向对象程序设计基础、表单设计与应用、报表与标签设计、菜单设计、应用程序开发等。

本书强调理论与实践相结合,既注重基本原理和概念的介绍,又注重应用训练。书中内容由浅入深,循序渐进。精心设计和编写的例题,具有典型性,有助于学生理解概念、巩固知识、掌握要点。每章结尾均配有习题,实现教与学、学与练的统一,有助于学生巩固知识和提高学习效率。同时提供教材配套课件,便于学生自学。

本书可作为高等院校本科及大专开设的信息技术公共基础课教材,也可作为软件开发人员的培训教材,亦可作为广大数据库应用系统开发人员的参考书。

图书在版编目(CIP)数据

Visual FoxPro 数据库技术与应用 / 段新昱,徐甜主编. —2 版. —北京:科学出版社,2013.11
　普通高等教育"十二五"规划教材
　ISBN 978-7-03-038908-4

Ⅰ.①V… Ⅱ.①段… ②徐… Ⅲ.①关系数据库系统－程序设计－高等学校－教材 Ⅳ.①TP311.138

中国版本图书馆 CIP 数据核字(2013)第 247349 号

责任编辑:潘斯斯 张丽花 / 责任校对:宣 慧
责任印制:闫 磊 / 封面设计:迷底书装

科 学 出 版 社 出版
北京东黄城根北街 16 号
邮政编码:100717
http://www.sciencep.com

北京市文林印务有限公司 印刷
科学出版社发行 各地新华书店经销

*

2009 年 8 月第 一 版　　开本:787×1092 1/16
2013 年 12 月第 二 版　　印张:17
2014 年 12 月第七次印刷　字数:446 000

定价:35.00 元
(如有印装质量问题,我社负责调换)

前　　言

本书第一版自 2009 年 8 月出版至今，受到了广大读者的普遍欢迎。许多读者在使用本书的过程中，提出了许多宝贵的意见和建议，在此深表谢意。

本书在保持第一版教材的体系和风格的基础上，选用 Visual FoxPro 9.0 版软件作为数据库应用系统开发工具，对第一版的部分内容进行了合理取舍，并进行了大量修改、补充和完善，全书结构更加合理，突出了可视化的面向对象编程技术。

与第一版相比，新版在以下几方面做了修改、补充和调整：

(1) 采用最新版的 Visual FoxPro 9.0 作为数据库应用系统开发工具，应用其新增功能，可以更好、更快地设计某些特殊功能的应用程序。

(2) 表单部分增加了计时器、微调控件等多个表单控件和实例，使学生能够设计出功能更强大、更实用的表单。报表部分增加了标签的创建和使用，有利于学生设计特殊的报表。

(3) 数据库基础知识单列一章，将原来的自由表操作和数据库操作合为一章，程序设计基础放在后面并增加了一些与表文件相关的实例，使全书结构更加合理。

(4) 完善了课后习题。课后习题自成体系，完成了课后习题，就完成了一个小的应用系统设计。修改了附录中实验部分相关内容，实验完成后，也将成为一个小的应用系统。通过习题练习和课后实验，进一步强化学生的实践动手能力。

本书由段新昱、徐甜任主编。参与编写的作者均由长期工作在信息技术基础教学第一线的教师担任。具体分工如下：第 1、2、4 章由尚艳玲编写，第 3、5、10、11 章由张志彦、高国伟编写，第 6 章由徐甜编写，第 7 章和附录由武娜娜编写，第 8、9 章由金显华编写。

信息技术发展迅速，加上编者水平有限，书中难免存在疏漏和不足之处，恳请广大读者批评指正。

编　者

2013 年 3 月

目　录

第1章 数据库基础知识

数据库技术是计算机大量用于管理领域后发展起来的数据管理技术，它把大量的数据按一定的数据结构进行存储、集中管理和统一使用。目前数据库技术已广泛应用于许多方面。数据库技术是计算机科学与工程的重要组成部分，是学习计算机必须掌握的基本知识。

1.1 数据管理技术概述

1.1.1 数据和数据处理

1. 数据

数据是用来描述客观事物的可识别的符号。数据的概念既可以表示描述事物特性的数据内容，也可以表示存储在某种媒介上的数据表示形式。而数据的表示形式可以是多种多样的，比如某个人的出生日期是 1990 年 10 月 20 日，也可以表示成 1990/10/20 或 1990-10-20 的形式，表示的数据含义没有变化。随着多媒体技术的发展，数据不仅包括数字、字母、文字和其他特殊字符组成的文本形式的数据，而且还包括图形、图像、动画、声音、影像等多媒体数据。

2. 数据处理

数据处理是指对各种类型的数据进行采集、整理、存储、分类、排序、检索、维护、传输等一系列操作过程，目的是从大量的、原始的数据中获得人们所需要的有用数据成分，作为行为和决策的依据。也就是说，数据处理是将数据转换成信息的过程。从数据处理的角度来说，信息是一种被加工成特定形式的数据，这种数据形式对于用户来说是有意义的，所以数据处理也称为信息处理，是为了产生信息而处理数据。

通过处理数据可以获得信息，通过分析、筛选信息可以产生决策。在现代计算机中，在外存(如磁盘)中存储数据，通过计算机操作系统中的文件系统来管理外存上的数据，通过应用程序来对数据进行加工处理。

1.1.2 数据管理技术的发展

数据处理的核心是数据管理。数据管理是指对数据进行分类、组织、存储、检索和维护等。数据管理技术的好坏，直接影响数据处理的效率。数据管理大致经历了人工管理、文件系统、数据库系统 3 个阶段。

1. 人工管理阶段

人工管理阶段主要是在 20 世纪 50 年代中期之前，当时没有像磁盘这样的可以随机访问、直接存取的外存设备；没有专门管理数据的软件，数据由计算或处理它的程序自行携带；数据管理的任务完全由程序设计人员自行负责。

这个时期数据管理的特点是：数据不保存；没有专门的数据管理软件；数据与应用程序之间相互结合不可分割，数据不具有独立性；各程序之间的数据不能相互传递，缺少共享性。因而这种管理方式既不灵活也不安全，编程效率较差。

2. 文件系统阶段

从 20 世纪 50 年后期到 60 年代中期，在这个阶段，计算机用户使用数据文件来存放数据。数据文件可以脱离程序而独立存在，由一个专门的文件管理系统实施统一管理。常用的高级语言如 FORTRAN、C 语言，都支持使用数据文件。通常称支持这种数据管理方式的软件为文件管理系统。操作系统中的文件系统是专门管理外存上的数据的管理软件。

这个时期数据管理的特点是：数据能以文件的形式长期保存在外存设备上；数据与文件间有一定的独立性，但独立性低；各数据文件间缺乏有机的联系，数据冗余度大。

这种管理方式比人工管理方式前进了一步，但是由于不同数据文件之间缺乏相互联系，随着计算机处理信息量的不断增加，这种方式越来越不适应管理大量数据的需要。

3. 数据库系统阶段

在 20 世纪 60 年代末，数据管理技术进入数据库系统阶段。在数据库系统阶段，随着计算机网络技术和面向对象程序设计技术的发展，又出现了分布式数据库系统、对象数据库系统和网络数据库系统。

1）分布式数据库系统

在 20 世纪 80 年代，随着数据库技术的广泛应用和网络技术的迅速发展，数据库技术与网络技术相结合，产生了分布式数据库系统。在分布式数据库系统中，数据库中的数据存储在计算机网络的不同节点上，网络中的每个节点具有独立处理的能力，这些节点计算机通过高速网络相互通信，节点之间设有共享公共资源的内存或硬盘。

在分布式数据库系统中，应用分为局部应用和全局应用两种。局部应用是指仅仅操作本地节点上的数据库的应用；全局应用是指需要操作两个或两个以上节点中的数据库的应用。例如，一个银行系统中，有多个分支机构分布在不同的城市，每个分支机构都有自己的服务器节点用来维护该分支机构的所有账户的数据库，同时有若干个客户机，用来完成本地客户的存取款业务，这就是局部应用。分支机构的客户机也可以完成某些全局应用，比如不同分支机构中的账户之间的转账，就需要同时访问和更新两个节点上的数据库中的数据。不支持全局应用的数据库系统不能称为分布式数据库系统。

2）对象数据库系统

20 世纪 90 年代，数据库技术与面向对象技术相结合，出现了面向对象的数据库系统。面向对象数据库的研究有两种观点：一种是在面向对象程序设计语言中引入数据库技术，这一类数据库系统称为面向对象的数据库系统（Object Oriented DataBase System，OODBS）；另一种是在关系数据库系统中引入面向对象技术，这一类称为对象关系数据库系统（Object Relation DataBase System，ORDBS）。这两类统称为对象数据库系统，本书中所讲的主要是对象关系数据库系统。

3）网络数据库系统

客户机/服务器结构的出现，使得人们可以更加有效地利用计算机资源。通过网络将地理位置分散的、各自具备自主功能的若干台计算机和数据库系统有机地连接起来，并采用通信手段实现资源共享的系统称为网络数据库系统。

在网络环境中，为了使一个应用程序能访问不同数据库系统，需要在应用系统和不同的数据库管理系统之间加一层中间件。所谓中间件，是指网络环境中保证不同的操作系统、通信协议和数据库管理系统之间进行对话、互操作的软件系统。在 20 世纪 90 年代提出的开放数据库连接(Open DataBase Connectivity，ODBC)技术和 Java 数据库连接(Java DataBase Connectivity，JDBC)技术就是中间件技术。使用 ODBC 和 JDBC 技术进行数据库应用程序的设计，可以使应用系统的移植性更好。

1.2　数　据　模　型

数据模型是数据库管理系统组织和存储数据所采用的数据结构。通过数据模型能够表示数据对象及其相互之间的联系。

1.2.1　基本概念

1. 实体

客观存在且可以相互区别的事物称为实体。实体可以是实际的事物，也可以是抽象的事件。例如，学生、教师、课程等属于实际的事物，选课、借阅图书、授课就是比较抽象的事件。

2. 属性

描述实体的特性称为属性。例如，学生实体用学号、姓名、性别、出生日期、入学成绩等若干个属性来描述。属性的集合表示一种实体的类型，称为实体型。属性值的集合表示一个实体，同类型的实体的集合称为实体集。例如，(学号，姓名，性别，出生日期，入学成绩)表示学生实体型；(110701001，王美丽，女，1993/04/10，568)表示一个实体，是表示一个具体的人。

3. 实体集

具有相同属性的一类实体的集合称为实体集。例如，全体学生构成了学生实体集。

4. 联系

实体之间的对应关系称为联系，这种联系反映了现实世界事物之间的相互关联。例如，一个学生可以修多门课程，一门课程可以由多个学生选修。

1.2.2　实体之间的联系

现实世界中存在各种事物，事物之间的联系是客观存在的，这种联系是由事物本身的性质决定的。因此，实体之间也是有联系的。例如，学生要学习某门课程，学了这门课程就要有一个考试成绩。

实体间联系的种类是指一个实体型中可能出现的每一个实体与另一个实体型中多少个具体实体存在联系。两个实体间的联系有以下 3 种类型。

1. 一对一联系 (one-to-one relationship)

如对于班级和班长这两个实体型，如果一个班级只能有一个班长，一个班长不能同时在其他班级中再担任班长，那么班级和班长这两个实体之间存在一对一的联系。

2. 一对多联系 (one-to-many relationship)

如对于学生和班级这两个实体型，如果一个班级有多名学生，一个学生只能在一个班级里有编制，那么班级和学生之间就是一对多的联系。

一对多联系是最普遍的联系，一对一联系也可以看做是一对多联系的特例。

3. 多对多联系 (many-to-many relationship)

对于学生和课程这两个实体型，一个学生可以选修多门课程，一门课程可由多个学生选修，所以学生和课程之间是多对多的联系。

1.2.3　数据模型简介

数据模型是数据库管理系统用来表示实体及实体间联系的方法。任何一个数据库管理系统都是基于某种数据模型的。数据的组织方式有多种，通常根据数据的组织方式来划分数据模型。常用的数据模型有 3 种：层次模型、网状模型和关系模型。其中以关系模型最为流行，也最为实用。

1. 层次模型

层次模型是用树形结构来表示实体及实体间联系的模型。在层次模型中，数据被组织成一棵从"根"开始的"树"，每个实体由根开始沿不同的分支放在不同的层次上，如果不再向下分支，那么这个分支序列中最后的节点称为"叶"。上级节点与下级节点之间为一对多的联系。

层次模型实际上是由若干个代表实体之间一对多联系的基本层次联系组成的一棵倒置的树，每个节点代表一个实体类型。在这种模型的实际存储数据中，由链接指针来体现联系。支持层次数据模型的 DBMS 称为层次数据库管理系统，在这种系统中建立的数据库是层次数据库。层次数据库不能直接表示出多对多的联系。

2. 网状模型

网状模型是用网状结构表示实体及实体间联系的模型。网状模型中每一个节点代表一个实体类型，节点与节点之间可以有联系。网状模型可以方便地表示各种类型的联系。实际存储中，网状模型与层次模型相似，也是用链接指针来体现联系。支持网状模型的数据库管理系统(DBMS)称为网状数据库管理系统，在这种系统中建立的数据库是网状数据库。

3. 关系模型

用二维表的形式来表示实体及实体间联系的模型，称为关系模型。关系模型以二维表格的形式组织数据，一个关系的逻辑结构就是一张二维表。在关系模型中，无论实体本身，还是实体间的联系都使用称为"关系"的二维表来表示。支持关系模型的 DBMS 称为关系数据库管理系统，在这种系统中建立的数据库是关系数据库。

1.3 数据库系统

1.3.1 数据库系统的组成

数据库系统(DataBase System，DBS)是指具有数据管理功能的计算机系统。它由数据库、支持数据库运行的软硬件环境、数据库管理系统和用户组成。数据库系统中的软件主要包括数据库管理系统、支持数据库管理系统运行的操作系统和数据库应用系统，用户包括数据库管理员、应用程序员和终端用户。

1. 数据库

数据库(DataBase，DB)是指存储在计算机的存储设备上，以一定的组织方式存储在一起的、能为多个用户所共享的、与应用程序彼此独立的相互关联的数据的集合。

文件系统中的数据只是面向某一特定应用，而数据库中的数据经常是面向多种应用，可以被多个用户、多个应用程序共享。其数据结构独立于使用数据的程序，对于数据的增加、删除、修改、检索由系统软件统一控制。

2. 数据库应用系统

数据库应用系统(DataBase Application System，DBAS)是指系统开发人员利用数据库系统资源开发出来的、面向某一类实际应用的应用软件系统。比如，以数据库为基础的职工工资管理系统、教学管理系统、图书管理系统等。

一个 DBAS 通常由数据库和应用程序两部分组成，它们都需要数据库管理系统的支持。

3. 数据库管理系统

数据库管理系统(DataBase Management System，DBMS)是管理数据库的工具，是为数据库的建立、使用和维护而配置的一组软件。它建立在操作系统之上，实现对数据库的统一管理和控制。

1.3.2 数据库系统的特点

数据库系统主要有以下特点：

(1) 可控冗余度。在数据库系统中，数据的最小访问单位是字段，这样可尽量避免存储数据的相互重复。

(2) 数据结构化。数据库中的数据是有结构的，这种结构是由数据库管理系统所支持的数据模型表现出来的。数据库系统不仅可以表示事物内部各数据项之间的联系，而且可以表示事物与事物之间的联系。因此任何数据库管理系统都支持一种抽象的数据模型。

(3) 数据共享。共享是数据库系统的目的。一个数据库中的数据可以为不同用户所使用。

（4）具有较强的数据独立性。用户只以简单的逻辑结构来操作数据，不需要考虑数据在存储器上的物理位置与结构，减少了应用程序和数据结构的相互依赖性。

1.3.3　数据库管理系统

为了让多种应用程序并发地使用数据库中的共享数据，必须使数据和程序具有较高的独立性。这就需要一个软件系统对数据实行专门管理，提供安全性、完整性等统一控制机制，方便用户对数据库进行操作。一般来说，数据库管理系统应具有下列功能：

（1）数据定义功能。在关系数据库管理系统中，就是创建数据库、创建表、创建视图和建立索引，定义有关的约束条件，以保证数据的正确性和安全性。

（2）数据操作功能。供用户实现对数据的基本操作，包括对数据的追加、删除、更新、查询等操作。

（3）数据库的运行管理功能。完成对数据库的控制，主要包括数据的安全控制、数据的完整性控制、多用户环境下的并发控制、数据库恢复等。

（4）数据库的维护功能。主要包括数据库的数据载入、数据库转储、数据库重组织、系统性能监视和分析等功能。

（5）数据通信。DBMS 提供与其他软件系统进行通信的功能，实现用户程序与 DBMS 之间的通信，通常与操作系统协调完成。

1.4　关系数据库

关系数据库采用二维表作为基本的数据结构，并通过公用的关键字段实现不同的二维表之间的数据联系。基于关系模型的数据库系统就是关系数据库系统（Relation DataBase System，RDBS）。

1.4.1　关系的基本概念

1. 关系术语

1）关系

一个关系就是一个二维表，如表 1-1 所示，在这个表中通过学号字段唯一地标识一个学生。

表 1-1　二维表

学号	姓名	性别	出生日期	团员	入学成绩
110701001	王美丽	女	04/10/93	.T.	568.0
110701003	郭玉琴	女	12/25/92	.T.	580.0
110602001	周刚	男	11/20/93	.T.	559.0
110602003	孙小雪	女	07/08/94	.F.	608.5
110602002	李红雷	男	10/20/92	.T.	559.0

在 Visual FoxPro 中，一个关系就是一个表，每个表对应一个磁盘文件，表文件的扩展名为.dbf。表文件名就是表名，也就是关系的名称，可以把相互之间存在联系的表放到一个数

据库中进行统一管理。关系表的结构可表示为关系表名(字段名 1,字段名 2,…,字段名 *n*),通常把关系表的结构称为关系模式。

2)元组

在一个二维表中,表格中的一行称为元组,每一行是一个元组。元组对应 Visual FoxPro 中的表文件中的一个具体记录。

3)属性

二维表中垂直方向上的列称为属性,每一列有一个属性名。在 Visual FoxPro 中,一列称为一个字段,对应于记录中的一个数据项,每列字段要分别命名,称为字段名。

4)域

域是指属性的取值范围,即不同元组对同一属性的取值所限定的范围。

5)主关键字

主关键字是指能唯一标识一个元组的属性或属性集合。如在学生情况表中,学号就可以作为主关键字,而姓名可能会有重名,就不能作为主关键字。在 Visual FoxPro 中,主索引或候选索引就可以唯一标识一个元组。

6)外部关键字

如果表中的一个字段不是本表的主关键字或候选关键字,而是另一个表的主关键字或候选关键字,这个字段就称为外部关键字。

2. 关系的特点

关系模型中对关系有一定的要求,关系必须具备以下特点:

(1)关系中的每个属性必须是不可再分的数据单元,即表中不能再包含表。

(2)每一列数据项是同属性的,列数根据需要而设,且各列的顺序是任意的。

(3)每一行记录由一个事物的诸多属性项构成,记录的顺序可以是任意的。

(4)一个关系是一个二维表,不允许有相同的字段名,也不允许有相同的记录行。

3. 实际的关系模型

一个具体的关系模型是由若干个关系模式组成的。在一个具体的数据库管理系统中,一个数据库中包含若干个相互之间有联系的表,这个数据库文件就代表一个实际的关系模型。为了反映出各个表所表示的实体之间的联系,公共字段往往起桥梁作用。

一个关系数据库由若干个表组成,表又由若干个记录组成,而每一个记录由若干个以字段属性加以分类的数据项组成。

1.4.2 关系运算

关系运算是以关系为运算对象的运算。在关系运算中,以一个或两个关系为操作对象,运算结果将产生一个新的关系。常见的关系运算有选择运算、投影运算和连接运算。

1. 选择运算

选择运算是指从关系中找出满足给定条件的元组组成一个新的关系。也可以说,选择运算是在关系中选择满足给定条件的元组。选择的条件以逻辑表达式给出。选择是从行的角度进行的运算。选择运算的操作对象是一个关系。

2. 投影运算

投影运算是从关系中指定若干个字段，组成一个新的关系。也可以说，投影运算是在关系中选择出若干列。投影是从列的角度进行的运算。投影运算的操作对象也是一个关系。

3. 连接运算

连接运算是将两个关系通过连接条件组成一个新的关系。连接运算是对两个关系进行操作，如果要连接两个以上的关系，则要两两进行连接。

习　题

1. 简答题

(1) 什么是数据库？什么是关系数据库？

(2) 常用的数据模型有哪几种？关系模型的主要特点是什么？

(3) 常用的关系运算有哪几种？

2. 单项选择题

(1) 数据库管理系统的英文缩写是（　　）。

　　A. DBAS　　　　　B. DB　　　　　C. DBS　　　　　D. DBMS

(2) 支持数据库各种操作的软件系统是（　　）。

　　A. 操作系统　　　B. 命令系统　　　C. 数据库系统　　　D. 数据库管理系统

(3) 存储在计算机存储设备上相关数据的集合称为（　　）。

　　A. 网络系统　　　B. 操作系统　　　C. 数据库　　　D. 数据库管理系统

(4) 由计算机、操作系统、DBMS、数据库、应用程序及用户组成的一个整体称为（　　）。

　　A. 数据库管理系统　B. 数据库系统　　C. 文件系统　　　D. 软件系统

(5) 数据库(DB)、数据库系统(DBS)、数据库管理系统(DBMS)三者之间的关系是（　　）。

　　A. DBMS 包括 DB 和 DBS　　　　　B. DB 包括 DBS 和 DBMS

　　C. DBS 包括 DB 和 DBMS　　　　　D. DBMS 包括 DBS

(6) 在关系模型中，将两个关系通过共同字段名组成一个新的关系，是（　　）关系运算。

　　A. 选择　　　　　B. 投影　　　　　C. 连接　　　　　D. 层次

(7) Visual FoxPro 是（　　）数据库管理系统。

　　A. 关系　　　　　B. 网状　　　　　C. 层次　　　　　D. 链状

3. 填空题

(1) 数据管理发展的阶段分别是_____、_____、_____。

(2) 用二维表的形式表示实体及实体间联系的数据模型称为_____。

(3) 二维表的一行称为_____，二维表的一列称为_____。

(4) 关系数据库中的 3 种关系运算是_____、_____、_____，从关系中找出满足条件的元组的操作是_____运算。

(5) 强调关系的属性组成的术语是_____。

第 2 章　Visual FoxPro 9.0 基础

目前流行的数据库应用程序开发工具有多种，但对于比较简单的中小规模的数据库应用系统来说，Visual FoxPro 是一种不错的选择。Visual FoxPro 将数据库管理和数据库应用程序的开发集成在一起，操作数据库简单而方便。

2.1　Visual FoxPro 9.0 系统概述

2.1.1　Visual FoxPro 9.0 简介

Visual FoxPro 是比较流行的一种数据库管理系统。1995 年，微软公司推出了面向对象的关系数据库管理系统 Visual FoxPro 3.0，在该软件中引入了面向对象的编程技术和数据库设计技术。Visual FoxPro 自推出以来，其功能不断增强，版本不断升级，现在最新版本是 Visual FoxPro 9.0。

Visual FoxPro 9.0 继承了以往产品的优点，并增强和增加了许多功能。主要体现在：对报表系统的改进、对数据和 XML 功能的增强，优化类的性能，更加好用的交互式开发环境，新增许多保留字、Web 服务技术、智能感知功能等。

2.1.2　Visual FoxPro 9.0 的安装和启动

1. Visual FoxPro 9.0 的安装

将安装光盘放入光驱中，会自动出现 Visual FoxPro Setup 安装向导对话框，如图 2-1 所示。

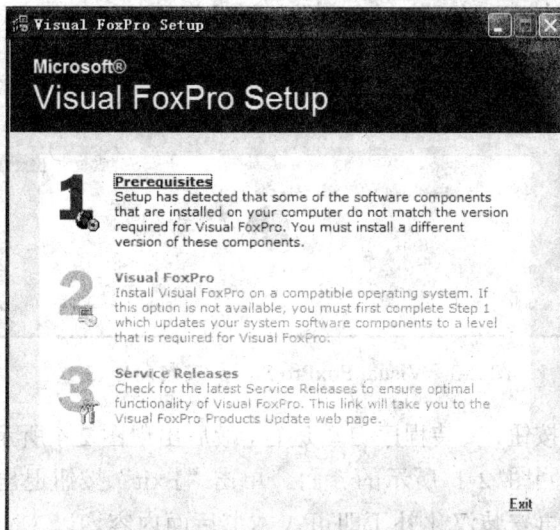

图 2-1　Visual FoxPro Setup 安装向导(1)

选择第 1 步"Prerequisites"选项后，进行组件更新，选择"I accept the agreement"单选按钮，单击"Continue"按钮，Windows 会自动更新组件。然后，依次单击"Install now!"按钮和"Done"按钮。

当返回图 2-1 所示的界面后，选择第 2 步"Visual FoxPro"选项后，进入图 2-2 所示的 Visual FoxPro 9.0 安装对话框，选择"I accept the agreement"单选按钮。在"Product Key"文本框中输入产品序列号后，单击"Continue"按钮，进入图 2-3 所示的安装界面。

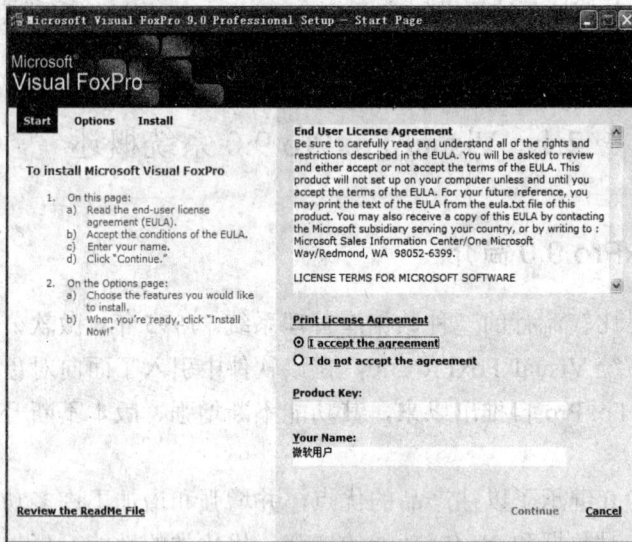

图 2-2　Visual FoxPro Setup　安装向导(2)

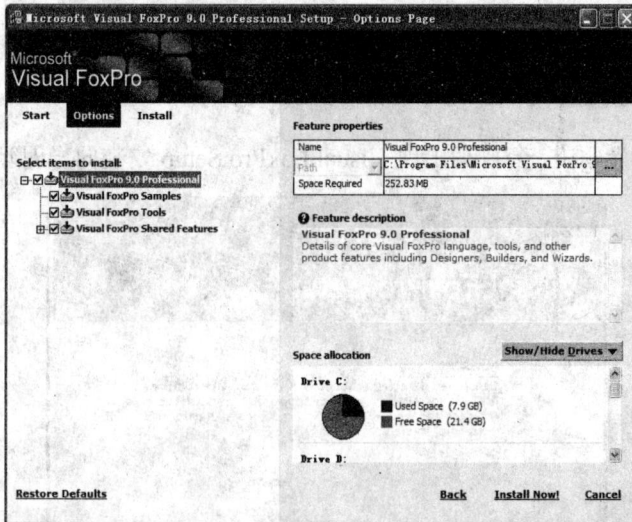

图 2-3　Visual FoxPro Setup　安装向导(3)

单击"Install now!"按钮，安装程序自动进行，最后出现图 2-4 所示的界面，单击"Done"按钮完成安装并同时返回图 2-1 所示的界面。单击"Exit"按钮退出安装程序。如果需汉化，安装好英文版后，再安装汉化补丁即可。本书后面内容均以 Visual FoxPro 9.0 汉化后的系统进行讲述。

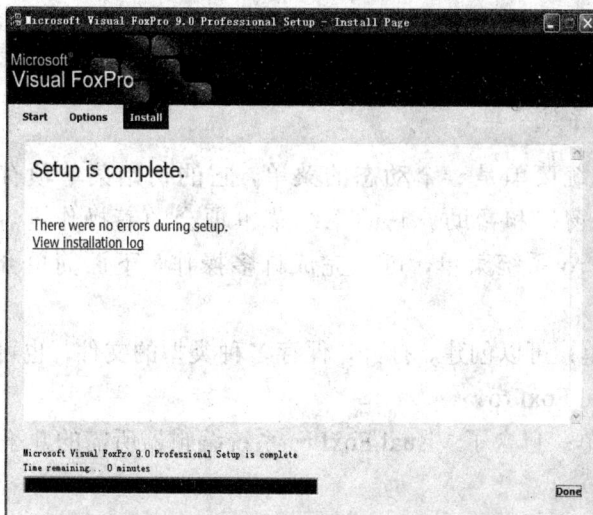

图 2-4　Visual FoxPro Setup 安装向导(4)

2．Visual FoxPro 9.0 的启动

单击 Windows 桌面上的"开始"按钮，在"程序"菜单中的"Microsoft Visual FoxPro"中，单击其中的程序项"Microsoft Visual FoxPro"，即可启动 Visual FoxPro。还可以通过双击 Visual FoxPro 程序的快捷图标来启动。启动后 Visual FoxPro 系统窗口如图 2-5 所示。

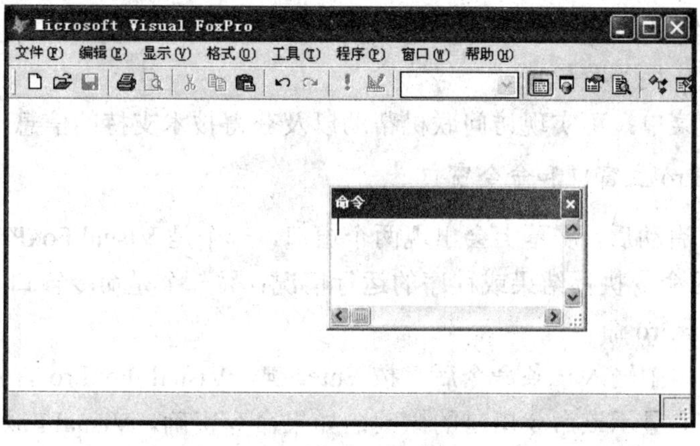

图 2-5　Visual FoxPro 系统窗口

3．Visual FoxPro 9.0 的退出

退出 Visual FoxPro 的常用方法有：在 Visual FoxPro 主窗口的"文件"菜单中选择"退出"命令；在命令窗口中输入"Quit"，然后按 Enter 键；打开 Visual FoxPro 窗口左上角的控制菜单，选择"关闭"命令；直接按 Alt+F4 组合键。

2.1.3　Visual FoxPro 9.0 的用户界面

Visual FoxPro 系统窗口具有典型的 Windows 界面风格，由标题栏、系统菜单、工具栏、状态栏等构成。Visual FoxPro 有 3 种工作方式：利用系统菜单或工具栏按钮进行操作；在命令窗口直接输入命令进行操作；编写 Visual FoxPro 程序文件或利用各种生成器自动产生程序，然后执行程序。前两种属于交互式操作。

1. Visual FoxPro 系统菜单

Visual FoxPro 系统菜单是一个动态的菜单，它的初始菜单项有文件、编辑、显示、格式、工具、程序、窗口和帮助。它的系统菜单项会随着操作内容的不同而增加或减少。选择 Visual FoxPro 系统菜单，可以完成许多操作，下面简单介绍初始菜单项的功能。

(1) "文件"菜单：可以创建、打开、保存多种类型的文件，也可以设置打印机信息、打印文件或退出 Visual FoxPro。

(2) "编辑"菜单：包含了 Visual FoxPro 系统编辑器所需的几乎全部选项，如剪切、复制、粘贴和查找等。

(3) "显示"菜单：这是一个动态变化的菜单，初始时只有"工具栏"一项，以后随着不同的操作有不同的菜单项。

(4) "格式"菜单：包括字体、间距和缩进等选项，可以实现 Visual FoxPro 子窗口中字体格式及行间距的设置。

(5) "工具"菜单：其中多数菜单项用于打开实现某种功能的窗口或对话框。

(6) "程序"菜单：用于运行和测试 Visual FoxPro 源代码，包括运行、取消、继续执行、挂起和编译等菜单项。

(7) "窗口"菜单：可以重排、显示和隐藏窗口，包括全部重排、隐藏、清除、循环、命令窗口和数据工作期等菜单项。

(8) "帮助"菜单：可实现访问联机帮助以及获得技术支持的信息。

2. Visual FoxPro 主窗口和命令窗口

Visual FoxPro 启动后，屏幕上会出现两个窗口，一个是 Visual FoxPro 主窗口，用来显示 Visual FoxPro 的命令执行结果或程序的运行情况；另一个是命令窗口，用于显示或输入所执行的 Visual FoxPro 命令。

用户在命令窗口中输入一条命令后，按 Enter 键，Visual FoxPro 首先检查该命令是否正确，如果不正确，显示该命令出错的原因；如果命令正确，Visual FoxPro 解释并执行该命令。

单击命令窗口右上角的"关闭"按钮，或者用 Ctrl+F4 组合键，可以关闭命令窗口。另外在"窗口"菜单中选择"隐藏"命令，也可以关闭命令窗口。

在"窗口"菜单中选择"命令窗口"命令，或者直接按 Ctrl+F2 组合键，可以重新打开命令窗口。

2.1.4　Visual FoxPro 9.0 的系统配置

Visual FoxPro 允许用户改变系统运行时的外观和工作方式，例如，设定存储用户文件的默认位置，指定日期和时间的格式等。选择"工具"菜单中的"选项"命令，弹出"选项"对话框，如图 2-6 所示。下面介绍"选项"对话框中几个常用选项卡的功能。

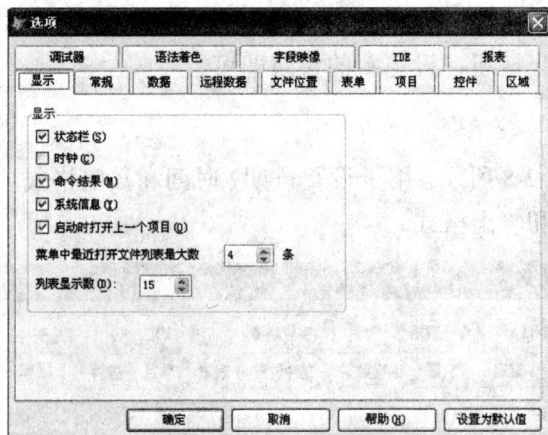

图 2-6　"选项"对话框

1."显示"选项卡

"显示"选项卡如图 2-6 所示，用于设置 Visual FoxPro 显示界面。

（1）状态栏：指定 Visual FoxPro 是否在主窗口底部显示状态栏。

（2）时钟：指定 Visual FoxPro 是否在状态栏中显示系统时钟。

（3）命令结果：指定是否显示一些命令的结果。

（4）系统信息：指定在状态栏中显示系统信息。

（5）启动时打开上一个项目：指定启动 Visual FoxPro 时是否自动打开最近一次使用的项目。

（6）菜单中最近打开文件列表最大数：系统默认在"文件"菜单下部显示 4 个最近打开过的项目名称。

2."文件位置"选项卡

"文件位置"选项卡如图 2-7 所示，用于设置 Visual FoxPro 的默认目录、帮助文件和临时文件的存储位置等选项。

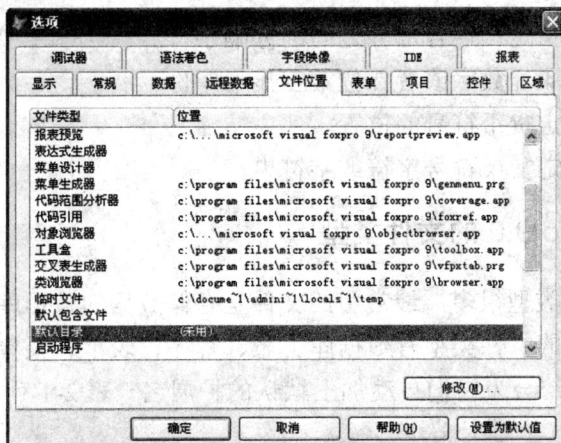

图 2-7　"文件位置"选项卡

默认目录：指定或改变存储用户新建文件的默认目录。修改默认目录时，首先选定默认目录，再单击"修改"按钮，设定新的目录即可。

3. "区域"选项卡

"区域"选项卡如图 2-8 所示，用于设置日期、时间和数字格式。这些设置将影响时间、日期和货币数据的输入和输出格式。

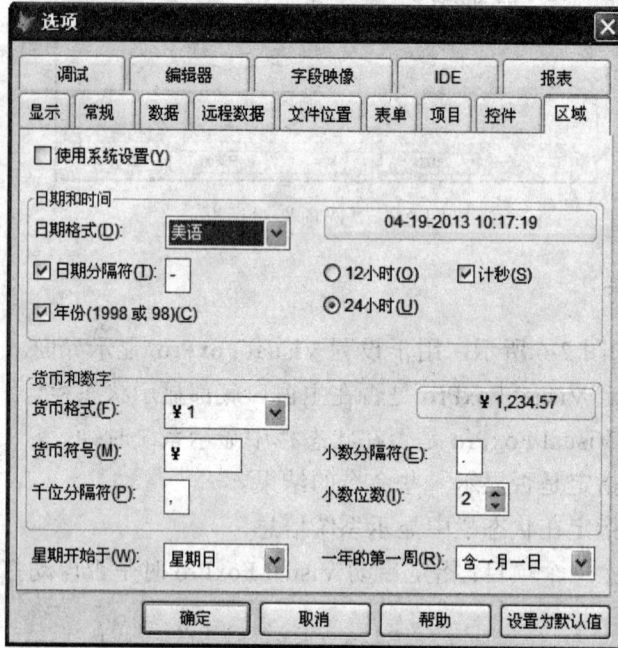

图 2-8　"区域"选项卡

（1）使用系统设置：选定该复选框时，本选项卡上全部选项均使用系统设置，不可以改变；取消选择该复选框，选项卡中的选项才可以设置。

（2）日期格式：指定一个日期显示格式，即显示年、月、日的顺序，默认格式是美国日期格式（即 mm/dd/yy）。

（3）日期分隔符：指定日期各部分之间的分隔字符。

（4）年份：指定用 4 位数字或者 2 位数字显示年份。

（5）货币格式：指定货币符号的位置。

（6）货币符号：指定货币符号字符或字符串。

2.1.5　Visual FoxPro 9.0 的文件类型

Visual FoxPro 文件类型很多，最常用的文件是存储数据的数据库文件、表文件和存储程序的程序文件。常用的文件类型有数据库、表、程序、表单、菜单、报表、文本、项目等。在文件建立时，系统会为它们自动加上默认的扩展名。表 2-1 列出了 Visual FoxPro 中常用的文件扩展名。

表 2-1 Visual FoxPro 9.0 常用的文件扩展名及其代表的文件类型

扩展名	文件类型	扩展名	文件类型
.app	已生成的应用程序文件	.mem	变量存储文件
.cdx	复合索引文件	.mnt	菜单备注文件
.dbc	数据库文件	.mnx	菜单文件
.dbf	表文件	.mpr	已生成的菜单程序文件
.dct	数据库备注文件	.mpx	已编译的菜单程序文件
.dcx	数据库索引文件	.pjt	项目备注文件
.dll	Windows 动态链接库文件	.pjx	项目文件
.err	编译错误文件	.prg	程序文件
.exe	可执行程序文件	.qpr	已生成的查询程序文件
.fpt	表备注文件	.qpx	已编译的查询程序文件
.frt	报表备注文件	.sct	表单备注文件
.frx	报表文件	.scx	表单文件
.fxp	已编译程序文件	.tbk	备注备份文件
.idx	单索引文件	.txt	文本文件
.lbt	标签备注文件	.vcx	可视类库文件
.lbx	标签文件	.vct	可视类库备注

2.1.6 Visual FoxPro 9.0 的命令结构

Visual FoxPro 中的每条命令都有一定的格式，命令通常由两部分组成，前面是命令动词，表示执行的操作，后面是若干个短语，可以对操作提供某些限制性说明。

Visual FoxPro 操作命令的一般形式如下：

命令动词 [<范围>] [<表达式表>] [for <条件>] [while <条件>] [to <文件名>| to printer | to <内存变量>] [all [like|except<通配符>]] [in <别名>]

命令动词一般为英文动词，说明了这条命令的基本功能。例如"delete"表示删除，"display"表示显示。

1. 命令中的常用短语

(1) <范围>：用于指定参加本次操作的记录范围。范围中若使用 all，表示全部记录；使用 next <n>，表示从当前记录开始以下的 n 条记录；使用 rest，表示从当前记录开始到最后一条记录；使用 record <n>表示记录号为 n 的一条记录。

(2) <条件>：用于指定参加本次操作的记录应符合的条件。使用 for <条件>短语，表示对使条件为真的记录进行操作；使用 while <条件> 短语，表示从当前记录开始，直到第一个使条件为假的记录停止，若当前记录不满足条件，则不操作。

(3) <表达式表>：通常是由一个或多个用英文逗号隔开的表达式组成。

(4) to <文件名>| to printer | to <内存变量>：用来控制命令操作结果的输出位置。

(5) all [like | except<通配符>]：用来指定包括或不包括与通配符相匹配的文件或内存变量。

(6) in <别名>：用来指定工作区，它允许在当前工作区中操作其他工作区中的表。

2. 命令书写规则

在书写或输入命令时，应遵守下列规定：

（1）每条命令以命令动词开头，命令中的其他短语可按任意次序排放，命令最后必须跟一个 Enter 键，表示该条命令结束。

（2）命令动词和 Visual FoxPro 的保留字均可用前 4 个字符简写。

（3）命令动词、保留字、变量名、文件名不区分字母大小写，可以是任意的大小写混合形式。

（4）命令中的短语可由若干个空格隔开，每个空格也算一个字符，一条命令的最大字符个数不得超过 254 个。可通过输入续行符（英文分号;）后，按 Enter 键，将一条命令分成多行。

（5）用户在为文件、字段和内存变量命名时，最好不要与 Visual FoxPro 的保留字和命令动词同名。不要使用单个字母 A 到 J 作为表名，因为它们是作为表的别名来用的。

在命令格式中，还有下列一些约定：

（1）[]——方括号，表示里边是可选的项。

（2）<>——尖括号，表示里边是必选的项。

（3）|——竖线，表示两边的两个项选择其中一个。

（4）…——表示前项可继续重复多次选择，项与项之间用英文逗号隔开。

2.2　Visual FoxPro 9.0 语言基础

2.2.1　Visual FoxPro 9.0 的数据类型

Visual FoxPro 提供了以下常用的数据类型。

1）字符型（C）

字符型（Character）数据由若干个计算机能显示的键盘符号、汉字等符号组成，其宽度最多为 254 个字符，是常用的数据类型之一。

2）数值型（N）

数值型（Numeric）数据是由正负号、小数点和数字 0～9 组成的任意实数，可进行算术运算。数值型数据也可以是不含小数点的整数或是采用科学计数法表示的数值，即可以写成"尾数 E 指数"的形式，其中尾数一般是实数，指数是整数。例如，0.0001 用科学计数法可写成 1E–4，15000 用科学计数法可写成 1.5E+4。

3）货币型（Y）

如果用户需要储存货币类型的数据可以用货币型（Currency）。它与数值型不同的是：货币型数据自动保留四位小数，在表中定义时，其宽度系统自动定义为 8 字节。

4）浮点型（F）

浮点型（Float）数据在功能上与数值型数据类似，它由正负号、数字 0～9 和小数点组成，只是在存储形式上采用浮点格式且数据精度比数值型数据精度高。只能用于表中字段的定义。

5）双精度型（B）

双精度型（Double）数据用于表示精度要求更高的数值，只能用于表中字段的定义，字段宽度由系统自动定义为 8 字节。

6）整型（I）

整型（Integer）数据用于存储无小数部分的数值，只能用于表中字段的定义，字段宽度由系统自动定义为 4 字节。整型数据以二进制形式存储。

7）日期型（D）

日期型（Date）数据用于表示日期信息。例如，出生日期、入学时间等要设置成日期型数据。日期型数据宽度由系统自动定义为 8 字节。

8）日期时间型（T）

日期时间型（DateTime）数据由年月日和时间组成。例如，{^2012-10-20 8:20:00 a} 就表示 2012 年 10 月 20 日上午 8 点 20 分。日期时间型数据的宽度由系统自动定义为 8 字节。

9）逻辑型（L）

逻辑型（Logic）数据只有两种取值：逻辑真值 .T.（或 .Y.、.t.、.y.）和逻辑假值 .F.（或 .N.、.f.、.n.）。系统自动定义宽度为 1 字节。

10）备注型（M）

备注型（Memo）数据由若干个能显示的符号组成，没有字节个数限制，只受限于磁盘的可用空间。备注型数据宽度由系统自动定义为 4 字节，只能用于表中字段的定义。

一个表的备注信息集中存储在一个与表的主名相同，但扩展名为 .fpt 的备注文件中，Visual FoxPro 会自动地把表与它的备注文件联系起来。

11）通用型（G）

通用型（General）数据用来存放图像、声音、电子表格等多媒体数据，它也存储于扩展名为 .fpt 的备注文件中。通用型数据宽度由系统自动定义为 4 字节，只能用于表中字段的定义。

2.2.2　常量和变量

1. 常量

常量是指固定不变的数据，用来表示一个具体的、不变的值。不同类型的常量有不同的书写格式。

1）字符型常量

字符型常量又称字符串，是由字符和汉字组成的，最大长度为 254 个字符。字符型常量必须用定界符括起来，定界符有 3 种：英文单引号（'）、英文双引号（" "）和英文方括号（[ ]）。

当字符串中含有定界符中的任意一个时，必须用另一种异于该定界符的定界符。

例如，'123456 '、"张明"、[abcd]都是合法的字符型常量。

2）数值型常量

数值型常量是用整数、小数或科学计数法表示的数据。例如，30、15.25、1.4E+4 等。

3）逻辑型常量

逻辑型常量有逻辑真值和逻辑假值，逻辑值两边必须有圆点。

逻辑真值表示为.T.、.t.、.Y.或.y.；逻辑假值表示为.F.、.f.、.N.或.n.。

4）货币型常量

货币型常量均以$符号开头，且系统自动保留四位小数。例如，$100.45 就是一个货币型常量。

5）日期型常量和日期时间型常量

在 Visual FoxPro 中采用了严格和通常两种日期（时间）格式，其中系统默认的是严格的日期（时间）格式。

严格的日期（时间）格式为{^yyyy-mm-dd[,][hh[:mm[:ss]][a|p]]}。

通常的日期（时间）格式为{mm/dd/yy [,][hh[:mm[:ss]][a|p]]}。在通常格式中，年份可用两位，也可用四位。其中的 a 代表上午，p 代表下午。

用通常日期格式表示的常量要受到环境参数设置的影响；严格的日期格式不受环境参数设置的影响，所以严格日期格式在任何情况下都可使用。

由严格日期（时间）格式转换到通常（时间）日期格式需执行 Set Strictdate to 0；反之，转换到严格日期格式应执行 Set Strictdate to 1。

例如，{^2006/10/5}、{^2007-10-20 8:20:00 a}是严格格式，{10/5/2006}、{10-20-07 8:20:00 a }是通常格式。

2. 变量

变量就是其值可以变化的量。每个变量都有一个名称，称为变量名。变量名必须以汉字、字母、下划线开头，由汉字、字母、数字或下划线组成，最多不能超过 128 个字符。命名时尽量不要使用 Visual FoxPro 的命令动词和保留字做变量名。

Visual FoxPro 中的变量有字段变量和内存变量两大类。

1）字段变量

字段变量是在建立表文件时定义的，当表打开时，表中定义的所有字段即可被引用。使用时通过字段名引用数据内容，由于表中有多条记录，所以它将随着当前记录的改变而取不同的值，因此称为字段变量。

字段变量的类型是在建立表文件定义字段时定义的。字段变量在命名时不能超过 10 个字符。

2）内存变量

内存变量是内存中的一个存储区域，独立于表。变量值就是存放在这个存储区域中的数据，变量的类型取决于变量值的类型。当把一个常量赋给一个内存变量时，这个常量就被存放到该变量对应的存储位置中而成为该变量新的取值。在 Visual FoxPro 中，内存变量的类型可以改变，即可以把不同类型的数据先后赋给同一个内存变量。

内存变量有 6 种类型：字符型内存变量、数值型内存变量、日期型内存变量、日期时间型内存变量、逻辑型内存变量和货币型内存变量。内存变量的类型取决于它所接收的数据的类型。

内存变量又分为简单内存变量和数组。

（1）简单内存变量。用来存放单个数据，每一个内存变量必须有一个固定的名字，对变量的访问是通过变量名访问的。

简单内存变量是一种临时的工作单元，通常用来保存初始数据、中间结果或处理后的数据结果。向简单内存变量赋值不必事先定义，直接赋值即可使用，不用时可随时释放。

如果简单内存变量名与表中的字段变量同名时，用户在引用简单内存变量时，要在简单内存变量名前加一个"m."或"m->"，以强调这个变量是内存变量。

(2) 数组。是按一定顺序排列的一组内存变量，是内存中连续的一片存储区域，它由一系列数组元素组成。每个数组元素用数组名以及该元素在数组中排列位置的下标一起表示，每个数组元素相当于一个简单的内存变量。数组元素中下标的个数称为数组的维数。通常情况下，使用数组前必须先定义。

数组的定义格式如下：

```
Dimension | Declare <数组名 1>(<下标 1> [,下标 2])[, <数组名 2> (<下标 1>[,
下标 2])…]
```

说明：数组元素的下标是从 1 开始的；数组定义后，系统自动给每个数组元素赋值为逻辑假；各个数组元素的取值类型可以互不相同，同一个数组元素的取值类型也可不同；在同一个运行环境下，数组名不能与简单变量名同名。

例如，在命令窗口中输入命令：

```
Dimension x(5), y(2,3)
```

这个命令同时定义了一个一维数组 x 和一个二维数组 y。一维数组 x 有 5 个数组元素，分别为 $x(1)$、$x(2)$、…、$x(5)$；二维数组 y 有 6 个数组元素，分别为 $y(1,1)$、$y(1,2)$、$y(1,3)$、$y(2,1)$、$y(2,2)$、$y(2,3)$。可以用一维数组的形式访问二维数组，例如，数组 y 中的各元素用一维数组形式可依次表示为 $y(1)$、$y(2)$、$y(3)$、$y(4)$、$y(5)$ 和 $y(6)$，其中 $y(4)$ 与 $y(2,1)$ 是同一个变量。

除了用户自定义的内存变量外，Visual FoxPro 还提供了一批系统内存变量，它们均以下划线"_"开头。系统内存变量是 Visual FoxPro 自动建立和管理的内存变量，用户不能建立和删除，它可用于控制外部设备、屏幕输出格式，或处理有关的计算器、日历、剪贴板等方面的信息。例如，_diarydate 用于存储当前日期，_cliptext 用于存储剪贴板中的文本。

3．内存变量的有关操作

1）赋值命令

赋值命令的格式如下：

格式 1：Store <表达式> To <内存变量 1>[,<内存变量 2>,…,<内存变量 n>]

功能：计算表达式的值，并依次赋给内存变量 1、内存变量 2、…、内存变量 n，这个命令常用于将一个值同时赋给多个内存变量，多个内存变量之间用英文下的逗号分隔。

格式 2：内存变量=<表达式>

功能：计算表达式的值，将值赋给内存变量。

表达式可以是数值型、字符型、货币型、日期型、日期时间型或逻辑型数据，但不能是备注型和通用型数据。最简单的表达式可以是一个常量、变量或函数。可以通过对内存变量重新赋值来改变其内容和类型。

例 2.1

```
Store 10 to x, y, z          &&将 10 同时赋给变量 x, y, z
a = x+20                      &&将表达式 x+20 的值赋给内存变量 a
s1 = " this is "             &&将字符串" this is "赋给内存变量 s1
s2 =s1 + " a desk"           &&将表达式 s1+ " a desk"的值赋给 s2
```

使用赋值命令也可以给数组元素赋值；也可以通过直接给数组名赋值，给数组的所有元素赋值。

例 2.2

```
Dimension a(5), b(2,3)
Store 5 to a(1), a(2)        &&将 5 分别赋给了 a(1)，a(2)元素
b(1,1)= "07010023"           &&将字符串"07010023"赋给 b(1,1)元素
Dimension c(3), d(3,2)
Store 20 to c                &&将一维数组 c 的所有元素均赋值为相同的值 20
d=10                         &&将二维数组 d 的所有元素均赋值为相同的值 10
```

2) 显示内存变量的值

?|?? 命令用来计算并显示表达式的值，变量作为表达式的特例，当然也可以用这个命令来显示。

格式：?|?? 表达式 1,表达式 2,…,表达式 n

功能：依次计算表达式的值并显示。

注意：要用英文方式下的"?|??"，不能使用中文方式下的符号。

例 2.3

```
?a                           &&显示变量 a 的值
?a, a+5, "school"            &&显示 3 个表达式的值
```

当?后面没有任何表达式时，表示本行什么内容都不显示，相当于输出一个空行。

双问号??命令的使用与单问号?命令的使用相似，不同的是：单问号?命令从屏幕的当前显示位置的下一行第一列开始显示，而双问号??命令则从屏幕的当前位置后开始显示。

3) 显示内存变量

格式：List | display memory [like <通配符>] [to printer | to file <文件名>]

功能：显示当前已定义的内存变量名、作用范围、类型、值。

说明：

(1) 使用 list 以滚屏方式显示，满一屏也不会暂停；使用 display 显示满一屏会暂停。

(2) like 子句表示将显示与通配符相匹配的内存变量。通配符有*和?两种，*代表一个或多个字符，?代表一个字符。缺省 like 子句，则显示全部内存变量，包括系统内存变量，并同时显示当前内存变量的总个数。

(3) 选项 to printer 能将屏幕显示内容输出到打印机；选项 to file 能将显示内容存入到文本文件中。

4) 清除内存变量

格式：release [内存变量表] [all [like <通配符>|except <通配符>]]

功能：从内存中清除指定的用户自定义内存变量。

还可以使用 clear memory 清除所有的用户自定义内存变量。

例 2.4

```
Release a ,b              &&清除内存变量 a 和 b
Release all               &&清除用户定义的内存变量
Release all like a*        &&清除所有首字符为 a 的内存变量
Release all except b*      &&除首字符为 b 的内存变量外，其余都清除
```

2.2.3　标准函数

Visual FoxPro 系统中有两种函数：系统的标准函数和用户自定义函数。这里主要讲系统标准函数的使用，用户自定义函数将在后面讲解。

Visual FoxPro 提供了多种不同用途的标准函数。在使用时要注意：除了宏代换函数外，不管函数是否带有参数，该函数后必须跟一个圆括号；传送给函数的参数有一定的数据类型，必须按要求的数据类型传送数据；通常函数都有一个返回值。

1. 数学运算函数

1）绝对值函数 Abs()

格式：Abs(<数值表达式>)

说明：Abs() 函数返回数值表达式的绝对值。

2）取整函数 Int()

格式：Int(<数值表达式>)

说明：Int() 函数截去小数点后边的所有数字。

3）平方根函数 Sqrt()

格式：Sqrt(<数值表达式>)

说明：Sqrt() 返回指定数的算术平方根。数值表达式的值必须大于等于 0。

4）四舍五入函数 Round()

格式：Round(<数值表达式 1>,<数值表达式 2>)

说明：Round() 函数对<数值表达式 1>进行四舍五入运算。其中<数值表达式 2>指定保留的小数位。

5）求余函数 Mod()

格式：Mod(<数值表达式 1>,<数值表达式 2>)

说明：Mod() 函数将返回<数值表达式 1>除以<数值表达式 2>的余数。

6）最大值函数 Max()

格式：Max(<数值表达式 1>,<数值表达式 2>,…,<数值表达式 n>)

说明：Max() 返回两个或两个以上数值表达式的值中最大的一个。

7）最小值函数 Min()

格式：Min(<数值表达式 1>,<数值表达式 2>,…,<数值表达式 n>)

说明：Min() 返回两个或两个以上数值表达式的值中最小的一个。

8）圆周率函数 Pi()

格式：Pi()

说明：Pi() 返回圆周率，数值型。该函数没有自变量。

9）以 e 为底的幂函数 Exp()

格式：Exp(数值表达式)

说明：计算并返回以 e 为底的幂的值。

10）求自然对数函数 Log()

格式：Log(数值表达式)

说明：计算并返回指定数值表达式的自然对数值。

11）求常用对数函数 Log10()

格式：Log10(数值表达式)

说明：计算并返回指定数值表达式的常用对数值。

12）随机函数

格式：Rand([数值表达式])

说明：产生 0～1 的随机数。当数值表达式的值小于 0 时，产生不重复的随机序列，即产生真随机数；省略数值表达式时，产生序列重复的有一定规律的数值，即产生伪随机数。

求某个范围的随机整数的一般式子为 Int((上限值−下限值+1)*Rand(−1))+下限值。例如，求 50～100 的随机整数可用 Int((100−50+1)*Rand(−1))+50。

2. 字符串操作函数

1）宏代换函数&

格式：&<字符型变量>[.]

说明：&函数用于代换一个字符型变量的内容。如果宏代换函数与后面的字符间无分界时，宏代换函数后面应加 "."。

例 2.5

```
x1= "20"
?&x1+ 10                    &&结果为 30
?&x1.0+10                   &&结果为 210
s1= "student"
Use &s1                     &&相当于 use student
```

2）字符串长度函数 Len()

格式：Len(<字符型表达式>)

说明：返回字符型表达式中字符的个数，函数返回值为数值型。

例 2.6

```
?Len("abcdefg" )           &&结果为 7
?Len("关系数据库")          &&结果为 10
```

3）取子串函数

格式：Substr(<字符型表达式>,<起始位置>[,<字符个数>])
　　　Left(<字符型表达式>,<长度>)
　　　Right(<字符型表达式>,<长度>)

　　说明：Substr()是从字符型表达式值中取指定的字符个数，形成一个新的字符串。<起始位置>指明从第几个字符开始取，<字符个数>指明连续取多少个字符。若省略<字符个数>，或指定的字符个数大于从<起始位置>到字符串的结束位置之间的字符个数，则取的新字符串起始于<起始位置>，终止于字符串的最后一个字符。若<起始位置>和<字符个数>包含小数部分，则仅取整数部分。

　　Left()是从字符型表达式值的左端取一个指定长度的子串。

　　Right()是从字符型表达式值的右端取一个指定长度的子串。

　　例 2.7

```
?Substr("abcdefg", 3,4)        &&结果显示为 cdef
?Left ("abcdefg", 3)           &&结果显示为 abc
?Right("abcdefg",3)            &&结果显示为 efg
```

　　4）空格字符串生成函数 Space()

　　格式：Space(<数值表达式>)

　　说明：返回由数值表达式指定数目的空格组成的字符串。

　　5）求子串位置函数

　　格式：At(<字符表达式 1>,<字符表达式 2>,[<数值表达式>])

　　　　　Atc(<字符表达式 1>,<字符表达式 2>,[<数值表达式>])

　　说明：函数的返回值为数值型。如果<字符表达式 1>是<字符表达式 2>的子串，则返回<字符表达式 1>的首字符在<字符表达式 2>中的位置，若不是子串，则返回 0。<数值表达式>用于表明要在<字符表达式 2>中搜索<字符表达式 1>的第几次出现，其缺省值为 1。

　　Atc()和 At()功能相似，但 Atc()在子串比较时不区分字母大小写。

　　例 2.8

```
?at("is","this is a island")         &&结果为 3
?at("is","this is a island",3)       &&结果为 11
?at("is","this IS a Island",3)       &&结果为 0
?atc("is","this IS a Island",3)      &&结果为 11
```

　　6）计算子串出现次数函数

　　格式：Occur(<字符表达式 1>,<字符表达式 2>)

　　说明：返回第一个字符串在第二个字符串中出现的次数，函数值为数值型。若第一个字符串不是第二个字符串的子串，则返回值为 0。

　　例 2.9

```
?Occur("is","this is a island")      &&结果为 3
```

　　7）删除字符串前后空格函数

　　格式：Alltrim(字符表达式)

　　　　　Ltrim(字符表达式)

　　　　　Rtrim(字符表达式)

　　　　　Trim(字符表达式)

说明：Alltrim()删除指定字符表达式中的首尾两端的空格。Ltrim()删除指定字符表达式中的前导空格。Rtrim()和 Trim()作用相同，删除指定字符表达式中的尾随空格。

例 2.10

```
?"关系"+Alltrim("  数据库  ")+"！！"      &&结果显示为关系数据库！！
?"关系"+Ltrim ("  数据库  ")+"！！"      &&结果显示为关系数据库  ！！
?"关系"+Rtrim ("  数据库  ")+"！！"      &&结果显示为关系  数据库！！
?"关系"+Trim("  数据库  ")+"！！"        &&结果显示为关系  数据库！！
```

3. 日期和时间函数

1）系统日期和时间函数

格式：`Time()`
　　　`Date()`
　　　`Datetime()`

说明：Time()函数以字符串形式返回系统时间。按 hh:mm:ss 格式返回当前系统时间，返回的函数值为字符型。Date()函数按 mm/dd/yy 格式返回系统日期，返回的函数值为日期型。Datetime()函数返回系统日期时间。返回的函数值为日期时间型。

2）求年、月、日函数

格式：`Year(<日期型表达式>|<日期时间型表达式>)`
　　　`Month(<日期型表达式>|<日期时间型表达式>)`
　　　`Day(<日期型表达式>|<日期时间型表达式>)`

说明：Year()函数从日期(时间)型表达式中求出年的数值，返回的结果总是 4 位数值。Month()函数从日期(时间)型表达式中求出月的数值。Day()函数从日期(时间)型表达式中求出日的数值。

3）求时、分、秒函数

格式：`Hour(<日期时间型表达式>)`
　　　`Minute(<日期时间型表达式>)`
　　　`Sec(<日期时间型表达式>)`

说明：Hour()函数从日期时间型表达式中返回小时部分(24 小时制)。Minute()函数从日期时间型表达式中返回分钟部分。Sec()函数从日期时间型表达式中返回秒数部分。

4. 转换函数

1）小写转换大写 Upper()
格式：`Upper(<字符型表达式>)`
说明：Upper()函数将字符型表达式值中的小写字母转换成大写字母，其他字符不变。

2）大写转换小写 Lower()
格式：`Lower(<字符型表达式>)`
说明：Lower()函数将字符型表达式值中的大写字母转换成小写字母，其他字符不变。

3） 字符转换成 ASCII 码值 Asc()

格式：`Asc(<字符型表达式>)`

说明：Asc()函数返回字符串第一个字符的 ASCII 码十进制数值。

例 2.11

```
?Asc("abc")              &&结果为 97
?Asc("A" )               &&结果为 65
?Asc("0")                &&结果为 48
```

4） 将 Asc 值转换成对应字符 Chr()

格式：`Chr(<数值型表达式>)`

说明：Chr()与 Asc()函数的功能相反。Chr()函数将数值型表达式的 ASCII 值转换成对应字符。数值型表达式的值必须是 0～255 的整数。

例 2.12

```
?Chr(65)                 &&结果显示为：A
?Chr(97)                 &&结果显示为：a
```

5） 字符型转换成数值型 Val()

格式：`Val(<字符型表达式>)`

说明：Val()函数将含有数字字符串中的数字转换为数值。Val()函数对字符从左至右操作，直到遇见非数字字符为止，忽略先导空格，将尾随的空格看做非数字字符。

例 2.13

```
?Val("12a")+34           &&结果为 46.00
?Val("ab12")             &&结果为 0.00
```

6） 数值型转换为字符型 Str()

格式：`Str(<数值型表达式> [,<长度> [,小数位]])`

说明：Str()函数将数值转换为字符串。<长度>指明由 Str()函数输出的总字符数，包括正负号和小数点；如果省略<长度>，则默认输出字符数为 10。<小数位>指明输出的小数位数。若给出的小数位小于数值型表达式所出现的小数位，Str()函数按给出的小数位数进行四舍五入截取运算；如果省略小数位，则小数四舍五入，只取整数部分。

例 2.14

```
?Str(53.2367,5,2)        &&结果为 53.24
?Str(53.2367,4,2)        &&结果为 53.2
```

7） 字符型转换成日期型 Ctod()

格式：`Ctod(<字符型表达式>)`

说明：Ctod()函数将字符型数据转换为日期型数据。字符型表达式的值可以是 mm/dd/yy 或^yyyy/mm/dd 格式。

8） 日期型转换成字符型 Dtoc()

格式：`Dtoc(<日期型表达式>)`

说明：Dtoc()函数将日期型数据转换成字符型数据。

5. 表操作函数

1）表名 Dbf()

格式：`Dbf([<工作区号>|<别名>])`

说明：Dbf()函数返回指定工作区中打开的表名。若没有表打开，Dbf()函数返回空串。Dbf()函数返回的表名前加有驱动器符。如果没有指定工作区号或别名，则返回值为当前工作区的表名。

2）求记录总数函数 Reccount()

格式：`Reccount([<工作区号>|<别名>])`

说明：Reccount()函数返回指定表中所含的记录总数，包括带有删除标记的记录。如果没有指定工作区号或别名，则返回值为当前工作区的记录总数。若没有表打开，Reccount()函数返回值为 0。

3）当前记录号函数 Recno()

格式：`Recno([<工作区号>|<别名>])`

说明：Recno()函数返回指定的工作区的当前记录号。如果没有指定工作区号或别名，则返回当前工作区的当前记录号。如果工作区中打开的表中没有记录，则返回值为 1。若没有表打开，Recno()函数返回值为 0。

4）文件的起始测试函数 Bof()

格式：`Bof([<工作区号>|<别名>])`

说明：Bof()函数测试指定工作区中记录指针是否向上移过最上面一个记录。如果已经移过，则 Bof()函数返回逻辑真值，否则，返回逻辑假值。

5）文件结束测试函数 Eof()

格式：`Eof([<工作区号>|<别名>])`

说明：Eof()函数测试指定工作区中记录指针是否已经向下移过最后一条记录，指向文件尾部。如果已经移过，则 Eof()函数返回逻辑真值，否则返回逻辑假值。

6）查找记录函数 Found()

格式：`Found([<表别名>|<工作区>])`

说明：使用 locate、find、seek 等查找记录命令时，如果找到了记录，则返回值为逻辑真，否则为逻辑假。若缺省参数，则为当前工作区。

7）测试记录删除函数 Deleted()

格式：`Deleted([<表的别名>|<工作区号>])`

说明：测试指定表中，记录指针所指的当前记录是否有删除标记"*"。若有，则为真，否则为假。若缺省参数，则测试当前工作区中的表。

6. 几个测试函数

1）数据类型测试函数 Vartype()

格式：`Vartype(<表达式>)`

功能：测试<表达式>的类型，返回一个大写字母，函数值为字符型。若<表达式>是一个数组名，则根据第一个数组元素的类型返回字符串。返回值如表 2-2 所示。

表 2-2　Vartype()返回值对应的数据类型

返回的字母	表示的数据类型	返回的字母	表示的数据类型
C	字符型或备注型	G	通用型
N	数值型、整型、浮动型、双精度型	D	日期型
Y	货币型	T	日期时间型
L	逻辑型	X	NULL 值
O	对象型	U	未定义

例 2.15

```
?Vartype("abc")                    &&结果显示为 C
?Vartype(130 )                     &&结果显示为 N
```

2）条件测试函数 Iif()

格式：Iif(<逻辑表达式>,<表达式 1>,<表达式 2>)

说明：测试<逻辑表达式>的值，若为逻辑真，则函数返回<表达式 1>的值；若为逻辑假，函数返回<表达式 2>的值。

例 2.16

```
x=30
?Iif(x>10,x-10,x+10)               &&结果为 20
```

3）值域测试函数 Between()

格式：Between(<表达式 1>,<表达式 2>,<表达式 3>)

说明：当<表达式 1>的值大于等于<表达式 2>，且小于等于<表达式 3>时，函数值为.t.，否则为.f.。3 个表达式的类型要一致。

7．用户自定义信息框函数 MessageBox()

格式：MessageBox(<信息提示>,[<信息框类型>,] [,<信息框标题>])

说明：在屏幕上弹出一个指定格式的信息框。信息框类型的组成是按钮代码+显示图标代码+默认按钮代码，缺省该参数表示取 0。按钮代码和显示图标代码如表 2-3 和表 2-4 所示，默认按钮代码的取值可为 0、256 和 512，分别表示第 1、第 2 和第 3 个按钮。函数的返回值如表 2-5 所示。

表 2-3　按钮代码与含义

按钮代码	代码含义
0	确定按钮
1	确定和取消按钮
2	终止、重试和忽略按钮
3	是、否和取消按钮
4	是和否按钮
5	重试和取消按钮

表 2-4　显示图标代码与含义

显示图标代码	代码含义
16	停止图标
32	问号图标
48	感叹号图标
64	信息图标

表 2-5　函数的返回值

按钮名称	返回值
确定	1
取消	2
终止	3
重试	4
忽略	5
是	6
否	7

例 2.17

```
?Messagebox("输入的值超出范围！",5+48+256,"越界提示")
?Messagebox("你真的要退出系统吗？",4+32+0,"退出提示")
```

2.2.4　运算符和表达式

1. 算术运算符

算术运算符是对数值型、整型、浮动型、双精度型、货币型数据进行加工处理的运算符。算术运算符及其优先级别如表 2-6 所示。

表 2-6　算术运算符及其优先级别

算术运算符	名称	优先级别	说明
( )	括号	一级	
+, -	正号, 负号	二级	单目运算符
**, ^	乘幂(乘方)	三级	
*, /, %	乘, 除, 取余	四级	%取余, 结果符号与第二个操作数符号相同
+, -	加, 减	五级	

在一个表达式中,如果出现多个算术运算符,加工时要遵循优先级别,先算级别高的(一级的优先级别最高),同级运算符在表达式中按照从左向右顺序运算。

特别要注意的是,加法和减法运算符也可以用于日期型数据和日期时间型数据,运算规则如表 2-7 所示。

表 2-7　加减运算符在日期(时间)型中的运算规则

格式	结果及类型
日期型数据 1-日期型数据 2	两个日期之间相差的天数(数值型)
日期型数据+整数数据	日期型数据加上整数天后的一个新日期
日期型数据-整数数据	日期型数据减去整数天后的一个新日期
日期时间型 1-日期时间型 2	两个日期时间型数据之间相差的秒数(数值型)
日期时间型数据+整数数据	日期时间型数据加上整数秒后的一个新日期时间
日期时间型数据-整数数据	日期时间型数据减去整数秒后的一个新日期时间

例 2.18

```
?2**3+10/2-3                                    &&结果为 10.00
?{^2007/10/25}- {^2007/10/20}                   &&结果为 5
?{^2007/10/20}+6                                &&结果显示为 10/26/07
?{^2007-10-25 10:20:35}- {^2007-10-25 10:20:10}    &&结果为 25
?{^2007-10-25 10:20:35}+10                       &&结果显示为 10/25/07 10:20:45 AM
```

2. 比较运算符

比较运算符又称关系运算符(见表 2-8),是专门用于对两个数据进行比较的一种运算符,比较的结果为逻辑型。

使用时要注意以下几点:

(1) 除==、$外,比较运算符的加工对象可以是两个字符型数据,可以是两个数值型数据,也可以是两个日期(时间)型数据,但用于比较的两个数据类型必须相同。

(2) 对于数值型数据,按数值的大小进行比较。

表 2-8　比较运算符及其名称

比较运算符	名称	比较运算符	名称
<	小于	>=	大于等于
=	等于	<> 、# 或 !=	不等于
>	大于	==	等于(字符型数据精确比较)
<=	小于等于	$	包含于(用于字符型数据)

(3) 对于日期型和日期时间型数据，按日期的年、月、日的大小和时间的时、分、秒大小进行比较。越早的日期或时间越小，越晚的日期或时间越大。

(4) 逻辑型数据比较结果是.T.大于.F.。

(5) 对于字符型数据，当比较两个字符串时，系统对两个字符串的字符自左向右逐个进行比较，一旦发现两个对应字符不同，就根据这两个字符的排序序列决定两个字符串的大小。排序序列可按 Machine(机器)、PinYin(拼音)和 Stroke(笔画)3 种方式进行。排序序列的设置方法是选择"工具"菜单中的"选项"命令，弹出"选项"对话框，在"数据"选项卡的"排序序列"中进行选择。

① Machine 序列：按照机内码顺序排列。西文按字符的 ASCII 码值大小进行比较，ASCII 码值越大，值越大；若为汉字，则按其机内码值大小进行比较，对于常用的一级汉字，根据拼音顺序决定大小。

常见字符的 Machine 码值的大小为空格

<"0"<"1"<…<"9"<"A"<"B"<…<"Z"<"a"< "b"<…< "z"<任何汉字。

② PinYin 序列：按照拼音序列排序。对于西文字符，空格在最前，小写字符排在大写字符之前。

③ Stroke 序列：按照书写笔画的多少排序。

(6) 串 1$ 串 2，若串 1 包含在串 2 中，则结果为真，否则为假。

(7) 当运算符"="用于比较两个字符型数据时，与 set exact on | off 的参数设置有关。当取 on 时，进行精确比较，两个字符串必须完全相同，结果才为真；取 off 时，进行非精确比较，若后者的所有字符与前者的前面若干个字符相同，则结果为真。

(8) 用 "=="比较时，两个字符串必须完全相同才为真，与 set exact on | off 的设置无关。

例 2.19

```
? 20>15                        &&数值型数据比较，结果为.t.
? "star">"string"              &&字符型数据比较，结果为.f.
? {^2003/10/6}> {^2003/11/5}   &&日期型数据比较，结果为.f.
?"abc"$"123abcxy"              &&结果为.t.
```

例 2.20

```
set exact off                  &&设置为字符串的非精确比较
?"string"="str"                &&结果为.t.
?"杨柳"= "杨"                    &&结果为.t.
?"string"#"str"                &&结果为.f.
```

```
?"杨柳"<> "杨"                    &&结果为.f.
set exact on                     &&设置为字符串的精确比较
?"string"="str"                  &&结果为.f.
?"杨柳"= "杨"                      &&结果为.f.
?"string" # "str"                &&结果为.t.
?"杨柳"<> "杨"                    &&结果为.t.
```

3. 字符串连接运算符

字符串连接运算符是专门对字符型数据进行连接，产生一个新的字符型数据的一种运算符。它包含有两个连接运算符"+"和"－"，运算规则如表 2-9 所示。

表 2-9　字符串连接运算符

字符串连接运算符	运算规则
+	串 1+串 2，将串 2 连接到串 1 的后面
－	串 1－串 2，将串 2 连接到串 1 的后面，但串 1 后的尾随空格移到串 2 的后面

当出现多个字符串连接时，从左向右依次连接。

例 2.21

```
?"关系   "+"数据库"+"管理系统"      &&结果为关系   数据库管理系统
?"关系   "－"数据库"+"管理系统"      &&结果为关系数据库   管理系统
```

4. 逻辑运算符

逻辑运算符是专门对逻辑型数据进行加工的一种运算符，结果仍为逻辑型数据。逻辑运算符及其运算规则如表 2-10 和表 2-11 所示。

表 2-10　逻辑运算符及其优先级别

算术运算符	名称	优先级别	说明
()	括号	一级	
.not.	逻辑非	二级	单目运算符
.and.	逻辑与	三级	
.or.	逻辑或	四级	

表 2-11　逻辑运算符的运算规则

A	B	A.and.B	A.or.B	.not.A
.t.	.t.	.t.	.t.	.f.
.t.	.f.	.f.	.t.	.f.
.f.	.t.	.f.	.t.	.t.
.f.	.f.	.f.	.f.	.t.

例 2.22

```
?5>6.and..t.                     &&结果为.f.
?4>7.or.5>3.and..not..t.         &&结果为.f.
```

5. 表达式

表达式是由运算对象（常量、变量或函数）和各种运算符（包括括号）组成的式子，按照运算符的运算规则和优先级别对运算对象进行加工处理，获得一个确定的数据。单个常量、变量、函数也是表达式。

表达式的类型是由表达式的最终结果来确定。表达式可分为数值型表达式、字符型表达式、日期型表达式、日期时间型表达式、逻辑型表达式、货币型表达式。

当一个复杂的表达式中出现不同种类的运算符时，必须按照优先级别，由高级到低级的顺序依次处理。不同种类的运算符的优先级别依次为圆括号、算术运算符、字符运算符、比较运算符、逻辑运算符。

例 2.23

```
? 3**2+20/4                        &&为数值型表达式，结果为 14.00
?"关系"+"数据库"                    &&为字符型表达式，结果显示为关系数据库
?$12+10                            &&为货币型表达式，结果显示为 22.0000
?{^2007-10-5}+10                   &&为日期型表达式，结果显示为 10/15/07
?{^2007-10-5 10:20:30 a}+10        &&结果显示为 10/05/07 10:20:40 AM
?3+2>4.and. "bc"$"ab"+"cd".or..not.5>6   &&为逻辑型，结果为.t.
```

2.3　项目管理器

使用 Visual FoxPro 开发和设计的数据库应用系统，一般都包含多种文件，为了对这些文件进行组织和维护，Visual FoxPro 提供了一个有效的管理工具——项目管理器。

2.3.1　项目和项目管理器

一个项目是与一项应用有关的所有文件的集合。要建立一个项目就必须先创建一个项目文件，项目文件的扩展名为.pjx。项目管理器是 Visual FoxPro 提供的用来组织和管理项目内容的工具，为系统开发者提供了极为便利的工作平台。

1. 创建项目文件

选择"文件"菜单中的"新建"命令，在弹出的"新建"对话框中选择"项目"，单击"新建"按钮，在弹出的对话框中选择文件保存位置，输入文件名，单击"保存"按钮，即可建立项目文件并打开项目管理器，如图 2-9 所示。

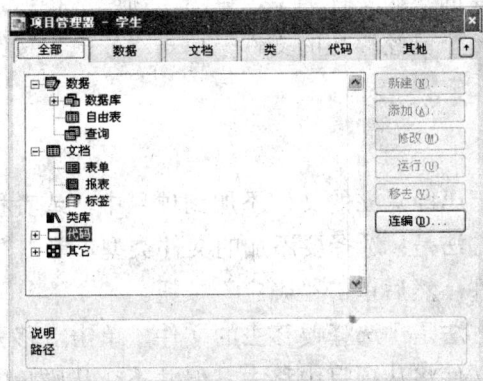

图 2-9　"项目管理器"对话框

2. 项目管理器组成

项目管理器一共有 6 个选项卡，分别是"全部"、"数据"、"文档"、"类"、"代码"和"其他"。

（1）"全部"选项卡：包括了后面 5 个选项卡的全部内容。

（2）"数据"选项卡：包含了一个项目中的所有数据，即数据库、自由表、查询。

（3）"文档"选项卡：包含了处理数据时所用的全部文档，即输入和查看数据所用的表单，以及打印表和查询结果所用的报表及标签。

（4）"类"选项卡：显示和管理由类设计器建立的类库文件。

（5）"代码"选项卡：包含了用户的所有代码程序文件，即程序文件、API 库文件、应用程序等。

（6）"其他"选项卡：显示和管理菜单文件、文本文件、由 OLE 等工具建立的其他文件（如图形、图像文件）。

　　3．项目管理器的折叠和分离

除选项卡之外，项目管理器的右上角还有一个向上的箭头按钮 ⬆️ ，单击这个箭头按钮，可将项目管理器折叠，同时箭头按钮变为向下的 ⬇️ 。项目管理器在折叠状态下只显示各个选项卡，此时，可以拖动选项卡，该选项卡成为浮动状态，可根据需要把它们放置在其他位置。

拖下某一选项卡后，它可以在 Visual FoxPro 的主窗口中独立移动。若要将项目管理器还原为原来的大小，可单击右上角的向下的箭头按钮 ⬇️ 。

2.3.2　项目管理器的功能

　　1．查看项目内容

项目管理器在对项目的组织和管理上采用了与 Windows 资源管理器类似的目录树结构。在项目管理器中，通过展开或折叠可以清楚地查看项目在不同层次上的详细内容。当目录展开时，可详细浏览其中的内容，当不需要详细查看时，便可将其折叠起来。

　　2．创建和修改文件

在项目管理器中选择要创建的文件类型，单击"新建"按钮，即可创建新文件。

在项目管理器中选择一个已经存在的文件，单击"修改"按钮，即可打开该文件，然后可对其进行修改。

　　3．添加和移去文件

通过项目管理器可以把已经建立的文件添加到项目中，或者移去项目中已有的文件。

添加文件到项目中的方法是：选择要添加的文件类型，单击"添加"按钮，在"打开"对话框中选择要添加的文件，然后单击"确定"按钮。

从项目中移去文件的方法是：选择要移去的文件，单击"移去"按钮，在弹出的提示中，单击"移去"按钮，文件将从项目中移去，但并不会从磁盘中删除。

　　4．提供多个功能按钮

项目管理器窗口右侧有 6 个功能按钮，供用户在项目开发和维护过程中随时调整项目的内容。这 6 个按钮的功能如下：

（1）"新建"按钮：在项目中创建一个新文件。

(2)　"添加"按钮：可将一个已经存在的文件添加到项目中。

(3)　"修改"按钮：可对选定的文件进行修改。

(4)　"移去"按钮：将选定文件从项目中移走。

(5)　"浏览｜运行"按钮：如果选定某个表文件，显示为"浏览"，可浏览所选表的内容。如果选定某个程序、表单、菜单文件，显示为"运行"，可以运行文件。

(6)　"连编"按钮：用于生成可执行的应用程序。生成扩展名为.app 的应用程序，在 Visual FoxPro 环境下执行；生成扩展名为.exe 可执行文件，能脱离 Visual FoxPro 环境执行。

习　题

1. 单项选择题

(1)　下列表达式中不是日期型表达式的是（　　）。

　　A．date（）　　　　　　　　　　　　B．date（）+20

　　C．date（）-{^2007-10-12}　　　　　D．ctod（"01/01/98"）

(2)　下列表达式中，（　　）表达式是不合法的。

　　A．{^1998/01/30}-{^1997/01/20 }　　B．{^1998/01/30}-20

　　C．"1998-01-01"-"1997-02-02"　　　D．"98-01-01"+20

(3)　下列有关命令书写规则的说法中，错误的是（　　）。

　　A．命令动词、基本项、必选项之间必须有一个以上的空格

　　B．命令动词或短语中的英文单词可以只写前 4 个字母

　　C．任何命令的总字符数必须小于或等于 80 个字符

　　D．命令动词和短语中的英文单词不区分大小写

(4)　要对第 3 条记录进行操作，命令中的范围表示是（　　）。

　　A．all　　　　　　　B．next 3　　　　　　C．rest　　　　　　D．record 3

(5)　下面 Visual FoxPro 的表达式中，运算结果不是逻辑值的是（　　）。

　　A．"ab"$"abc"　　　B．at（"ab","abc"）　　C．10>20　　　D．between（10,5,5+20）

2. 填空题

(1)　"abc"是_____类型数据，12.54 是_____类型数据，.y.是_____类型数据，{^1997/02/08}是_____类型数据，{01/08/97 10:20 a}是_____类型数据，$197.0233 是_____类型数据。

(2)　定义含有 5 个元素的一维数组 A 的命令是_____，定义含有 3 行 2 列的二维数组 B 的命令是_____。

(3)　字符串的运算符有 2 个：_____和_____。其中_____是将第 2 个字符串直接连接到第 1 个字符串的后面。

3. 计算下列函数或表达式的值并指出其结果的类型

(1) at（"is", "this"）　　　　　　　　　(2) upper（"abc"）

(3) substr（"ABCDEF",2,3 ）　　　　　　(4) int（2.9）

(5) mod(11,−3)

(6) ctod("01/01/2007")

(7) vartype("abc")

(8) str(150.5678,5,2)

(9) year({^1997/01/02})

(10) {^2007/10/3}+20

(11) (−5)*2+17.5*mod(12,5)

(12) str(1234.567,4,2)+"ABC"

(13) "abcd"<="cde"

(14) "王"="wang"

(15) "ab   "+"cd"="ab   "−"cd"

(16) 120>int(119.9) .and. "张">"李"

(17) .not.(("ab"$"abc".and. 20>19) .or. .t.)

(18) {^2007/10/20 7:10:30 a}+50

4. 操作题

(1) 在计算机中安装 Visual FoxPro 9.0 英文版，若使用中文版本，下载汉化补丁，进行汉化。

(2) 设置系统默认目录为 D 盘根目录，建立项目文件 student.pjx，并保存该项目。

(3) 在命令窗口中，使用?/??命令显示计算题中的值。

(4) 给定一个三位数，利用所学的知识，将这个三位数的个位、十位、百位分解出来。

第 3 章　表和数据库

Visual FoxPro 用表文件存储数据。在 Visual FoxPro 中，用户可以创建两种类型的表，一种是不属于任何数据库的自由表，另一种是专属于某个数据库的数据库表。自由表和数据库表也可以相互转换，将自由表添加到数据库中，自由表就变成了数据库表；将数据库表从数据库中移出，数据库表就变成了自由表。本章将介绍表和数据库操作。

3.1 表 的 创 建

使用 Visual FoxPro 创建表时，首先需要设计表的结构，然后创建相应的表文件，再将有关数据输入到表中。图 3-1 所示的学生基本情况表采用的是一个表格实例，接下来我们使用 Visual FoxPro 完成该表格的创建。

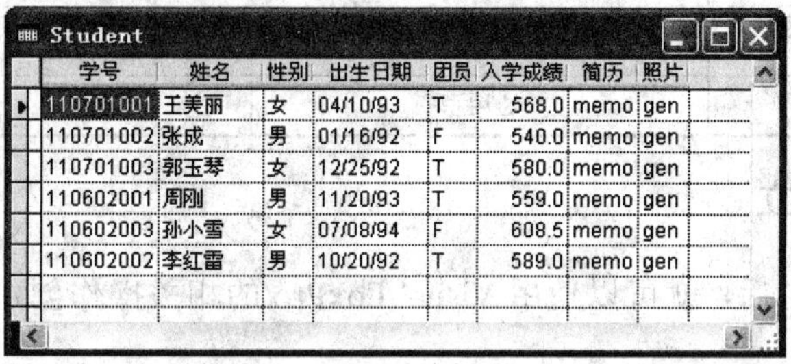

学号	姓名	性别	出生日期	团员	入学成绩	简历	照片
110701001	王美丽	女	04/10/93	T	568.0	memo	gen
110701002	张成	男	01/16/92	F	540.0	memo	gen
110701003	郭玉琴	女	12/25/92	T	580.0	memo	gen
110602001	周刚	男	11/20/93	T	559.0	memo	gen
110602003	孙小雪	女	07/08/94	F	608.5	memo	gen
110602002	李红雷	男	10/20/92	T	589.0	memo	gen

图 3-1　学生基本情况表

3.1.1　表结构的设计

表结构的设计就是根据实际数据的具体情况，确定表中各个字段的相关属性，包括字段名、数据类型、宽度、小数位数等。其中，字段名用来标识字段，而字段的类型、宽度与小数位数等则用来描述字段值。

1）字段名

字段名用来标识字段，它是一个以字母或汉字开头，由字母、汉字、数字或下划线组成的序列。在自由表中，字段名的长度不能超过 10 个字符。

2）字段类型

根据字段值的类型来确定字段的类型。例如，姓名字段，字段值为字符型数据，因此可以将姓名字段的类型设置为字符型；入学成绩字段，字段值为数值型数据，因此可以将入学成绩字段的类型设置为数值型。

3）字段宽度

对于常用的字符型、数值型字段，可以将字段的宽度设置为字段值的最大宽度。例如，性别字段，字段值的最大宽度为 2，因此可以将性别字段的宽度设置为 2。

对于其他常用的日期型、逻辑型等字段，字段宽度由 Visual FoxPro 规定，用户是无法更改的。例如，日期型字段宽度为 8，逻辑型字段宽度为 1 等。

4) 小数位数

数值型字段通常需要设置小数位数。需要注意的是，小数点也要占一位宽度。例如，如果入学成绩字段宽度为 5 位，整数部分占 3 位宽度，则小数位数只能设置为 1 位。

根据上面的介绍，如果要在 Visual FoxPro 中创建图 3-1 所示的学生基本情况表，具体分析后，设计出表 3-1 所示的表结构，为学生基本情况表取名为 student.dbf。

表 3-1　表 student.dbf 的结构

字段名	类型	宽度	小数位数
学号	字符型	9	
姓名	字符型	8	
性别	字符型	2	
出生日期	日期型	8	
团员	逻辑型	1	
入学成绩	数值型	5	1
简历	备注型	4	
照片	通用型	4	

3.1.2　表结构的建立

设计好表的结构之后，就可以使用 Visual FoxPro 的相关操作创建表文件了。可以使用 create 命令建立表文件。

格式：`create <表文件名>`

功能：建立一个新的表文件。

说明：

(1) <表文件名>用来指定要建立的表文件的名称，其扩展名可省略，省略时默认为.dbf。

(2) 表文件名前可指明要建立的表文件的存放位置。例如，要在 E 盘上建立一个名为 student.dbf 的表文件，可在命令窗口中输入 "create E:\student"。

(3) 执行 create 命令将打开表设计器，在表设计器中输入表的结构信息，输入完成后单击 "确定" 按钮或按 Ctrl+W 组合键即可完成表结构的建立。

例 3.1　建立表 student.dbf 的结构。

操作步骤如下：

(1) 在命令窗口输入命令：create student，按 Enter 键，弹出 "表设计器" 对话框，如图 3-2 所示。

(2) 在表设计器中输入表 3-1 所示的表 student.dbf 的结构。输入完成后的表设计器如图 3-3 所示。

(3) 单击 "确定" 按钮完成表结构的建立并关闭表设计器。

也可以使用菜单操作方式建立表文件。首先选择 "文件" 菜单中的 "新建" 命令或单击"常用"工具栏中的"新建"按钮，在弹出的"新建"对话框中选择文件类型"表"，再单击"新建文件"按钮，弹"表设计器"对话框，输入表的结构信息即可。

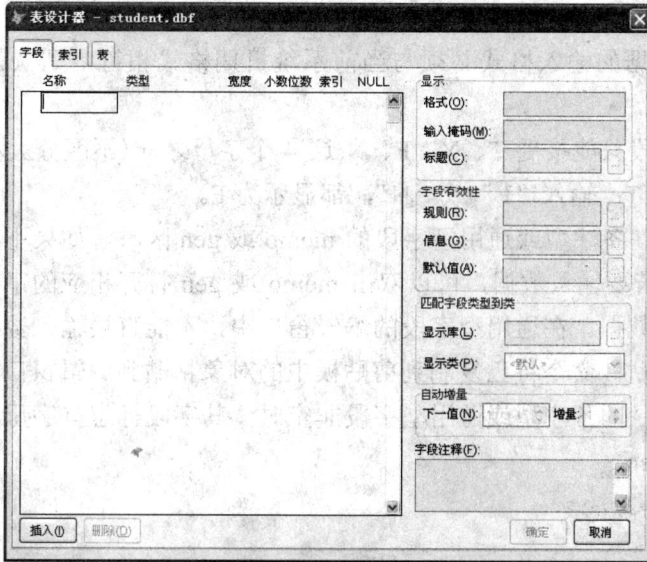

图 3-2 "表设计器"对话框

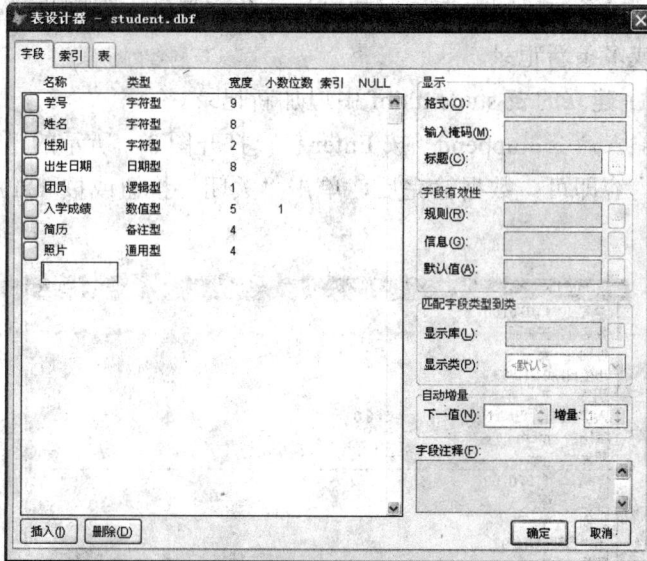

图 3-3 输入完成后的表设计器

在执行创建表的操作时，如果存在当前数据库，则创建的表会自动添加到当前数据库中，成为数据库表；如果不存在当前数据库，则创建的表是自由表。

3.1.3 记录的添加

表结构建立好，需要向表中添加数据记录。数据记录可以添加到表的尾部，也可以在表的任意位置插入数据记录。

1. 数据输入要点

（1）表的数据可以按记录逐个字段输入。一旦在最后一条记录的任何位置上输入了数据，Visual FoxPro 就会自动提供下一条记录的输入位置。

（2）日期型数据的输入格式必须与当前系统日期格式相符，默认的系统日期格式为 mm/dd/yyyy。

（3）逻辑型字段只能接受 T、Y、F、N 这 4 个字母之一（不区分大小写）。输入"T"或"Y"，都显示为 T；输入"F"或"N"，都显示为 F。

（4）当光标停在备注型或通用型字段的 memo 或 gen 区时，如果不想输入数据，可以按 Enter 键跳过；若要输入数据，可以双击 memo 或 gen 打开相应的字段编辑窗口，在字段编辑窗口中输入数据。在通用型字段的编辑窗口中，不能直接输入数据，需要使用"编辑"菜单中的"粘贴"命令将已复制到剪贴板中的对象粘贴到编辑窗口中。

注意：当某记录的备注型或通用型字段非空时，其字段标志首字母将以大写显示，即显示为 Memo 或 Gen。

2. 在表尾追加新记录

格式：`append [blank]`

功能：在表的尾部追加新记录。

说明：若有[blank]子句，则在表的尾部追加一条空记录；否则将弹出一个记录编辑窗口，可以追加一条或多条新记录。

例 3.2　在例 3.1 建立的表 student.dbf 中追加新记录。

在命令窗口中输入命令：append，按 Enter 键，打开图 3-4 所示的记录编辑窗口，在该窗口中输入记录的内容即可。数据输完后，单击"关闭"按钮或按 Ctrl+W 组合键保存后关闭编辑窗口。

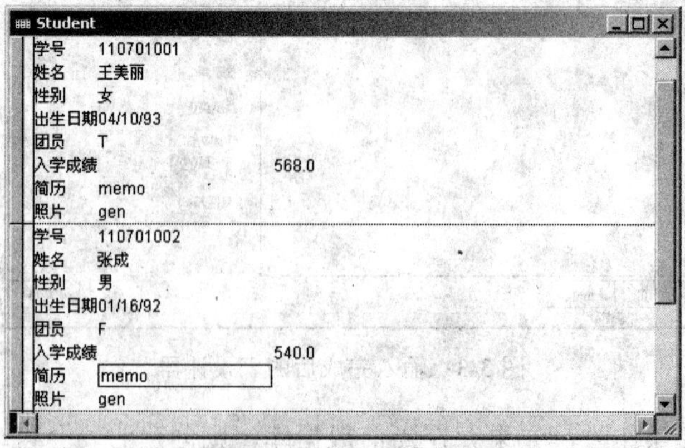

图 3-4　记录编辑窗口

3. 插入新记录

格式：`insert [before] [blank]`

功能：在当前记录的前面或后面插入新记录。

说明：

（1）若有[before]子句，则在当前记录的前面插入新记录；否则在当前记录的后面插入新记录。

（2）若有[blank]子句，则插入一条空记录；否则将弹出一个编辑窗口，可以输入一条或多条新记录。

3.2　表的基本操作

3.2.1　表的打开和关闭

表在刚刚创建完毕之时，将自动处于打开的状态，因此可以直接进行操作。而对于已经存在但尚未被打开的表来说，只有先将其打开，然后才能使用。另外，表在操作完毕之后，应将其正常关闭，以避免对其造成不必要的破坏。

1．表的打开

格式：use <表文件名> [exclusive | shared]

功能：打开指定的表文件。

说明：

（1）<表文件名>用来指定要打开的表文件的名称，其扩展名可省略，省略时默认为.dbf。

（2）[exclusive | shared]子句指定表的打开方式。exclusive 表示以独占方式打开，即禁止其他用户同时使用该表。shared 表示以共享方式打开，即允许其他用户同时使用该表。若未指定打开方式，则默认为 exclusive。

例 3.3　打开表 student.dbf。

在命令窗口中输入"use student"，按 Enter 键即可。

也可以使用菜单操作方式来打开表文件。选择"文件"菜单中的"打开"命令或单击"常用"工具栏中的"打开"按钮，弹出"打开"对话框；在"打开"对话框的"文件类型"下拉列表中选择"表(*.dbf)"，选择要打开的表文件，以及打开表文件的方式，单击"确定"按钮即可打开选定的表文件。

2．表的关闭

不加表名的 use 命令可实现关闭表文件。

格式：use

功能：关闭当前打开的表文件。

例 3.4　关闭当前打开的表文件 student.dbf。

在命令窗口中输入"use"，按 Enter 键即可。

3.2.2　表结构的修改

如果表的结构存在问题，则需要对表的结构进行修改。可以使用表设计器修改表的结构，如调整字段顺序，增加或删除字段，修改字段名、字段类型、字段宽度以及小数位数等。

使用 modify structure 命令打开表设计器：

格式：modify structure

功能：打开表设计器，修改当前表的结构。

说明：命令执行时，如果表还未打开，将会弹出"打开"对话框，提示用户打开表文件。

例 3.5　在当前表 student.dbf 的"出生日期"字段之前插入一个新字段"班级"。

在命令窗口中输入命令：modify structure，按 Enter 键打开表设计器。

在表设计器中修改表的结构：将光标定位到"出生日期"字段，单击"插入"按钮，便在"出生日期"字段之前插入了一个新字段，将插入的新字段的字段名设置为"班级"，并为其设置字段类型、字段宽度等，单击"确定"按钮并在弹出的对话框中单击"是"按钮，保存所做的更改并关闭表设计器。

例 3.6　删除当前表 student.dbf 中的"班级"字段。

在命令窗口中输入命令：modify structure，按 Enter 键打开表设计器。

在表设计器中修改表的结构：将光标定位到"班级"字段上，单击"删除"按钮，单击"确定"按钮并在弹出的对话框中单击"是"按钮，保存所做的更改并关闭表设计器。

也可以使用菜单操作方式来打开表设计器。方法是：先打开表，然后再选择"显示"菜单中的"表设计器"命令即可打开表设计器，在其中修改表的结构。

3.2.3　表的浏览窗口

在使用表的过程中，可以通过表的浏览窗口直观地浏览表中的数据，以及对表执行一些基本的维护操作。

表的浏览窗口有两种显示模式：浏览模式和编辑模式。如图 3-5 和图 3-6 所示，浏览模式下一条记录占一行，编辑模式下一个字段占一行。执行 browse 命令可以打开浏览模式窗口，执行 edit 命令可以打开编辑模式窗口。另外，也可以通过"显示"菜单中的"浏览"命令打开表的浏览窗口，通过"显示"菜单中的"编辑"命令打开表的编辑窗口。

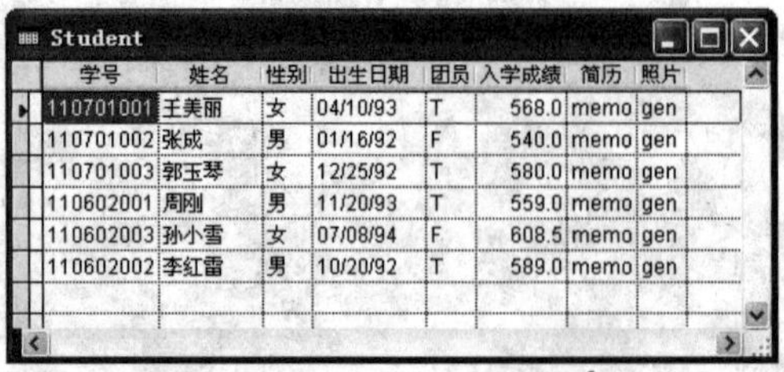

图 3-5　浏览模式窗口 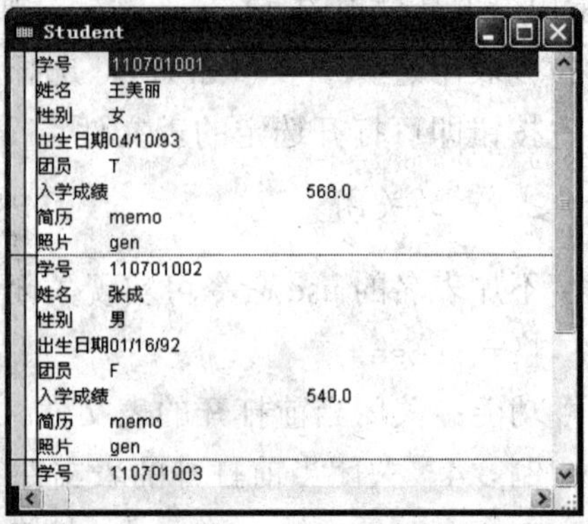　　　　　　　　　　图 3-6　编辑模式窗口

1. 添加记录

默认情况下，表的浏览窗口中不能直接输入数据。为了添加新记录，可选择"表"菜单中的"追加新记录"命令，这时在浏览窗口中会增加一条空记录，在此空记录中输入字

段值即可。不过，该方式每次只能添加一条记录。如需连续添加多条记录，可选择"显示"菜单中的"追加方式"命令。

2. 修改记录

如需修改记录的值，只需将光标定位在要修改的位置上，然后直接修改即可。

3. 删除记录

在表的使用过程中，难免要删除一些无用的数据记录。为了防止错误删除有用的数据记录，保证数据的安全，Visual FoxPro 将记录的删除操作分两步完成。第一步，给要删除的记录打上删除标记，称为逻辑删除。被逻辑删除的记录只是带上了删除标记，并没有真正地从磁盘上删除，当发现逻辑删除有误时，可以将删除标记去掉恢复为正常记录。第二步，将已被逻辑删除的记录真正地从磁盘上删除，称为物理删除。

1）记录的逻辑删除

单击相应记录左侧的删除标记使之变黑，即表示执行了逻辑删除，如图 3-7 所示。

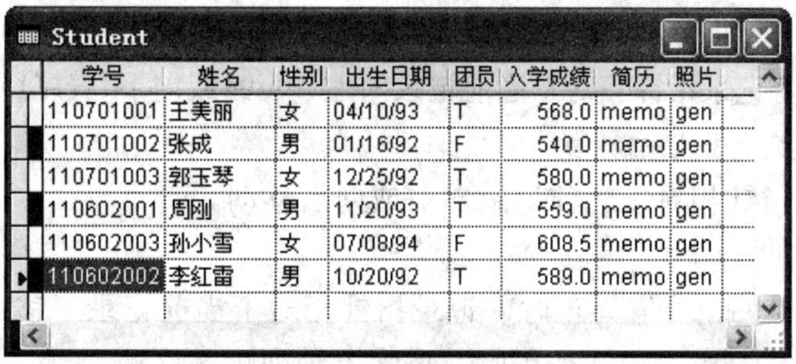

图 3-7　记录的逻辑删除

2）记录的恢复

为恢复被逻辑删除的记录，只需再次单击其删除标记使之变白即可。

3）记录的物理删除

若需物理删除已被逻辑删除的记录，只需选择"表"菜单中的"彻底删除"命令即可。

3.2.4　记录指针的定位

表打开时，系统为表设置一个记录指针，用来指向表中的记录。表刚被打开时，记录指针默认指向表中的第一条记录，移动记录指针可以使记录指针指向其他记录。记录指针指向的记录称为当前记录。

记录指针的定位就是移动记录指针，使其指向表中的某一条记录。在表的使用过程中，许多操作都会用涉及记录指针的定位。常用的记录指针的定位方法有三种：绝对定位、相对定位和条件定位。

1. 绝对定位

绝对定位是指直接将记录指针移动到某一条特定记录上。

格式 1：<记录号>

格式 2: go | goto <记录号> | top | bottom

功能: 将记录指针定位到指定的记录上。

说明:

(1) <记录号>指出将记录指针定位到记录号为指定值的记录。

(2) go 和 goto 的功能是一样的。

(3) top 表示将记录指针定位到第一条记录上。不使用索引时,第一条记录即为记录号为 1 的记录;使用索引时,第一条记录则为按索引关键字排序后排在最前面的记录。

(4) bottom 表示将记录指针定位最后一条记录上。不使用索引时,最后一条记录即为记录号最大的那条记录;使用索引时,最后一条记录则为按索引关键字排序后排在最后面的记录。

例 3.7　将当前表 student.dbf 的记录指针定位到 4 号记录(即记录号为 4 的记录)上。

```
4                        &&或 go 4、goto 4
?recno()                 &&命令执行结果为 4
```

2. 相对定位

相对定位是指将记录指针相对于当前记录向上(表头)或向下(表尾)移动若干条记录。

格式: skip [数值表达式]

功能: 将记录指针相对于当前记录向前或向后移动。

说明:

(1) 当[数值表达式]的值为正时,记录指针相对于当前记录下移;为负时,记录指针相对于当前记录上移。当索引起作用时,按索引排列顺序移动。

(2) [数值表达式]可省略,省略时,默认为 1,即表示将记录指针移动到下一条记录上。

例 3.8　当前表 student.dbf 的记录指针指向的是 4 号记录,使用相对定位命令,将记录指针定位到 2 号记录上。

```
skip -2
?recno()                 &&命令执行结果为 2
```

3. 条件定位

条件定位是指将记录指针指向满足条件的某个记录上。

格式: locate for <条件> [范围]

功能: 在表中指定范围内,按顺序查找满足指定条件的第一条记录。若找到,记录指针就指向该记录;若未找到,记录指针则指向指定范围末尾,同时在状态栏上显示"已到定位范围末尾"。

说明:

(1) 若有[范围]子句,则只在指定范围内查找;否则在所有记录中查找。

(2) locate 命令执行后,可以用 found()函数来测试是否查找到,若找到,found()函数返回逻辑真值.T.,否则返回逻辑假值.F.。

（3）未找到满足条件的记录时，若操作范围为所有记录，则记录指针指向文件尾，否则指向指定范围内的最后一条记录。

（4）在 locate 命令查找到第一个满足条件的记录后，可执行 continue 命令继续查找满足条件的其他记录。当执行 continue 命令时，查找操作从当前满足条件的记录的下一条记录开始。可重复执行 continue 命令，一直到没有满足条件的记录为止。

例 3.9 在当前表 student 中查找入学成绩不小于 580 的学生的记录。

```
locate for 入学成绩>=580      &&状态栏上显示为记录= 3
?found()                     &&命令执行结果为.T.，表明找到了满足条件的记录
display
```

命令执行后，主窗口中显示：

记录号	学号	姓名	性别	出生日期	团员	入学成绩	简历	照片
3	110701003	郭玉琴	女	12/25/92	.T.	580.0	memo	gen

```
continue                     &&状态栏上显示为记录= 5
?found()                     &&命令执行结果为.T.，表明又找到了满足条件的记录
display
```

命令执行后，主窗口中显示：

记录号	学号	姓名	性别	出生日期	团员	入学成绩	简历	照片
5	110602003	孙小雪	女	07/08/94	.F.	608.5	memo	gen

```
continue                     &&状态栏上显示为记录= 6
?found()                     &&命令执行结果为.T.，表明再次找到了满足条件的记录
display
```

命令执行后，主窗口中显示：

记录号	学号	姓名	性别	出生日期	团员	入学成绩	简历	照片
6	110602002	李红雷	男	10/20/92	.T.	589.0	memo	gen

```
continue                     &&状态栏上显示为已到定位范围末尾
?eof()                       &&命令执行结果为.T.
```

也可以使用菜单操作方式来定位记录指针，操作方法如下：

（1）打开表的浏览窗口，此时，菜单栏上增加了一个"表"菜单。

（2）在"表"菜单中的"转到记录"中选择相应的子菜单项，进行记录指针的定位。"转到记录"中子菜单项的功能如下。

①"第一个"：将记录指针定位到第一条记录上，相当于执行命令 go top。

②"最后一个"：将记录指针定位到最后一条记录上，相当于执行命令 go bottom。

③"上一个"：将记录指针定位到当前记录的上一条记录上，相当于执行命令 skip –1。

④"下一个"：将记录指针定位到当前记录的下一条记录上，相当于执行命令 skip。

⑤"记录号"：将弹出"转到记录"对话框（见图 3-8），在该对话框中输入要使记录指针指向的记录号，再单击"确定"按钮，就可将记录指针定位到指定的记录上。此操作相当于执行命令 go <记录号>。

⑥"定位"：将弹出"定位记录"对话框（见图 3-9），在该对话框中设置"作用范围"，输入条件，再单击"确定"按钮，就可将记录指针定位到指定范围内满足条件的第一条记

录上，若指定范围内没有满足条件的记录，则定位到指定范围末尾。此操作相当于执行 locate 命令。

图 3-8 "转到记录"对话框

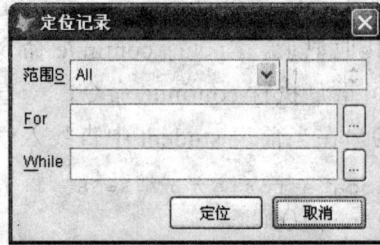

图 3-9 "定位记录"对话框

3.2.5 显示记录

除了使用表的浏览窗口浏览表中的数据，还可以使用 list 和 display 将表中的记录显示在 Visual FoxPro 的主窗口中。

格式：list | display [范围] [for <条件>] [[fields] <字段名表>] [off]

功能：显示表中指定范围内满足条件的记录。

说明：

(1) 同时省略[范围]、[for <条件>]和[while <条件>]子句时，list 命令默认范围为 all，display 命令默认范围为当前记录。

(2) 若省略[[fields] <字段名表>]子句，则显示所有字段，否则只显示<字段名表>中指定的字段。

(3) 若有[off]子句，则不显示记录号，否则在每条记录前显示该记录的记录号。

例 3.10 显示当前表 student.dbf 的所有记录。

```
list                    &&或 display all
```

命令执行后，主窗口中显示：

```
记录号  学号        姓名    性别  出生日期    团员   入学成绩 简历   照片
    1  110701001   王美丽   女   04/10/93   .T.    568.0 memo  gen
    2  110701002   张成    男   01/16/92   .F.    540.0 memo  gen
    3  110701003   郭玉琴   女   12/25/92   .T.    580.0 memo  gen
    4  110602001   周刚    男   11/20/93   .T.    559.0 memo  gen
    5  110602003   孙小雪   女   07/08/94   .F.    608.5 memo  gen
    6  110602002   李红雷   男   10/20/92   .T.    589.0 memo  gen
```

例 3.11 显示当前表 student.dbf 的 3 号记录。

```
list record 3              &&或 display record 3
```

命令执行后，主窗口中显示：

```
记录号  学号        姓名    性别  出生日期    团员   入学成绩 简历   照片
    3  110701003   郭玉琴   女   12/25/92   .T.    580.0 memo  gen
```

例 3.12 显示当前表 student.dbf 中所有女生的记录。

```
list for 性别="女"          &&或 display for 性别="女"
```

命令执行后，主窗口中显示：

记录号	学号	姓名	性别	出生日期	团员	入学成绩	简历	照片
1	110701001	王美丽	女	04/10/93	.T.	568.0	memo	gen
3	110701003	郭玉琴	女	12/25/92	.T.	580.0	memo	gen
5	110602003	孙小雪	女	07/08/94	.F.	608.5	memo	gen

例 3.13　显示当前表 student.dbf 中所有女生的记录，并且只显示学号、姓名、性别和入学成绩 4 个字段，不显示记录号。

    list for 性别="女" fields 学号,姓名,性别,入学成绩 off

命令执行后，主窗口中显示：

学号	姓名	性别	入学成绩
110701001	王美丽	女	568.0
110701003	郭玉琴	女	580.0
110602003	孙小雪	女	608.5

例 3.14　显示当前表 student.dbf 中所有 1993 以后出生的(含 1993)记录。

    list for year(出生日期)>=1993

命令执行后，主窗口中显示：

记录号	学号	姓名	性别	出生日期	团员	入学成绩	简历	照片
1	110701001	王美丽	女	04/10/93	.T.	568.0	memo	gen
4	110602001	周刚	男	11/20/93	.T.	559.0	memo	gen
5	110602003	孙小雪	女	07/08/94	.T.	608.5	memo	gen

3.2.6　修改记录

除了在表的浏览窗口中以手工的方式修改表中的记录以外，还可以使用 replace 命令快速、自动地批量修改表中的记录。

格式：replace <字段名 1> with <表达式 1>[,<字段名 2> with <表达式 2>…] [范围] [for <条件>]

功能：对表中指定范围内满足条件的记录进行修改，用指定表达式的值替换指定字段的值。

说明：

(1) <字段名 1> with <表达式 1>[,<字段名 2> with <表达式 2>…]是指用表达式 1 的值替换字段 1 的值，用表达式 2 的值替换字段 2 的值，依次类推。

(2) 同时省略[范围]、[for <条件>]子句时，默认范围为当前记录。

例 3.15　将当前表 student.dbf 中女生的入学成绩加 10 分。

    list   &&显示当前表 student.dbf 的所有记录

命令执行后，主窗口中显示：

记录号	学号	姓名	性别	出生日期	团员	入学成绩	简历	照片
1	110701001	王美丽	女	04/10/93	.T.	568.0	memo	gen
2	110701002	张成	男	01/16/92	.F.	540.0	memo	gen
3	110701003	郭玉琴	女	12/25/92	.T.	580.0	memo	gen
4	110602001	周刚	男	11/20/93	.T.	559.0	memo	gen
5	110602003	孙小雪	女	07/08/94	.F.	608.5	memo	gen
6	110602002	李红雷	男	10/20/92	.T.	589.0	memo	gen

```
replace 入学成绩 with 入学成绩+10 for 性别="女"    &&状态栏上显示：3 替换
list
```

命令执行后，主窗口中显示：

记录号	学号	姓名	性别	出生日期	团员	入学成绩	简历	照片
1	110701001	王美丽	女	04/10/93	.T.	578.0	memo	gen
2	110701002	张成	男	01/16/92	.F.	540.0	memo	gen
3	110701003	郭玉琴	女	12/25/92	.T.	590.0	memo	gen
4	110602001	周刚	男	11/20/93	.T.	559.0	memo	gen
5	110602003	孙小雪	女	07/08/94	.F.	618.5	memo	gen
6	110602002	李红雷	男	10/20/92	.T.	589.0	memo	gen

比较 replace 命令执行前后表中的数据可以发现，执行 replace 命令后，表中所有女生的入学成绩都加了 10 分。

也可以使用菜单操作方式来实现替换修改。操作方法如下：

首先打开表的浏览窗口，在"表"菜单中选择"替换字段"命令，弹出"替换字段"对话框（见图 3-10）。

在"字段"下拉列表中选择要替换的字段；在"替换"文本框中输入一个表达式，用该表达式的值去替换指定字段的值；在"范围"处设置操作的记录范围；在"for"或"while"文本框中输入操作的记录应满足的条件。也可以通过单击"…"按钮打开"表达式生成器"对话框（见图 3-11）构建表达式。

最后，单击"替换"按钮即可完成对指定字段的替换操作。

图 3-10 "替换字段"对话框

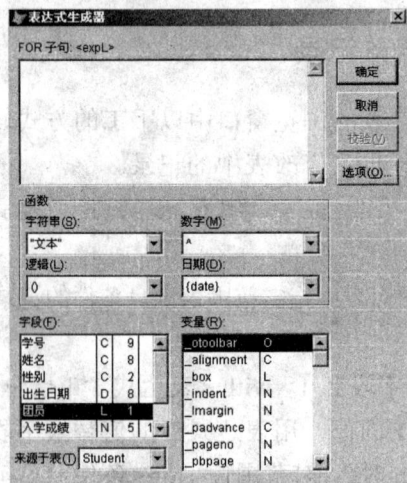

图 3-11 "表达式生成器"对话框

3.2.7 删除记录

使用命令的方式可以快速、自动地删除表中的记录。

1. 记录的逻辑删除与恢复

1) 逻辑删除记录

格式：delete [范围] [for <条件>]

功能：逻辑删除表中指定范围内满足条件的记录。

说明：同时省略[范围]、[for <条件>]子句时，仅逻辑删除当前记录。

例 3.16　逻辑删除当前表 student.dbf 中所有性别不为男的学生的记录。

```
list                            && 显示当前表 student.dbf 的所有记录
```

命令执行后，主窗口中显示：

记录号	学号	姓名	性别	出生日期	团员	入学成绩	简历	照片
1	110701001	王美丽	女	04/10/93	.T.	568.0	memo	gen
2	110701002	张成	男	01/16/92	.F.	540.0	memo	gen
3	110701003	郭玉琴	女	12/25/92	.T.	580.0	memo	gen
4	110602001	周刚	男	11/20/93	.T.	559.0	memo	gen
5	110602003	孙小雪	女	07/08/94	.F.	608.5	memo	gen
6	110602002	李红雷	男	10/20/92	.T.	589.0	memo	gen

```
delete for 性别<>"男"            && 状态栏上显示：3 条记录已删除
list
```

命令执行后，主窗口中显示：

记录号	学号	姓名	性别	出生日期	团员	入学成绩	简历	照片
1	*110701001	王美丽	女	04/10/93	.T.	578.0	memo	gen
2	110701002	张成	男	01/16/92	.F.	540.0	memo	gen
3	*110701003	郭玉琴	女	12/25/92	.T.	590.0	memo	gen
4	110602001	周刚	男	11/20/93	.T.	559.0	memo	gen
5	*110602003	孙小雪	女	07/08/94	.F.	618.5	memo	gen
6	110602002	李红雷	男	10/20/92	.T.	589.0	memo	gen

由上可见，表中所有性别不为男的学生的记录都已经被加上了删除标记"*"。

也可以使用菜单操作方式来逻辑删除记录。首先打开表；然后选择"显示"菜单中的"浏览"命令，打开浏览窗口或编辑窗口；再在"表"菜单中选择"删除记录"命令，弹出"删除"对话框（见图 3-12）；在"范围"处设置操作的记录范围；在"For"或"While"文本框中输入操作的记录应满足的条件；最后，单击"删除"按钮即可逻辑删除表中指定范围内满足条件的记录。

图 3-12　"删除"对话框

2）恢复记录

格式：recall [范围] [for <条件>]

功能：将表中指定范围内满足条件的，且已被逻辑删除的记录恢复为正常记录。

说明：同时省略[范围]、[for <条件>]子句时，仅操作当前记录。

例 3.17　在例 3.16 的基础上，将被逻辑删除记录中是团员的学生的记录恢复为正常记录。

```
recall for 团员=.t.             && 状态栏上显示：2 记录已恢复
list
```

命令执行后，主窗口中显示：

记录号	学号	姓名	性别	出生日期	团员	入学成绩	简历	照片
1	110701001	王美丽	女	04/10/93	.T.	568.0	memo	gen
2	110701002	张成	男	01/16/92	.F.	540.0	memo	gen
3	110701003	郭玉琴	女	12/25/92	.T.	580.0	memo	gen
4	110602001	周刚	男	11/20/93	.T.	559.0	memo	gen
5	*110602003	孙小雪	女	07/08/94	.F.	608.5	memo	gen
6	110602002	李红雷	男	10/20/92	.T.	589.0	memo	gen

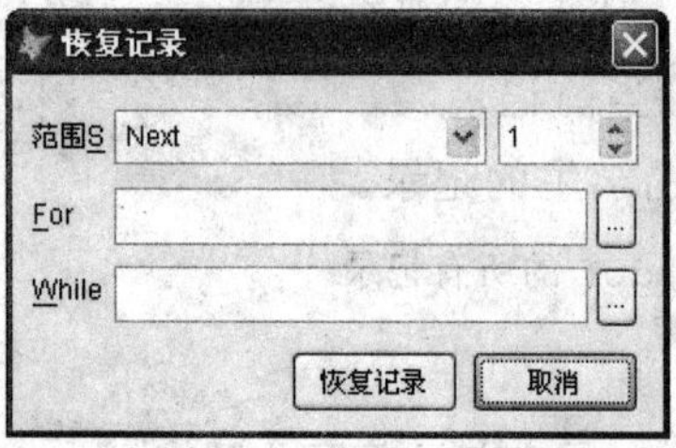

图 3-13 "恢复记录"对话框

由上可见，符合条件的 1 号记录和 3 号记录的删除标记"*"都已被去掉。

也可以使用菜单操作方式来恢复记录。首先打开表；然后选择"显示"菜单中的"浏览"命令，打开浏览窗口或编辑窗口；再在"表"菜单中选择"恢复记录"命令，弹出"恢复记录"对话框（见图 3-13）；在"范围"处设置操作的记录范围；在"For"或"While"文本框中输入操作的记录应满足的条件。最后，单击"恢复记录"按钮即可将表中指定范围内满足条件的，且已被逻辑删除的记录恢复为正常记录。

2. 记录的物理删除

1）物理删除已被逻辑删除的记录

格式：pack

功能：彻底删除表中所有已被逻辑删除的记录。

例 3.18　在例 3.17 的基础上，将表 student.dbf 中已被逻辑删除的记录彻底删除。

```
pack                    &&状态栏上显示：5 条记录已复制
list
```

命令执行后，主窗口中显示：

记录号	学号	姓名	性别	出生日期	团员	入学成绩	简历	照片
1	110701001	王美丽	女	04/10/93	.T.	568.0	memo	gen
2	110701002	张成	男	01/16/92	.F.	540.0	memo	gen
3	110701003	郭玉琴	女	12/25/92	.T.	580.0	memo	gen
4	110602001	周刚	男	11/20/93	.T.	559.0	memo	gen
5	110602002	李红雷	男	10/20/92	.T.	589.0	memo	gen

比较 pack 命令执行前后表中的数据可以发现，执行 pack 命令后，表中带有删除标记的记录都已被真正删除掉。

也可以使用菜单操作方式来物理删除已被逻辑删除的记录。首先打开表；然后选择"显示"菜单中的"浏览"命令，打开浏览窗口或编辑窗口；再在"表"菜单中选择"彻底删除"命令，并在弹出的图 3-14 所示的对话框中单击"是"按钮，即可物理删除表中所有已被逻辑删除的记录。

2）物理删除所有记录

格式：zap

功能：物理删除表中的所有记录。

说明：不管表中的记录是否已被逻辑删除，都将被物理删除；zap 命令只是删除表中的全部记录，而表的结构仍然保留，表文件仍然存在；zap 命令等价于 delete all 命令和 pack 命令联用。

例 3.19　彻底删除当前表 student.dbf 中的所有记录。

```
zap
```

执行 zap 命令后，弹出图 3-15 所示的对话框，单击"是"按钮，则彻底删除所有记录。

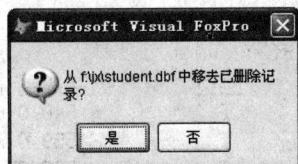

图 3-14　提示对话框　　　　　　　　　　图 3-15　提示对话框

3.2.8　表的排序

记录在表中的存储顺序称为记录的物理顺序。所谓排序，就是将表中的有关记录按指定字段值的大小重新排列，形成一种新的物理顺序，将排序的结果存放到一个新表中，而原表不会发生任何改变。

格式：`sort to <新表文件名> on <字段名 1> [/a | /d] [/c] [,<字段名 2> [/a | /d] [/c]…] [范围] [for <条件>] [fields <字段名表>]`

功能：将表中指定范围内满足条件的记录，按指定字段值的升序或降序重新排列，并将排序的结果存放到一个指定的新表中。

说明：

(1) <新表文件名>用来指定将排序的结果存放到哪一个表文件中。

(2) on <字段名 1>子句用来指定按哪个字段排序。在字段名后加/a 表示升序排列，/d 表示降序排列，省略/a 和/d 时默认为升序排列。在字段名后加/c 表示排序时不区分字段值中的大小写字母。

(3) 在 on <字段名 1> [/a | /d] [/c] [,<字段名 2> [/a | /d] [/c]…]子句中包含多个字段名可以按多个字段排序，即先按<字段名1>指定的字段排序，对于字段值相同的记录，再按<字段名 2>指定的字段排序，依次类推。

(4) 同时省略[范围]、[for <条件>]子句时，默认范围为 all。

(5) [fields <字段名表>]子句指定新表中要包含的字段，若省略，则新表中将包含原表中的所有字段。

例 3.20　以当前表 student.dbf 为依据，产生一个排序文件 xsh.dbf，在 xsh.dbf 中按入学成绩升序排列，然后打开表 xsh.dbf，再显示其所有记录。

```
    list                        &&显示当前表 student.dbf 的所有记录
```

命令执行后，主窗口中显示：

记录号	学号	姓名	性别	出生日期	团员	入学成绩	简历	照片
1	110701001	王美丽	女	04/10/93	.T.	568.0	memo	gen
2	110701002	张成	男	01/16/92	.F.	540.0	memo	gen
3	110701003	郭玉琴	女	12/25/92	.T.	580.0	memo	gen
4	110602001	周刚	男	11/20/93	.T.	559.0	memo	gen
5	110602003	孙小雪	女	07/08/94	.F.	608.5	memo	gen
6	110602002	李红雷	男	10/20/92	.T.	589.0	memo	gen

```
    sort to xsh on 入学成绩   &&状态栏上显示: 6 records sorted, 表示 6 条记录已排序
    use xsh                   &&打开排序生成的新表 xsh.dbf
    list
```

命令执行后，主窗口中显示：

记录号	学号	姓名	性别	出生日期	团员	入学成绩	简历	照片
1	110701002	张成	男	01/16/92	.F.	540.0	memo	gen
2	110602001	周刚	男	11/20/93	.T.	559.0	memo	gen
3	110701001	王美丽	女	04/10/93	.T.	568.0	memo	gen
4	110701003	郭玉琴	女	12/25/92	.T.	580.0	memo	gen
5	110602002	李红雷	男	10/20/92	.T.	589.0	memo	gen
6	110602003	孙小雪	女	07/08/94	.F.	608.5	memo	gen

比较原表 student.dbf 与新表 xsh.dbf 中的记录可以发现，新表中记录已按入学成绩升序排列。

例 3.21　以当前表 student.dbf 为依据，产生一个排序文件 xuesheng.dbf，在 xuesheng.dbf 中按性别降序排列，性别相同的再按出生日期升序排列，然后打开表 xuesheng.dbf，再显示其所有记录。

```
sort to xuesheng on 性别/d,出生日期
use xuesheng
list
```

命令执行后，主窗口中显示：

记录号	学号	姓名	性别	出生日期	团员	入学成绩	简历	照片
1	110701003	郭玉琴	女	12/25/92	.T.	580.0	memo	gen
2	110701001	王美丽	女	04/10/93	.T.	568.0	memo	gen
3	110602003	孙小雪	女	07/08/94	.F.	608.5	memo	gen
4	110701002	张成	男	01/16/92	.F.	540.0	memo	gen
5	110602002	李红雷	男	10/20/92	.T.	589.0	memo	gen
6	110602001	周刚	男	11/20/93	.T.	559.0	memo	gen

比较原表 student.dbf 与新表 xuesheng.dbf 中的记录可以发现，新表中记录已按性别降序排列，性别相同的也已按出生日期升序排列。

3.2.9　表的统计

实际应用中，常常需要对表中的某些数据进行统计计算，如统计表中的记录条数、对表中数值字段求和以及求平均值等。Visual FoxPro 提供了 count、sum、average、calculate 等命令来支持统计功能。

1. 统计记录条数命令 count

格式：count [范围] [for <条件>] [to <内存变量>]

功能：统计指定范围内满足条件的记录条数。

说明：

(1) 同时省略[范围]、[for <条件>]子句时，默认范围为 all。

(2) 若有[to <内存变量>]子句，则将统计结果保存到指定的内存变量中，同时在状态栏上显示统计结果，否则只在状态栏上显示统计结果。

例 3.22　统计当前表 student.dbf 中的记录条数。

```
count                    &&状态栏上显示：6 记录
```

例 3.23　统计当前表 student.dbf 中女生的人数，并将统计结果存入变量 n 中。

```
       count for 性别="女" to n         &&状态栏上显示：3 记录
       ?n                               &&命令执行结果：3
```

2.　求和命令 sum

格式：`sum [数值字段名表] [范围] [for <条件>] [to <内存变量名表>]`

功能：对表中指定范围内满足条件的记录的数值字段分别求和。

说明：

(1) 数值字段指的是数值型、浮动型、整型、双精度型或货币型字段。

(2) 若省略[数值字段名表]，则对表中所有数值字段分别求和，否则只对[数值字段名表]中的各数值字段分别求和。

(3) 同时省略[范围]、[for <条件>]子句时，默认范围为 all。

(4) 若有[to <内存变量名表>]子句，则将求得的各数值字段的和依次送到<内存变量名表>中的各内存变量中保存，同时在主窗口中显示统计结果，否则只在主窗口中显示统计结果。

例 3.24　求当前表 student.dbf 中所有女生的入学成绩总和，并将统计结果存入变量 s 中。

```
       sum for 性别="女" to s          &&状态栏上显示：3 条记录已求和
```

命令执行后，主窗口中显示：

<u>入学成绩</u>
　1756.50
```
       ?s                              &&命令执行结果：1756.50
```

3.　求平均值命令 average

格式：`average [数值字段名表] [范围] [for <条件>] [to <内存变量名表>]`

功能：对表中指定范围内满足条件的记录的数值字段分别求平均值。

说明：该命令的使用方法与 sum 相同。

例 3.25　求当前表 student.dbf 中所有女生的平均入学成绩，并将统计结果存入变量 a 中。

```
       average for 性别="女" to a       &&状态栏上显示：3 条记录已求平均
```

命令执行后，主窗口中显示：

<u>入学成绩</u>
　585.50
```
       ?a                              &&命令执行结果：585.50
```

4.　综合统计命令 calculate

格式：`calculate <表达式表> [范围] [for <条件>] [to <内存变量名表>]`

功能：对表中指定范围内满足条件的记录进行综合统计。

说明：

(1) <表达式表>可以是 cnt()、sum()、avg()、max()、min()等函数的任意组合。函数 cnt() 用来统计记录条数；sum(数值表达式) 用于求和；avg(数值表达式) 用于求平均值；max(表达式)用于求最大值；min(表达式)用于求最小值。

(2) 同时省略[范围]、[for <条件>]子句时，默认范围为 all。

（3）若有[to <内存变量名表>]子句，则将求得的各表达式的值依次送到<内存变量名表>中的各内存变量中保存，同时在主窗口中显示统计结果；否则只在主窗口中显示统计结果。

例 3.26 统计当前表 student.dbf 中的学生人数、最高入学成绩、最低入学成绩、平均入学成绩和入学成绩总和。

```
calculate cnt(),max(入学成绩),min(入学成绩),sum(入学成绩),avg(入学成绩)
```

命令执行后，状态栏上显示记录号为 6，主窗口中显示：

CNT()	MAX(入学成绩)	MIN(入学成绩)	SUM(入学成绩)	AVG(入学成绩)
6	608.50	540.00	3444.50	574.08

3.2.10 表的复制

根据实际需要，有时需要对表执行复制的操作。复制表时，可以只复制表结构，也可以表结构和内容一起复制。

1. 复制表结构

格式：`copy structure to <新表文件名> [fields <字段名表>]`

功能：复制当前表结构生成一个新的空表文件。

说明：若有[fields <字段名表>]子句，则只复制<字段名表>中指定的字段，否则复制所有字段。

例 3.27 将当前表 student.dbf 的结构复制到表 xshjg.dbf 中，然后显示表 xshjg.dbf 的结构。

```
copy structure to xshjg
use xshjg
modify structure
```

命令执行后，在打开的 xshjg 表的表设计器中可以观察到，它的结构与 student 表的结构是一样的。

2. 复制表结构和内容

在复制表结构的同时，也需要复制表中的内容，最为常见的就是表数据的备份。创建了表数据的备份，在遇到原表被破坏时，可以使用备份恢复数据。

格式：`copy to <新表文件名> [范围] [for <条件>] [fields <字段名表>]`

功能：将当前表中指定范围内满足条件的记录复制到一个新的表文件中。

说明：

（1）同时省略[范围]、[for <条件>]子句时，默认范围为 all。

（2）若有[fields <字段名表>]子句，则只复制<字段名表>中指定的字段；否则复制所有字段。

例 3.28 将当前表 student.dbf 中女生的记录复制到表 nvxsh.dbf 中，然后显示表 nvxsh.dbf 的内容。

```
copy to nvxsh for 性别="女"      &&状态栏上显示：3 条记录已复制
use nvxsh                        &&打开新表
list
```

命令执行后，主窗口中显示：

记录号	学号	姓名	性别	出生日期	团员	入学成绩	简历	照片
1	110701001	王美丽	女	04/10/93	.T.	568.0	memo	gen
3	110701003	郭玉琴	女	12/25/92	.T.	580.0	memo	gen
5	110602003	孙小雪	女	07/08/94	.F.	608.5	memo	gen

3.3　数据库的基本操作

数据库是若干相互联系的表以及其他相关对象的集合。把相互联系的表集中到一个数据库中，在管理和使用时将更加高效和方便。

3.3.1　数据库的建立

建立数据库时，会生成扩展名为.dbc 的数据库文件，同时还会自动生成一个扩展名为.dct 的数据库备注文件和一个扩展名为.dcx 的数据库索引文件。即建立数据库后，用户可以在磁盘上看到主文件名相同，但扩展名分别为.dbc、.dct 和.dcx 的 3 个文件。

建立数据库的常用方法有 3 种：通过"新建"对话框建立数据库，使用命令交互方式建立数据库，在项目管理器中建立数据库。

1. 通过"新建"对话框建立数据库

（1）选择"文件"菜单中的"新建"命令，弹出"新建"对话框。

（2）在"新建"对话框中选择"数据库"并单击"新建文件"按钮，弹出"创建"对话框，如图 3-16 所示。

（3）输入数据库文件名，选择数据库的存放路径，单击"保存"按钮完成数据库的建立，并打开"数据库设计器"窗口，如图 3-17 所示。

图 3-16　"创建"对话框

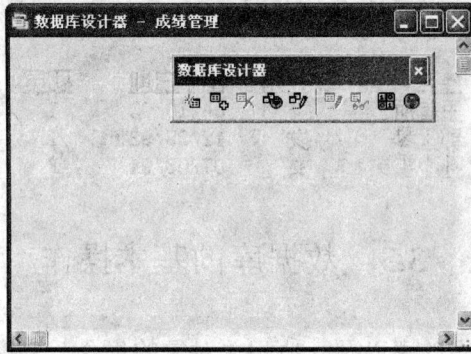

图 3-17 "数据库设计器"窗口

2. 在项目管理器中建立数据库

(1) 在打开的"项目管理器"对话框中,单击"全部"选项卡中"数据"左侧的"+"号,在展开的分支中选择"数据库",如图 3-18 所示;或者打开"数据"选项卡,选择"数据库",如图 3-19 所示。

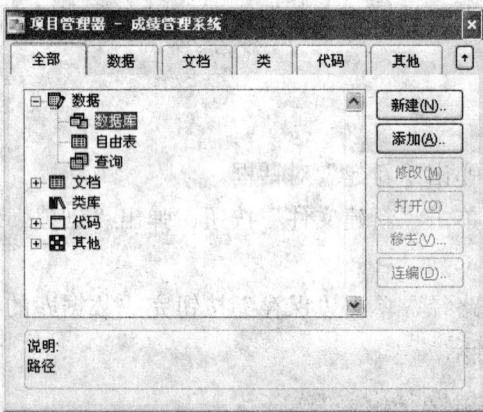

图 3-18 "全部"选项卡

图 3-19 "数据"选项卡

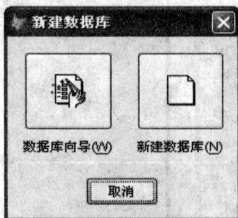

图 3-20 "新建数据库"对话框

(2)单击"新建"按钮,将弹出"新建数据库"对话框,如图 3-20 所示,单击"新建数据库"按钮,打开"数据库设计器"窗口。

3. 使用命令交互方式建立数据库

使用 create database 命令也可以建立数据库。

格式: create database <数据库名>

功能: 创建指定的数据库。

说明:<数据库名>指出了要创建的数据库的名称;使用命令建立数据库后,系统不会自动打开数据库设计器。

例 3.29   用命令方式,在当前目录下创建一个名为"成绩管理"的数据库。

```
create database 成绩管理
```

3.3.2　数据库的打开和关闭

1. 打开数据库

对数据库进行操作(如在数据库中建立表或使用数据库中的表时),必须首先打开数据库,常用的打开数据库的方法有 3 种:使用菜单方式打开数据库,在项目管理器中打开数据库,使用命令交互方式打开数据库。

1) 使用菜单方式打开数据库

选择"文件"菜单中的"打开"命令或者单击工具栏中的"打开"按钮 📂,弹出"打开"对话框;在"打开"对话框的"文件类型"下拉列表中选择"数据库"选项;然后选择数据库的路径,找到并选中要打开的数据库文件,单击"确定"按钮打开数据库,并弹出该数据库的数据库设计器。

2) 在项目管理器中打开数据库

在项目管理器中展开数据库分支,选中要打开的数据库,如图 3-21 所示。单击"打开"按钮,打开数据库,打开数据库后不会自动显示数据库设计器。

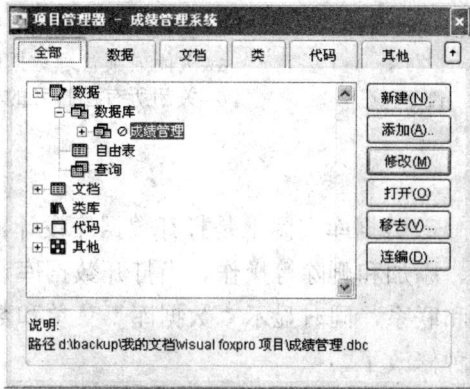

图 3-21　在项目管理器中打开数据库

3) 用命令交互方式打开数据库

使用 open database 命令也可以打开数据库。

格式:`open database <数据库名>`

功能:打开指定的数据库,打开数据库后不会自动显示数据库设计器。

在 Visual FoxPro 中可以同时打开多个数据库,但在同一时刻只能有一个数据库是当前数据库。当需要对打开的某个数据库进行操作时,必须将该数据库设置为当前数据库。可以通过"常用"工具栏中的"数据库"下拉列表来指定当前数据库,如图 3-22 所示。另外,也可以使用 set database to <数据库名>将指定的数据库设置为当前数据库。

图 3-22　使用工具栏设置当前数据库

例 3.30 打开当前目录下成绩管理.dbc、学生管理.dbc 和档案管理.dbc 这 3 个数据库，使用 set database to 命令将学生管理数据库设置为当前数据库。

```
open database 成绩管理              &&打开成绩管理数据库
open database 学生管理              &&打开学生管理数据库
open database 档案管理              &&打开档案管理数据库
set database to 学生管理            &&将学生管理数据库设置为当前数据库
```

2．关闭数据库

对数据库的操作完成以后，可以将其关闭。

可以在项目管理器中选定需要关闭的数据库，然后单击"关闭"按钮，关闭相应的数据库。

也可以使用 close database 命令方式关闭打开的数据库。

格式：`close database [all]`

说明：如果没有 all 选项，则仅关闭当前数据库；使用 all 选项，则关闭所有已打开的数据库。

例 3.31

```
set database to 成绩管理            &&将成绩管理数据库设置为当前数据库
close database                     &&关闭成绩管理数据库
close database all                 &&关闭所有已打开的数据库
```

3.3.3 数据库的修改

在 Visual FoxPro 中，修改数据库实际上是打开数据库设计器，在数据库设计器中完成数据库对象的建立、修改、添加和删除等操作。当打开数据库设计器时，可以观察到数据库中包含的全部表、视图和联系，同时显示"数据库"菜单和数据库设计器工具栏，接下来就可以对数据库进行各种修改了。

打开数据库设计器的方法有 3 种：使用"打开"对话框打开数据库设计器，从项目管理器中打开数据库设计器，使用命令打开数据库设计器。

1．使用"打开"对话框打开数据库设计器

此方法在前面介绍打开数据库的操作时已经介绍过，利用"打开"对话框打开数据库时，会自动弹出相应的数据库设计器。

2．从项目管理器中打开数据库设计器

在项目管理器中展开数据库分支，选中要打开的数据库，然后单击"修改"按钮即可打开相应的数据库设计器。

3．使用命令打开数据库设计器

使用 modify database 命令打开数据库设计器。

格式：`modify database [数据库名]`

功能：打开数据库设计器，以便对指定的数据库进行修改。

　　说明：数据库名用于指定数据库。若没有指定数据库名，则打开当前数据库的数据库设计器。

3.3.4　数据库的删除

　　若不再使用一个数据库，可以随时将其删除。可以在项目管理器中删除数据库，也可以使用命令方式删除数据库。

　　1.　在项目管理器中删除数据库

　　在项目管理器中展开数据库分支，选定需要被删除的数据库，然后单击"移去"按钮，在弹出图 3-23 所示的提示框中单击"移去"、"删除"或"取消"按钮。

　　"移去"表示从项目管理器中删除该数据库，但不删除磁盘上相应的数据库文件。

　　"删除"表示从项目管理器中删除该数据库，并删除磁盘上相应的数据库文件。

　　"取消"表示不进行删除该数据库的操作。

图 3-23　提示对话框

　　在项目管理器中删除数据库，不管是选择"移去"还是"删除"操作，都没有删除和数据库有关联的表，而只是把和数据库有关的表变为自由表。如果想从磁盘上删除数据库和所有相关联的表，则需使用命令方式来删除数据库。

　　2.　使用命令方式删除数据库

　　格式：`delete database 数据库名 [deletetables] [recycle]`
　　说明：
　　(1) 需要删除的数据库必须处于关闭状态。
　　(2) deletetables 表示在删除数据库的同时，从磁盘上删除该数据库所包含的表 (.dbf) 等。
　　(3) recycle 表示将删除的数据库文件和表文件等放入 Windows 回收站中，如果需要，可以再次还原。

3.4　数据库表的相关操作

　　不包含表的数据库是没有使用价值的，必须在数据库中创建表，被包含在数据库中的表称为数据库表。

3.4.1　数据库表的建立

　　要创建数据库表，需要先打开相应的数据库并使之成为当前数据库，然后再执行创建表的操作，则创建的表会自动添加到当前数据库中。可以使用"文件"菜单或 create 命令创建数据库表，也可以打开数据库设计器后单击"数据库设计器"工具栏中的"新建表"按钮来创建数据库表。

　　与自由表的表设计器相比，数据库表的表设计器包含更多可设置的属性，如图 3-24 所示。

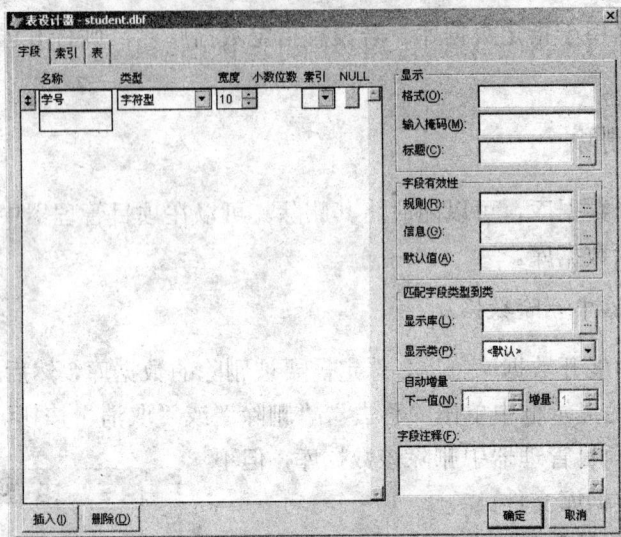

图 3-24　数据库表的表设计器

例 3.32　在例 3.29 建立的"成绩管理"数据库中创建 student.dbf、course.dbf 和 score.dbf 3 个表,表结构如表 3-2～表 3-4 所示。

表 3-2　student.dbf 表结构

字段名	字段类型	字段长度	小数位数
学号	字符型	9	
姓名	字符型	8	
性别	字符型	2	
出生日期	日期型	8	
团员	逻辑型	1	
入学成绩	数值型	5	1

表 3-3　course.dbf 表结构

字段名	字段类型	字段长度	小数位数
课程代码	字符型	6	
课程名称	字符型	30	
学分	数值型	4	0

表 3-4　score.dbf 表结构

字段名	字段类型	字段长度	小数位数
学号	字符型	9	
课程代码	字符型	6	
成绩	数值型	5	1

操作步骤如下:

(1) 打开成绩管理数据库,显示数据库设计器,单击"数据库设计器"工具栏中的"新建表"按钮,弹出"新建表"对话框。

(2) 单击"新建表"按钮,弹出"创建"对话框,指定表保存的路径,输入表的名字 student,单击"保存"按钮,进入表设计器。

(3) 在打开的表设计器中输入各个字段的字段名，设置各字段的字段数据类型、字段宽度等表的相关信息，单击"确定"按钮。

(4) 按照同样的方法建立 course.dbf 表和 score.dbf 表。

创建完成后，可以看到 student.dbf、course.dbf 和 score.dbf 均显示在数据库设计器中，说明这 3 个表是数据库表。

3.4.2 将表添加到数据库中

除了新建数据库表以外，也可以将已经创建的自由表添加到数据库中。

打开数据库设计器，单击"数据库设计器"工具栏中的"添加表"按钮，弹出"选择表名"对话框，找到要添加的表，最后单击"确定"按钮即可。

另外，也可以使用 add table 命令将指定的自由表添加到当前数据库中。

格式：add table <表文件名>

说明：<表文件名>指定了要添加到当前数据库中的自由表的表名。

3.4.3 数据库表的打开和关闭

数据库表的打开和关闭与自由表相同，在此不再介绍。

需要注意的是，在打开数据库表时，并不需要先打开其所属的数据库，其所属的数据库会随着表的打开而自动打开。

3.4.4 数据库表结构的修改

可以使用 3.2 节介绍的方法修改数据库表的结构，也可以在数据库设计器中选定要修改的数据库表，然后单击"数据库设计器"工具栏中的"修改表"按钮，打开相应的表设计器；或者右击要修改的数据库表，执行快捷菜单中的"修改"命令，也可以打开相应的表设计器。

3.4.5 数据库表的移去或删除

数据库表的移去是指将数据库表从数据库中移出并使之成为自由表，而删除则是直接将数据库表从磁盘上删除掉。

操作时，可在数据库设计器中选定表，然后单击"数据库设计器"工具栏中的"移去表"按钮，并在自动弹出图 3-25 所示的对话框中单击"移去"或"删除"按钮。

图 3-25 提示对话框

或者在数据库设计器中右击要操作的表，执行快捷菜单中的"删除"命令进行操作。

3.4.6 数据库表属性的设置

与自由表相比，数据库表具有更多可以设置的属性，这些属性可以在数据库表的表设计器中进行设置。

1. 字段属性的设置

打开数据库表的表设计器，在"字段"选项卡中可为数据库表的字段设置相应的属性，包括字段的显示、字段的有效性、字段的注释等。

1) 格式设置

格式实质上是一个输出掩码，决定了字段在表单、浏览窗口或报表中的显示格式。

若给字段提供格式，在表设计器中的"字段"选项卡中选定需要设置格式的字段，然后在"显示"区的"格式"文本框中输入所需要的掩码。

2) 输入掩码设置

输入掩码用来控制字段内容的输入格式或限制输入数据的范围，以减少数据的输入错误。设置时，在显示区的"输入掩码"文本框中输入相应的输入掩码字符串即可。常用的输入掩码符号及功能如表 3-5 表示。

表 3-5　输入掩码符号及功能

输入掩码符号	功　　能	输入掩码符号	功　　能
X	表示可以输入任何字符	$$	表示在数值前面显示当前货币符号
9	表示可以输入数字和正负号	*	表示在数值的左侧显示星号
#	表示可以输入数字、空格和正负号	.	表示用点分隔符指定数值的小数点位置
$	表示在固定位置上显示当前货币符号	,	表示用逗号分隔小数点左边的整数部分，一般用来分隔千分位

输入掩码是按位指定格式的。例如，可将学号字段的输入掩码设置为"999999999"，以禁止输入数字以外的其他字符。又如，可将基本工资字段的输入掩码设置为"9,999.99"，以限制只能输入四位整数、两位小数，且百位与千位之间以逗号作为分隔。

3) 标题设置

设置"标题"后，当字段在浏览窗口、表单或报表中显示时，将不再以字段名显示，而以指定的标题显示。如当字段名是英文或缩写时，则通过指定中文标题可以使界面更友好。

4) 规则、信息和默认值设置

规则：用于对字段的数据输入进行有效性检查，是一个逻辑表达式。为字段设置规则后，当在相应字段中输入数据时，系统将自动检查其是否满足指定的条件。若满足条件，则接收所输入的数据。否则，必须对其进行修改，直到满足条件为止。例如，可将性别字段的规则设置为性别="男".or.性别="女"，可将成绩字段的规则设置为成绩>=0.and.成绩<=100。

信息：即出错信息设置，当在相应的字段中输入的数据违反规则时，系统将弹出显示指定错误提示信息的对话框。例如，根据成绩字段的检查规则，可将其信息设置为成绩必须在 0 到 100 之间。

默认值：用于指定相应字段的默认值。为字段设置默认值后，当增加新的记录时，新记录中相应字段的值自动为默认值。

5) 字段注释设置

字段注释设置用于为字段添加注释，以便于数据库的维护。

2. 表名与表注释的设置

在表设计器的"表"选项卡中，可以设置表名与表注释，如图 3-26 所示。

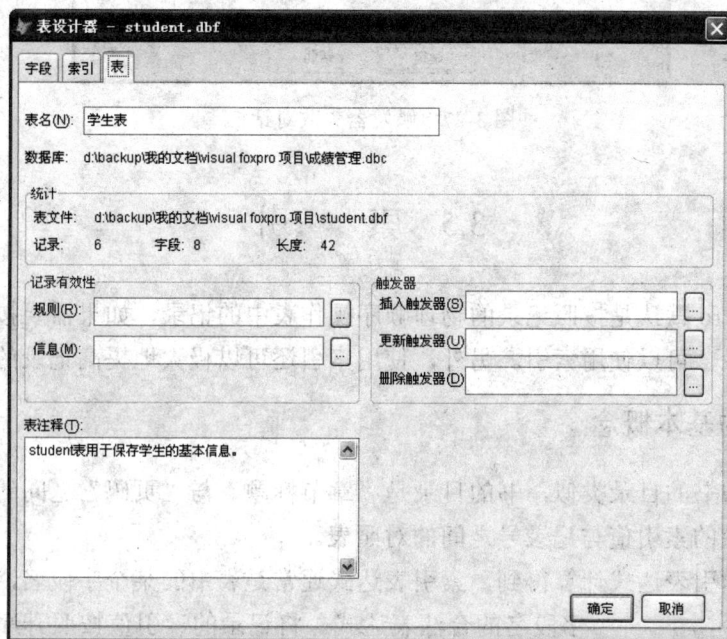

图 3-26　"表"选项卡

设定表名后，表出现在各种设计器(如数据库设计器、查询设计器、视图设计器等)或项目管理器中时，将不再以表文件名显示，而以指定的表名显示。

表注释设置用于为表添加注释，以便于数据库的维护。

3. 记录有效性的设置

在表设计器的"表"选项卡中，可以为数据库表设置相应的记录有效性验证。

规则设置用于对记录的录入进行有效性检查，通常是一个检查记录中有关字段之间关系的逻辑表达式。设置记录有效性规则后，当录入记录时，系统将自动检查其是否满足指定的条件。若满足条件，则接受所录入的记录。否则，必须对其进行修改，直到满足条件为止。

信息设置即出错信息设置，当录入的记录违反规则时，系统将弹出显示指定错误提示信息的对话框。

4. 触发器的设置

触发器实际上是在执行与记录有关的操作时所应遵循的规则。Visual FoxPro 的触发器分为 3 种，即插入触发器、更新触发器与删除触发器。插入触发器用于指定在向表中添加记录时所应遵循的规则；更新触发器用于指定在更新表中的记录时相应记录应满足的条件；删除触发器用于指定在删除表中的记录时相应记录应满足的条件。

为表设置触发器后，在进行相关的操作时，如果发现不满足所设定的条件，将打开图 3-27 所示的触发器失败对话框。

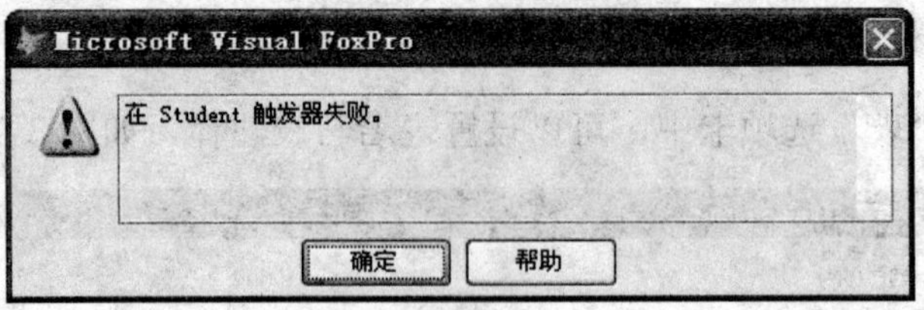

图 3-27　触发器失败对话框

3.5　索　　引

Visual FoxPro 默认是按照记录的物理顺序操作表中的记录，如果需要按照特定的顺序操作表中的记录，可以使用索引。另外，使用索引还可以极大地提高记录的查询速度。

3.5.1　索引的基本概念

表的索引与书的目录类似，书的目录是"章节标题"与"页码"之间的对照表，而表的索引则是记录的索引值与记录号之间的对照表。

索引值由索引表达式计算得到，索引表达式通常是表中的某个字段名，也可以是包含字段名的合法表达式。将记录的索引值按照升序或降序排列，再与记录号对应起来，就形成了一种索引。当使用索引时，将按照索引中记录号的顺序操作表中的记录。

索引值	记录号
01/16/92	2
10/20/92	6
12/25/92	3
04/10/93	1
11/20/93	4
07/08/94	5

图 3-28　对照表（1）

例如，为 student.dbf 创建索引，索引表达式为出生日期字段，排列方式为升序。该索引创建后将是如图 3-28 所示的对照表。

使用该索引后，执行 list 命令，主窗口将显示：

记录号	学号	姓名	性别	出生日期	团员	入学成绩	简历	照片
2	110701002	张成	男	01/16/92	.F.	540.0	memo	gen
6	110602002	李红雷	男	10/20/92	.T.	589.0	memo	gen
3	110701003	郭玉琴	女	12/25/92	.T.	580.0	memo	gen
1	110701001	王美丽	女	04/10/93	.T.	568.0	memo	gen
4	110602001	周刚	男	11/20/93	.T.	559.0	memo	gen
5	110602003	孙小雪	女	07/08/94	.F.	608.5	memo	gen

可以看到，是按照索引中记录号的顺序操作表中记录的。

3.5.2　索引的类型

Visual FoxPro 中的索引分为主索引、候选索引、唯一索引、普通索引和二进制索引 5 种类型，索引创建后存储在索引文件中。

1) 主索引

主索引不允许表中两条或两条以上的记录有相同的索引值，可以起到主关键字的作用。主索引只有数据库表才可以创建，且只能创建一个。

例如，为表 student.dbf 在学号字段上建立主索引（即索引的表达式为学号字段），该索引是一个如图 3-29 所示的对照表。

2）候选索引

候选索引与主索引一样，不允许表中两条或两条以上的记录有相同的索引值。自由表和数据库表都可以建立多个候选索引。

3）普通索引

普通索引允许表中两条或两条以上的记录有相同的索引值，并且在索引中保留每一条记录的索引信息。自由表和数据库表都可以建立多个普通索引。

例如，为表 student.dbf 在性别字段上建立普通索引，该索引是一个如图 3-30 所示的对照表。

索引值	记录号
110602001	4
110602002	6
110602003	5
110701001	1
110701002	2
110701003	3

索引值	记录号
男	2
男	4
男	6
女	1
女	3
女	5

图 3-29　对照表（2）　　　　　　图 3-30　对照表（3）

4）唯一索引

唯一索引允许表中两条或两条以上的记录有相同的索引值，但在索引中，只保留相同索引值记录中记录号最小的记录的信息。自由表和数据库表都可以建立多个唯一索引。

例如，为表 student.dbf 在性别字段上建立唯一索引，该索引是一个如图 3-31 所示的对照表。

索引值	记录号
男	2
女	1

图 3-31　对照表（4）

5）二进制索引

索引表达式为一个结果不是空值（NULL）的有效逻辑表达式的索引。

从主索引和候选索引的作用可以看出，这两种索引除具有索引的功能外，还具有关键字的特性，在某一字段上建立主索引或候选索引，可以保证该字段不会出现重复值，从而保证表中记录的唯一性。

3.5.3　索引文件的类型

索引需存储在索引文件中，按照索引文件中所包含索引的个数，索引文件可分为两类：单索引文件和复合索引文件。

1）单索引文件

一个单索引文件中只包含一个索引，单索引文件的扩展名为.idx。

2）复合索引文件

一个复合索引文件中可包含多个索引，每个索引都有一个索引名，索引名又可称为索引标记名。复合索引文件的扩展名为.cdx。

复合索引文件又可分为结构复合索引文件和非结构复合索引文件。结构复合索引文件的主文件名与表的主文件名相同，它随表的打开而自动打开，随表的关闭而自动关闭；非结构复合索引文件的主文件名与表的主文件名不同，其主文件名由用户指定，它不会随表的打开而自动打开，使用时必须由用户自行打开。

3.5.4　用命令建立索引

1. 在单索引文件中建立索引

格式：index on <索引表达式> to <单索引文件名> [for <条件>] [unique]
功能：建立单索引文件并在其中建立索引。
说明：

(1) on <索引表达式>子句用来指定按<索引表达式>建立升序索引。

(2) to <单索引文件名>子句用来指定将所建立的索引存放到哪一个单索引文件中。

(3) 若有[for <条件>]子句，则只对表中满足<条件>的记录进行索引。

(4) [unique]子句用来指定所建立的索引的类型。unique 表示建立的索引为唯一索引，省略该子句时默认建立的索引为普通索引。

例3.33　建立单索引文件csrq.idx，并在其中按"出生日期"的升序为当前表 student.dbf 建立普通索引。

```
index on 出生日期 to csrq        &&状态栏上显示：6 records indexed
list
```

命令执行后，主窗口中显示：

记录号	学号	姓名	性别	出生日期	团员	入学成绩	简历	照片
2	110701002	张成	男	01/16/92	.F.	540.0	memo	gen
6	110602002	李红雷	男	10/20/92	.T.	589.0	memo	gen
3	110701003	郭玉琴	女	12/25/92	.T.	580.0	memo	gen
1	110701001	王美丽	女	04/10/93	.T.	568.0	memo	gen
4	110602001	周刚	男	11/20/93	.T.	559.0	memo	gen
5	110602003	孙小雪	女	07/08/94	.F.	608.5	memo	gen

例 3.34　建立单索引文件 xb.idx，并在其中按"性别"的升序为当前表 student.dbf 建立唯一索引。

```
index on 性别 to xb unique        &&状态栏上显示：2 records indexed
list
```

命令执行后，主窗口中显示：

记录号	学号	姓名	性别	出生日期	团员	入学成绩	简历	照片
2	110701002	张成	男	01/16/92	.F.	540.0	memo	gen
1	110701001	王美丽	女	04/10/93	.T.	568.0	memo	gen

2. 在复合索引文件中建立索引

格式：index on <索引表达式> tag <索引名> [of <非结构复合索引文件名>] [for <条件>] [ascending | descending] [unique | candidate]

功能：若复合索引文件不存在，则该命令先建立复合索引文件，再在其中建立索引；若复合索引文件已存在，则该命令在复合索引文件中添加索引。

说明：

(1) tag <索引名>子句用来为所建立的索引指定一个索引名。

（2）[of <非结构复合索引文件名>]子句用于指定在非结构复合索引文件中建立索引，若缺省该子句，则在结构复合索引文件中建立索引。

（3）[ascending | descending]子句用来指定按索引值的升序还是降序来建立索引。ascending 表示升序，descending 表示降序。缺省时默认为升序。

（4）on <索引表达式>、[for <条件>]、[unique]的功能与建立单索引文件的命令中相应子句的功能相同，candidate 表示用来建立候选索引。

例 3.35　建立结构复合索引文件并在其中按"性别"的升序为当前表 student.dbf 建立普通索引 xingbie。

```
index on 性别 tag xingbie          &&状态栏上显示：6 records indexed
list
```

命令执行后，主窗口中显示：

记录号	学号	姓名	性别	出生日期	团员	入学成绩	简历	照片
2	110701002	张成	男	01/16/92	.F.	540.0	memo	gen
4	110602001	周刚	男	11/20/93	.T.	559.0	memo	gen
6	110602002	李红雷	男	10/20/92	.T.	589.0	memo	gen
1	110701001	王美丽	女	04/10/93	.T.	568.0	memo	gen
3	110701003	郭玉琴	女	12/25/92	.T.	580.0	memo	gen
5	110602003	孙小雪	女	07/08/94	.F.	608.5	memo	gen

例 3.36　在例 3.35 所建立的结构复合索引文件中按"学号"的升序再为当前表 student.dbf 建立一个候选索引 xuehao。

```
index on 学号 tag xuehao candidate     &&状态栏上显示：6 records indexed
list
```

命令执行后，主窗口中显示：

记录号	学号	姓名	性别	出生日期	团员	入学成绩	简历	照片
4	110602001	周刚	男	11/20/93	.T.	559.0	memo	gen
6	110602002	李红雷	男	10/20/92	.T.	589.0	memo	gen
5	110602003	孙小雪	女	07/08/94	.F.	608.5	memo	gen
1	110701001	王美丽	女	04/10/93	.T.	568.0	memo	gen
2	110701002	张成	男	01/16/92	.F.	540.0	memo	gen
3	110701003	郭玉琴	女	12/25/92	.T.	580.0	memo	gen

例 3.37　建立非结构复合索引文件 xh.cdx，并在其中按"学号"的降序为当前表 student.dbf 建立普通索引 xuehao。

```
index on 学号 tag xuehao of xh descending   &&状态栏上显示：6 records indexed
list
```

命令执行后，主窗口中显示：

记录号	学号	姓名	性别	出生日期	团员	入学成绩	简历	照片
3	110701003	郭玉琴	女	12/25/92	.T.	580.0	memo	gen
2	110701002	张成	男	01/16/92	.F.	540.0	memo	gen
1	110701001	王美丽	女	04/10/93	.T.	568.0	memo	gen
5	110602003	孙小雪	女	07/08/94	.F.	608.5	memo	gen
6	110602002	李红雷	男	10/20/92	.T.	589.0	memo	gen
4	110602001	周刚	男	11/20/93	.T.	559.0	memo	gen

3.5.5　在表设计器中建立索引

对于结构复合索引文件及已打开的非结构复合索引文件中的索引，可通过打开相应表的表设计器进行查看，如图 3-32 和图 3-33 所示。在表设计器的"字段"选项卡中，如果某个字段的"索引"列显示为向上或向下的箭头，说明在该字段上创建了索引（向上箭头表示升序，向下箭头表示降序）。此外，在表设计器的"索引"选项卡中，可查看到所有包含在结构复合索引文件及已打开的非结构复合索引文件中的索引，包括排序方式、索引名、索引类型、索引表达式及筛选条件等。

图 3-32　"字段"选项卡

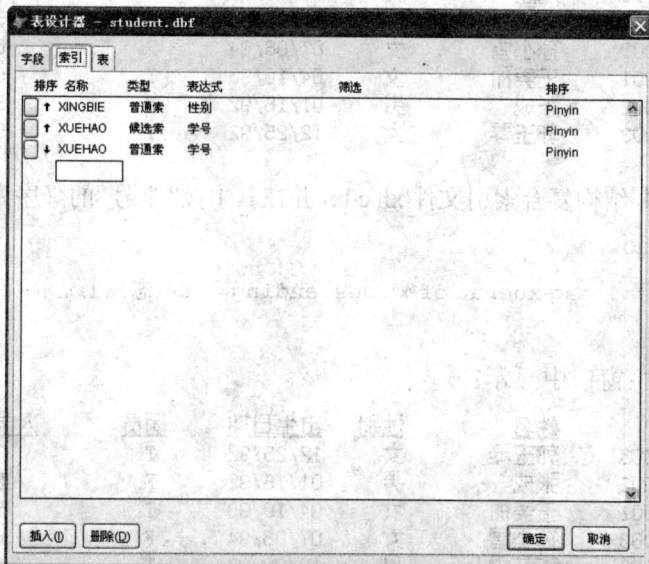

图 3-33　"索引"选项卡

　　使用表设计器，也可以很方便地建立索引。在"字段"选项卡中，只可简单地建立以某个字段为索引表达式的普通索引。而在"索引"选项卡中，则可建立任何类型的索引。需要注意的是，在表设计器中建立的索引将被保存在结构复合索引文件中。

3.5.6　使用索引

　　索引的常见应用是利用索引进行索引查询。与记录的顺序查询相比，索引查询的速度要快很多。

　　要使用索引，必须首先打开索引文件。一个表可以同时打开多个与其相关的索引文件，但任何时刻只能有一个索引起作用。当前起作用的索引被称为主控索引，在使用一个索引前必须将其设置为主控索引。

　　因此，执行索引查询时，首先要打开表及相关索引文件，然后设置主控索引，之后才能执行索引查询。

　　1. 打开索引文件

　　与表名相同的结构复合索引文件会随表的打开而自动打开，对于单索引文件或非结构复合索引文件，必须在使用前使用命令将其打开。

　　格式：set index to <索引文件名表>

　　功能：打开指定的索引文件。

　　说明：<索引文件名表>中，各个索引文件名之间用英文逗号隔开。如果<索引文件名表>中的第一个索引文件为单索引文件，则其中的索引成为主控索引；若第一个索引文件为复合索引文件，则无主控索引。

　　例 3.38　打开表 student.dbf，然后打开例 3.33 中建立的单索引文件 csrq.idx 和例 3.37 中建立的非结构复合索引文件 xh.cdx。

```
use student
set index to csrq.idx,xh.cdx          &&csrq.idx 中的索引成为主控索引
```

　　2. 设置主控索引

　　可使用 set order 命令指定主控索引。

　　格式：set order to <单索引文件名> | [tag] <索引名> [of <非结构复合索引文件名>]

　　功能：将指定的单索引文件中的索引或复合索引文件中的某个索引设置为主控索引。

　　例 3.39　在例 3.38 的基础上，将 xh.cdx 中索引 xuehao 设置为主控索引。

```
set order to tag xuehao of xh.cdx
```

　　3. 使用索引查询

　　索引查询依赖二分法算法实现，提高了查询速度。

　　格式：seek <表达式>

　　功能：在主控索引中查找与<表达式>的值匹配的索引值，若找到，记录指针就指向该索引值所对应的记录；若未找到，记录指针则指向文件尾。

　　说明：seek 命令执行后，可以用 found() 函数来测试是否查找到。

例 3.40　在例 3.39 的基础上，使用 seek 命令在表 student.dbf 中查找出生日期为 1992 年 12 月 25 日的学生的记录，并显示其记录内容。

```
set order to csrq.idx
seek {^1992/12/25}
?found()            &&命令执行结果为.T.
display
```

命令执行后，主窗口中显示：

记录号	学号	姓名	性别	出生日期	团员	入学成绩	简历	照片
3	110701003	郭玉琴	女	12/25/92	.T.	580.0	memo	gen

3.6　数据完整性

在数据库中，数据完整性是指保证数据正确的特性，一般包括实体完整性、域完整性和参照完整性。Visual FoxPro 提供了实现数据完整性的方法和手段。

3.6.1　实体完整性

实体完整性是保证表中记录唯一的特性，即在一个表中不允许有重复的记录。

在 Visual FoxPro 中，利用主索引或候选索引来保证表中的记录唯一，即保证实体完整性。在表中，如果一个字段的值或几个字段值的组合能够唯一标识表中的一条记录，则在这样的字段上创建主索引或候选索引，即可保证表中记录的唯一性。

3.6.2　域完整性

域完整性是保证表中字段值有效的特性，即字段的值必须满足特定的数据类型及相关约束规则。

在 Visual FoxPro 中，通过对字段数据类型的定义及宽度的指定，限定了字段的取值类型和取值范围，属于域完整性的范畴。另外，表设计器中的字段有效性设置也同样是为了保证域完整性，在 3.4 节中已介绍过字段有效性的相关设置。

3.6.3　参照完整性

参照完整性是保证表之间数据一致的特性，当插入、删除或修改一个表中的数据时，通过参照引用相互关联的另一个表中的数据，来检查对表的数据操作是否正确。参照完整性与表之间的关系有关，因此在建立参照完整性之前，必须首先建立表之间的关系。

1. 建立表之间的关系

一对多的关系是最常见的表之间的关系，在关系数据库中主要通过公共字段来体现和表示表之间的关系。在 Visual FoxPro 中，使用数据库设计器，并通过索引来建立表之间的关系。

使用数据库设计器建立表之间的关系时，"一方"对应的表被称为父表，"多方"对应的表被称为子表。首先，父表在公共字段上创建主索引，子表在公共字段上创建普通索引，然后从父表的主索引处开始，按下鼠标左键拖拉到子表相关的普通索引上，此时两表间出现了一条相应的连线，表示建立了两表之间的关系。

在数据库中建立的表之间的关系，会存储在数据库中，只要不被删除就始终存在，因此也被称为表之间的永久关系。

下面以"成绩管理"数据库为例，如图 3-34 所示，来学习如何在数据库设计器中创建表间的关系。

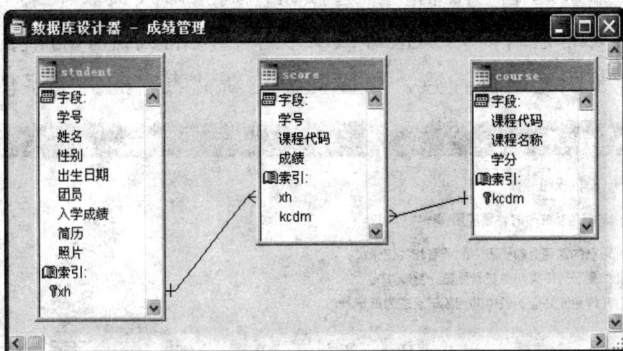

图 3-34　成绩管理数据库中表之间的关系

操作方法如下：

（1）打开"成绩管理"数据库。

（2）分别为数据库中的表建立索引。其中 student 表在"学号"字段上建立主索引，score 表分别在"学号"字段和"课程代码"字段上建立普通索引，course 表在"课程代码"字段上建立主索引。

（3）从 student 表的主索引"xh"处开始，按下鼠标左键拖拉到 score 表的普通索引"xh"上，此时，student 表和 score 表两个表之间出现了一条关系连线，这样，就建立了 student 表和 score 表之间的关系；同样，从 course 表的主索引"kcdm"处开始，按下鼠标左键拖拉到 score 表的普通索引"kcdm"上，这样就建立了 course 表和 score 表之间的关系。

数据库表之间的关系创建后可以进行修改，方法是右击要编辑的关系连线，连线变粗，在弹出的快捷菜单中选择"编辑关系"或"删除关系"命令，如图 3-35 所示。

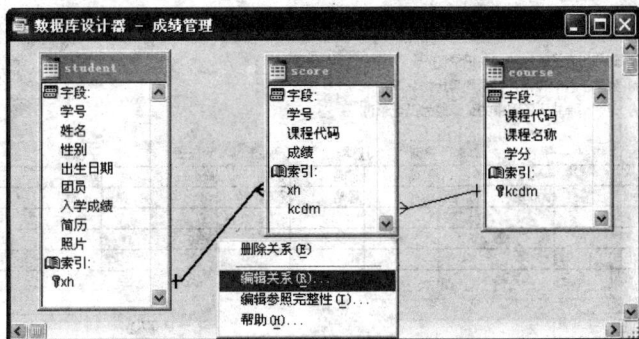

图 3-35　修改表间关系

2. 设置参照完整性

表之间的关系创建完毕后，右击表之间的关系连线，在快捷菜单中选择"编辑参照完整性"命令，会弹出"参照完整性生成器"对话框。该对话框中有 3 个选项卡：更新规则（见图 3-36）、删除规则（见图 3-37）和插入规则（见图 3-38）。

1）更新规则

选中"级联"单选按钮，则当修改父表中某一个记录的关键字值时，子表中相应的关键字的值也会改变；如果选中"限制"单选按钮，则当修改父表中某一个记录的关键字值时，如果子表中有相关的记录，则禁止修改父表中相应的关键字的值；选中"忽略"单选按钮（默认），则不作参照完整性检查，可以随意更新父表中的关键字值。

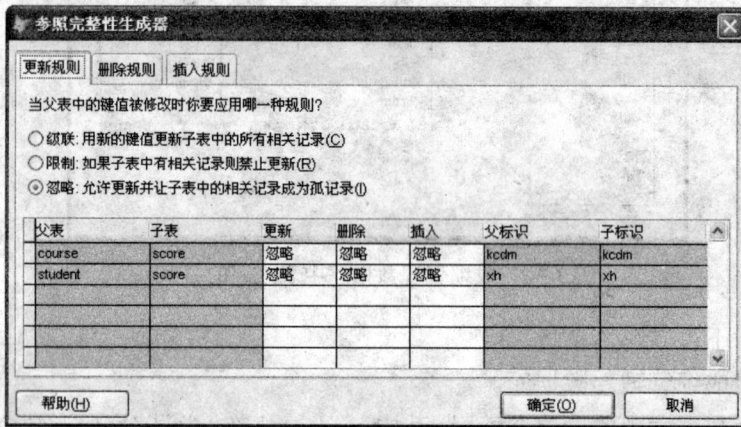

图 3-36 "更新规则"选项卡

2）删除规则

选中"级联"单选按钮，则当删除父表中某一个记录时，子表中相关的记录也会被删除；选中"限制"单选按钮，则当删除父表中的记录时，如果子表中的有相关的记录，则禁止删除父表中的记录；选中"忽略"单选按钮（默认），则不作参照完整性检查，即删除父表的记录时与子表无关。

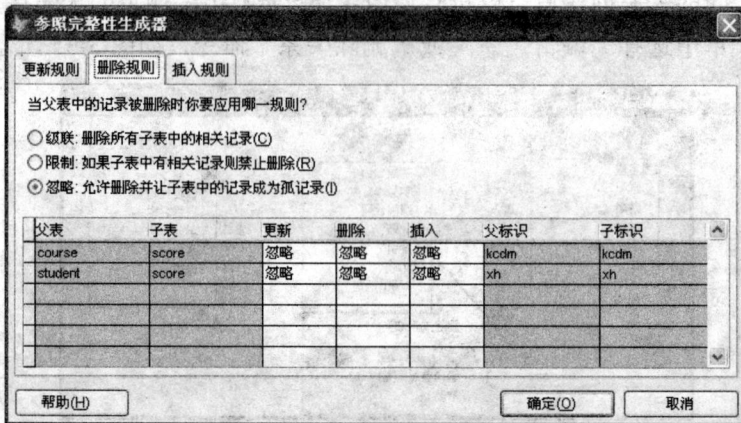

图 3-37 "删除规则"选项卡

3）插入规则

如果选中"限制"单选按钮，当在子表中插入一条新的记录或更新一个已经存在的记录时，若父表中不存在与子表中关键字相匹配的值，则禁止插入；如果选中"忽略"单选按钮（默认），则不作参照完整性检查，即可以在子表中随意插入记录。

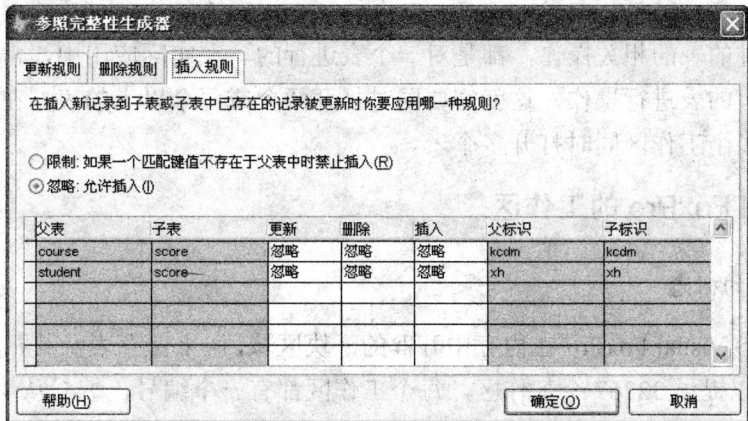

图 3-38　参照完整性生成器中插入规则

参照完整性规则设置完成后，单击"确定"按钮，在系统弹出的图 3-39 所示的对话框中单击"是"按钮，系统将自动生成参照完整性代码，并将代码保存在数据库中。

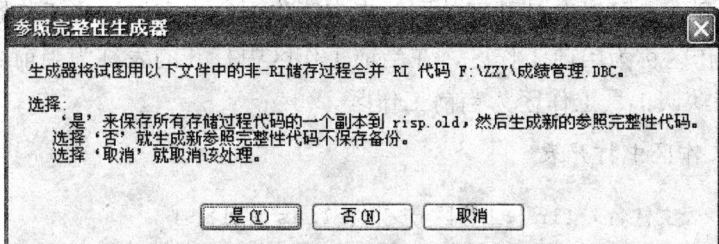

图 3-39　"参照完整性生成器"对话框

例 3.41　在"成绩管理"数据库中，如果要求将 course 表课程代码"091101"改为"091103"的值时，score 表自动按照参照完整性调整。删除 student 表中学号为"110602002"的值后，score 表自动调整。

操作步骤如下：

（1）打开"成绩管理"数据库的数据库设计器。

（2）在"数据库设计器"窗口中，右击 course 父表和 score 子表之间的关系连线，在弹出的快捷菜单中选择"编辑参照完整性"命令，弹出"参照完整性生成器"对话框。

（3）在"参照完整性生成器"对话框的"更新规则"选项卡中，选中"父表 course"和"子表 score"行，然后将更新规则设置为"级联"；在"删除规则"选项卡中，选中"父表 student"和"子表 score"行，然后将删除规则设置为"级联"。

（4）保存参照完整性的更改

参照完整性修改后，在 course 表中将"课程代码"字段值"091101"修改为"091103"

后，score 表中的"课程代码"字段值为"091101"的字段值也会相应改变；删除 student 表中学号为"110602002"的记录后，score 表中也将自动删除学号为"110602002"的记录。

3.7　表 间 关 联

前面介绍过的表的相关操作，都是对一个表进行的。在实际应用中，常常需要同时对两个或两个以上的表进行操作，这就需要同时打开两个或两个以上的表。在 Visual FoxPro 中，可以利用多个工作区同时打开多个表。

3.7.1　Visual FoxPro 的工作区

1. 工作区的概念

工作区是指 Visual FoxPro 在内存中开辟的一块区域，用来保存表及其相关信息。Visual FoxPro 系统可以提供 32767 个工作区，每个工作区都有一个编号，编号从 1 到 32767，工作区的编号就称为工作区号。此外，Visual FoxPro 系统还为前 10 个工作区规定了别名，分别为 A~J。

一个工作区中只能打开一个表，在同一个工作区中打开另一个表时，该工作区中以前打开的表就会自动关闭。若要同时打开多个表，必须分别在不同的工作区中打开。要在指定的工作区中打开表，可以在打开表的同时指定工作区，也可以选择工作区后再打开表。当前被选中的工作区称为当前工作区，在当前工作区中打开的表称为当前表。启动 Visual FoxPro 时，系统默认 1 号工作区为当前工作区。

2. 在指定工作区中打开表

格式：use <表文件名> [in <工作区号>] [alias <别名>]

功能：在指定的工作区中打开表。

说明：

（1）[in <工作区号>]子句用来指定在哪个工作区中打开表。

（2）打开表时，可以使用[alias <别名>]子句给表指定一个别名。若表打开时没有给表指定别名，则默认使用表文件名作为别名。

例 3.42　在 2 号工作区中打开表 student.dbf，并为其指定一个别名 stu。

```
use student in 2 alias stu
```

3. 工作区的选择

格式：select <工作区号> | <别名>

功能：选择一个工作区作为当前工作区。

说明：

（1）命令中，可以使用工作区号 1~32767 来选择工作区；也可以使用前 10 个工作区的别名 A~J 来选择前 10 个工作区；还可以使用表文件的别名来选择表所在的工作区。

（2）select 0 表示选择工作区号最小的未用工作区。

例 3.43 将 2 号工作区设置为当前工作区，在其中打开表 student.dbf。

```
select 2
use student
```

4. 引用其他工作区中的表中字段

如果要在当前工作区中引用其他工作区中的表中字段，可以使用以下格式引用：

  <别名>.<表字段名>或<别名>-><表字段名>

3.7.2 表之间的关联

表之间的关联可以实现表之间记录指针的互动，即一个表（主表）中的记录指针移动时，另一个表（相关表）中的记录指针会随之移动并指向匹配的记录。

1. 建立表文件间的关联

表之间的关联使用 set relation 命令建立。执行 set relation 命令前，必须满足以下条件：两个表必须在两个不同的工作区中打开；两个表必须有相关字段用来确定匹配记录；相关表必须在相关字段上建立索引，并使之成为主控索引；当前工作区为主表所在的工作区。

格式：set relation to <关联表达式> into <工作区号> | <别名> [additive]

功能：在两个表文件间建立关联。

说明：

（1）当前工作区中打开的是主表，在另一个其他的工作区中打开的是相关表。into <工作区号> | <别名>子句用来指定在主表与相关表之间建立关联。

（2）to <关联表达式>子句用来指定关联条件。<关联表达式>一般为两个表的公共字段，通过公共字段来联系两个表。

（3）一个父表可以同时与多个子表进行关联，命令中若有[additive]子句，则保留以前在该父表与其他表之间建立的关联；否则解除以前在该父表与其他表之间建立的关联。

例 3.44 在表 student.dbf 和 score.dbf 之间建立关联，然后同时显示 student.dbf 的学号、姓名和 score.dbf 的学号、课程代码及成绩字段。

```
*以 student.dbf 作为主表，score.dbf 作为相关表，在两个表之间建立关联
*学号是两个表的公共字段，可以通过学号字段将两个表联系起来
select 1
use student
select 2
use score
index on 学号 tag xh              &&使用在学号字段上建立的索引
select 1                          &&选择主表所在的工作区
set relation to 学号 into b        &&关联表达式为两个表的公共字段学号
list 学号,姓名,b.学号,b.课程代码,b.成绩
```

命令执行后，主窗口中显示：

记录号	学号	姓名	B->学号	B->课程代码	B->成绩
1	110701001	王美丽	110701001	091101	86.0
2	110701002	张成	110701002	091101	71.0
3	110701003	郭玉琴	110701003	091101	96.0
4	110602001	周刚	110602001	091101	98.0
5	110602003	孙小雪	110602003	091101	90.0
6	110602002	李红雷	110602002	091101	93.0

从例 3.44 中可以看到，在表 student.dbf 和 score.dbf 之间建立关联以后，主表的记录指针移动时，相关表的记录指针马上移动到第一条匹配的记录上。例如，主表的记录指针移动到 2 号记录时，相关表的记录指针马上移动到 3 号记录上，因为 3 号记录是相关表中学号字段的值与主表中记录指针所指记录的学号字段的值相匹配的第一条记录。

需要注意的是，表之间的关联不能被系统存储，当表关闭时，与其相关的关联会自动消失。因此，表之间的关联也被称为表之间的临时关系。

2. 建立表之间的一对多关系

用 set relation 命令在两个表之间建立关联以后，父表中的一条记录最多只能与子表中的一条记录对应，也就是说，父表中的一条记录与子表中的记录之间建立的关系为一对一的关系。很多情况下，父表中的一条记录在子表中有多条记录与之对应。例如，例 3.44 中的两个表，父表中的一条记录在子表中就有两条记录与之对应。可以使用 set skip 命令在父表中的一条记录和子表中的记录之间建立一对多关系。

格式：set skip to [<工作区号> | <别名>]

功能：建立表之间的一对多关系。

说明：要建立表之间的一对多关系，首先使用 set relation 命令在两个表之间建立关联，然后再使用 set skip 命令在两个表之间建立一对多关系。

在例 3.44 中，若在命令"set relation to 学号 into b"之后，增加一条命令：set skip to b，则显示结果如下：

记录号	学号	姓名	B->学号	B->课程代码	B->成绩
1	110701001	王美丽	110701001	091101	86.0
1	110701001	王美丽	110701001	091102	92.5
2	110701002	张成	110701002	091101	71.0
2	110701002	张成	110701002	091102	62.0
3	110701003	郭玉琴	110701003	091101	96.0
3	110701003	郭玉琴	110701003	091102	94.0
4	110602001	周刚	110602001	091101	98.0
4	110602001	周刚	110602001	091102	76.5
5	110602003	孙小雪	110602003	091101	90.0
5	110602003	孙小雪	110602003	091102	88.5
6	110602002	李红雷	110602002	091101	93.0
6	110602002	李红雷	110602002	091102	75.0

从显示结果可以看出，在表 student.dbf 和 score.dbf 之间建立起了一对多的联系。

习　题

1. 选择题

(1) 下列关于自由表的说法中，错误的是（　　）。

A. 在没有打开数据库的情况下所建立的表，就是自由表

    B．自由表不属于任何一个数据库

    C．自由表不能转换为数据库表

    D．数据库表可以转换为自由表

（2）在 Visual FoxPro 中，用来建立表结构的命令是（   ）。

    A．modify structure   B．create   C．create database   D．modify command

（3）在 Visual FoxPro 中，假设 student 表中有 40 条记录，执行命令?reccount()，屏幕显示的结果是（   ）。

    A．0   B．1   C．40   D．出错

（4）modify structure 命令的功能是（   ）。

    A．修改记录值   B．修改表结构

    C．修改数据库结构   D．修改数据库或表结构

（5）在 Visual FoxPro 中，使用 locate for <条件>命令按条件查找记录，当查找到满足条件的第一条记录后，如果还需要查找下一条满足条件的记录，应该（   ）。

    A．再次使用 locate 命令重新查询   B．使用 skip 命令

    C．使用 continue 命令   D．使用 go 命令

（6）为当前表中所有学生的总分增加 10 分，可以使用的命令是（   ）。

    A．change 总分 with 总分+10   B．replace 总分 with 总分+10

    C．change all 总分 with 总分+10   D．replace all 总分 with 总分+10

（7）有关 zap 命令的描述，正确的是（   ）。

    A．zap 命令只能删除当前表的当前记录

    B．zap 命令只能删除当前表中带有删除标记的记录

    C．zap 命令能删除当前表的全部记录

    D．zap 命令能删除表的结构和全部记录

（8）已知 student.dbf 中有性别和年龄字段，类型分别为 C 和 N，要求先按性别的升序，性别相同的再按年龄的降序对表进行排序，生成新表文件 stu.dbf，应使用的命令是（   ）。

    A．sort to stu on 性别,年龄/d   B．index to stu on 性别,年龄/d

    C．copy to stu on 性别,年龄/d   D．sort to stu on 性别,年龄

（9）create database 命令用来建立（   ）。

    A．数据库   B．关系   C．表   D．数据文件

（10）不允许在字段中出现重复值的索引是（   ）。

    A．候选索引和主索引   B．普通索引和唯一索引

    C．唯一索引和主索引   D．唯一索引

（11）在表设计器中设置的索引包含在（   ）。

    A．独立索引文件中   B．唯一索引文件中

    C．结构复合索引文件中   D．非结构复合索引文件中

（12）在数据库表中的字段有效性规则是（   ）。

    A．逻辑表达式   B．字符表达式

    C．数字表达式   D．以上三种都有可能

(13) 在建立表间一对多的永久关系时，主表的索引类型必须是(　　)。

    A. 主索引或候选索引

    B. 主索引、候选索引或唯一索引

    C. 主索引、候选索引、唯一索引或普通索引

    D. 可以不建立索引

(14) 如果指定参照完整性的删除规则为"级联"，则当删除父表中的记录时(　　)。

    A. 系统自动备份父表中被删除记录到一个新表中

    B. 若子表中有相关记录，则禁止删除父表中的记录

    C. 会自动删除子表中所有相关的记录

    D. 不作参照完整性检查，删除父表记录与子表无关

(15) 命令 select 0 的功能是(　　)。

    A. 选择编号最小的未使用工作区　　　 B. 选择 0 号工作区

    C. 关闭当前工作区的表　　　 D. 选择当前工作区

2. 填空题

(1) 在 Visual FoxPro 中所谓自由表就是那些不属于任何_____的表。

(2) 在 Visual FoxPro 的字段类型中，系统默认日期型数据占_____字节，逻辑型字段占_____字节。

(3) 在 Visual FoxPro 中，表中备注型字段的数据信息存储在以_____为扩展名的文件中。

(4) 在 Visual FoxPro 中修改表结构的命令是_____。

(5) 在 Visual FoxPro 中，使用 locate all 命令按条件对表中的记录进行查找，若查不到记录，函数 eof() 的返回值应是_____。

(6) 在 Visual FoxPro 中，设有一个学生表 student，其中有学号、姓名、年龄、性别等字段，用户可以用命令 "_____年龄 with 年龄+1" 将表中所有学生的年龄增加一岁。

(7) 在 Visual FoxPro 中，利用 delete 命令可以_____删除数据表的记录，必要时可以利用_____命令进行恢复。

(8) 在 Visual FoxPro 中，在当前打开的表中物理删除带有删除标记记录的命令是_____。

(9) 在定义字段有效性规则时，在规则框中输入的表达式类型是_____。

(10) Visual FoxPro 的索引文件不改变表中记录的_____顺序。

(11) 每个数据库表可以建立多个索引，但是_____索引只能建立一个。

(12) 在 Visual FoxPro 中，为表建立主索引可以保证数据的_____完整性。

(13) 在 Visual FoxPro 中，建立数据库表时，将年龄字段值限制为 18~45 岁的这种约束属于_____完整性约束。

(14) 参照完整性规则包括更新规则、删除规则和_____规则。

3. 操作题

(1) 建立一个图书借阅管理数据库，数据库名为图书借阅.dbc。在数据库中建立 reader.dbf、book.dbf 和 lending.dbf 这 3 个表文件。

① book.dbf 表结构和表中数据如下：

字段名	类型	宽度	小数位
书号	字符型	4	
书名	字符型	20	
作者	字符型	10	
价格	货币型	8	4
出版社	字符型	20	
借阅次数	数值型	3	

书号	书名	作者	价钱	出版社	借阅次数
0001	童年	高尔基	28.0000	人民文学出版社	1
0002	在人间	高尔基	15.0000	中央编译出版社	2
0003	我的大学	高尔基	18.0000	中央编译出版社	2
0005	朝花夕拾	鲁迅	21.0000	人民文学出版社	2
0007	水浒传	施耐庵	24.0000	人民文学出版社	2
0008	红楼梦	曹雪芹	23.0000	人民文学出版社	1
0009	三国演义	罗贯中	25.0000	人民文学出版社	0
0010	西游记	吴承恩	25.0000	人民文学出版社	0
0012	巴黎圣母院	雨果	27.0000	中央编译出版社	0
0013	雷雨	曹禺	20.0000	人民文学出版社	0
0014	家	巴金	24.0000	人民文学出版社	0

② reader.dbf 表结构和表中数据如下：

字段名	类型	宽度	小数位
读者编号	字符型	9	
读者姓名	字符型	8	
性别	字符型	2	
出生日期	日期型	8	
籍贯	字符型	15	
联系电话	字符型	12	
照片	通用型	4	

读者编号	读者姓名	性别	出生日期	籍贯	联系电话	照片
112301012	李国栋	男	01/02/91	江苏南通	2903213	Gen
112301001	王薇薇	女	01/01/93	石家庄	2900023	Gen
112001011	付科图	男	02/03/92	河北沧州	2900020	gen
111903033	石春梅	女	12/03/93	天津市	2900012	Gen
111903034	兰海龙	男	02/12/92	安徽定远	2103022	Gen
111902035	吴剑莹	女	10/03/92	吉林榆树	2004546	gen
111902033	刘咏	女	02/10/92	四川三台	5120011	Gen
112201033	马江波	男	11/03/92	山西天镇	2260517	Gen
111903001	李耀	男	02/11/92	辽宁台安	2260838	Gen
112002001	李墨涵	女	09/09/92	贵州印江	2260891	Gen

③ lending.dbf 表结构和数据如下：

字段名	类型	宽度	小数位
读者编号	字符型	10	
书号	字符型	4	
借书日期	日期型	8	
还书日期	日期型	8	

　　(2) 在 book.dbf 表的"书号"字段上建立主索引；在 reader.dbf 表的"读者编号"字段上建立主索引；在 lending.dbf 表的"读者编号"和"书号"字段上分别建立普通索引。

　　(3) 建立相关表之间的永久关系。

第4章 查询与视图

所谓查询，就是从数据库的一个表或关联的多个表中，检索出符合条件的信息，并可对查询结果分组或排序存储于指定的文件中，查询文件的扩展名为.qpr。查询只能从表中提取数据，但不能修改数据。如果既要查询数据，又要修改数据，可使用视图。

4.1 查询设计器

4.1.1 查询设计器介绍

查询设计器窗口分为上部窗体和下部窗体，如图4-1所示。

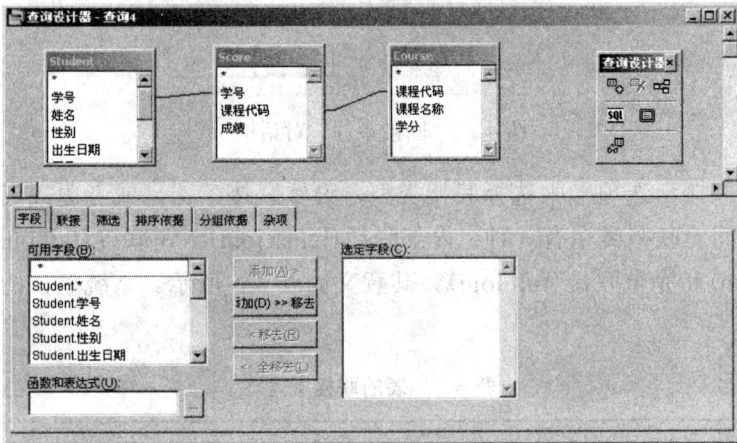

图4-1 "查询设计器"窗口

1. 上部窗体

查询设计器的上半部分是数据环境显示区，用于显示所选择的表或视图，可右击其空白处，在快捷菜单中选择"添加表"命令，向数据环境添加表。如果是多表查询，还可在表之间用可视化的连线建立关系。

2. 下部窗体

1) "字段"选项卡

"字段"选项卡包含可用字段、工具按钮、选定字段、函数和表达式。

（1）可用字段：列表中列出了查询数据环境中可选择的数据表的所有字段。

（2）选定字段：设置在查询结果中要输出的字段或表达式，"选定字段"列表框中的顺序就是查询结果中列的顺序。

（3）函数和表达式：用于建立查询结果中输出的表达式。

在"可用字段"列表框和"选定字段"列表框之间有 4 个按钮："添加"、"添加>>移去"、"<<移去"和"<<全移去"按钮，用于选择或取消选定字段。

2）"联接"选项卡

"联接"选项卡用于进行多表查询时为相关表建立联接。这些表可以是数据库表、自由表或视图。当向查询设计器中添加多张表时，如果新添加的表与已存在的表之间在数据库中已经建立永久关系，则系统将以该永久关系作为默认的联接条件；否则，系统会弹出"联接条件"对话框，如图 4-2 所示，可以在此对话框中设置联接类型和条件。

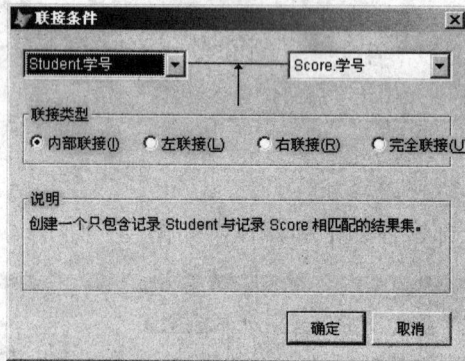

图 4-2　"联接条件"对话框

也可以在"联接"选项卡中选择联接类型，设置联接条件，或者更改表之间的联接类型和条件。表之间的联接类型有 4 种：内部联接（inner join）、左联接（left outer join）、右联接（right outer join）和完全联接（full join），其意义如表 4-1 所示。系统默认的联接类型是内部联接。

表 4-1　表的联接类型

联接类型	说明
内部联接	只有满足联接条件的记录选入查询结果
左联接	联接条件左边的表与右边表的记录比较字段值，若有满足条件的，则产生一个真实值的记录；若都不满足，则产生一个含有 NULL 值的记录。直至左表所有记录都比较结束
右联接	联接条件右边的表与左边表的记录比较字段值，若有满足条件的，则产生一个真实值的记录；若都不满足，则产生一个含有 NULL 值的记录。直至右表所有记录都比较结束
完全联接	先按右联接比较字段值，再按左联接比较字段值。不列入重复记录

3）"筛选"选项卡

"筛选"选项卡在符合联接条件的记录的基础上筛选出记录。在筛选框中构造筛选条件表达式时，要注意在实例框中输入不同数据类型时的格式：字符型数据要加定界符，如 student.性别="女"；日期型数值要用{ }括起来，如 student.出生日期={^1985/01/16}；逻辑型数据两侧要带圆点，如 student.团员= .T.。

4）"排序依据"选项卡

"排序依据"选项卡用来指定多个排序字段或排序表达式，可以按升序或降序排序。

5）"分组依据"选项卡

"分组依据"选项卡将表中具有相同字段值的记录合为一组，将表的记录分为若干组。

6）"杂项"选项卡

"杂项"选项卡指定是否对重复记录进行查询，以及查询结果中显示前几条记录。

4.1.2 查询的建立和运行

1. 新建查询

（1）菜单方式：选择"文件"菜单中的"新建"命令，在"新建"对话框中选择"查询"，单击"新建文件"按钮，即可进入查询设计器。也可以通过工具栏中的"新建"按钮实现。

（2）使用项目管理器：当所用到的表已在项目中时，在"项目管理器"窗口中选择"数据"选项卡中的 "查询"，单击"新建"按钮，也可建立查询。

（3）命令交互方式：在命令窗口中输入命令 create query [查询文件名]建立查询。

查询建立后，选择"文件"菜单中的"保存"命令，可以将查询设置保存在扩展名为.qpr的查询文件中，但"查询设计器"窗口并不关闭。也可以按 Ctrl+W 组合键保存，这样，"查询设计器"窗口的设置保存的同时窗口也被关闭。

2. 修改查询

要修改已经建立的查询，首先要打开查询文件。打开查询文件的方法有如下几种：

（1）选择"文件"菜单中的"打开"命令，在"打开"对话框中选择要打开的查询文件名，单击"确定"按钮，即可进入查询设计器。

（2）使用命令 modify query [查询文件名]。

打开查询文件后，就可以修改查询文件了。

3. 运行查询

运行一个查询可以用以下方法：

（1）建立查询后，选择"查询"菜单中的"运行查询"命令，或从工具栏中单击 ! 按钮执行查询。

（2）选择"程序"菜单中的"运行"命令，在弹出的对话框中选择要运行的查询文件。

（3）使用 do 命令执行查询。命令格式为 do <查询文件名>。在使用命令运行查询时，查询文件名的扩展名不能省略。

下面通过几个例子来学习查询。

例 4.1 在学生数据库中的 student 表中检索出所有学生的学号、姓名、性别和入学成绩。操作步骤如下：

（1）选择"文件"菜单中的"新建"命令，在"新建"对话框中选择"查询"，并单击"新建文件"按钮，打开"查询设计器"窗口，并弹出"添加表或视图"对话框，如图 4-3所示。

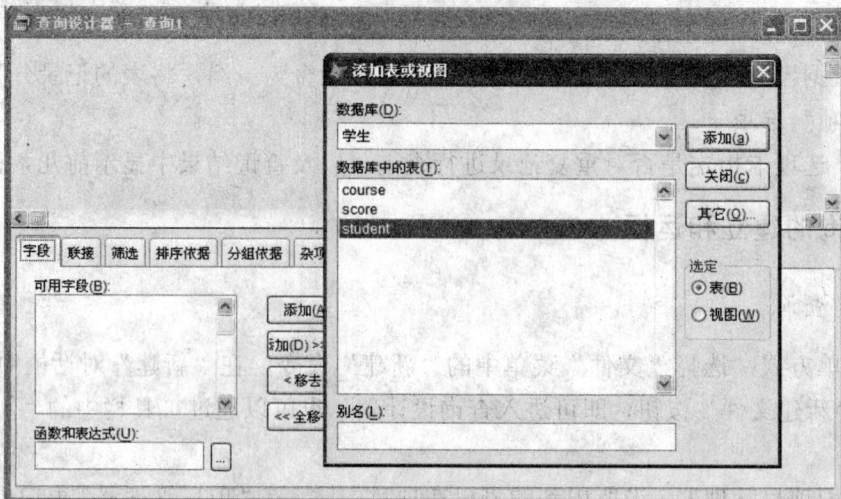

图 4-3　"添加表或视图"对话框

（2）在弹出的"添加表或视图"对话框中选中 student 表，单击"添加"按钮，关闭"添加表或视图"对话框，这样 student 表就添加到"查询设计器"窗口中，如图 4-4 所示。

图 4-4　student 表添加到查询设计器中

（3）在图 4-4 中选择"字段"选项卡，从"可用字段"列表框中分别选定 student.学号、student.姓名、student.性别、student.入学成绩字段，单击"添加"按钮，所选字段就出现在"选定字段"列表框中，如图 4-5 所示。

（4）选择"查询"菜单中的"运行查询"命令，或单击工具栏中的 ! 按钮，就可以看到查询的结果，如图 4-6 所示。

例 4.2　在学生数据库中的 student 表中检索出所有男生的学号、姓名、性别、出生日期和入学成绩，并按入学成绩的降序排序。

操作步骤如下：

（1）打开项目文件"学生.pjx"，进入项目管理器，在"数据"选项卡下选择"查询"，单击右侧的"新建"按钮，弹出"新建查询"对话框，如图 4-7 所示，然后选择"新建查询"，进入查询设计器，弹出"添加表或视图"对话框。

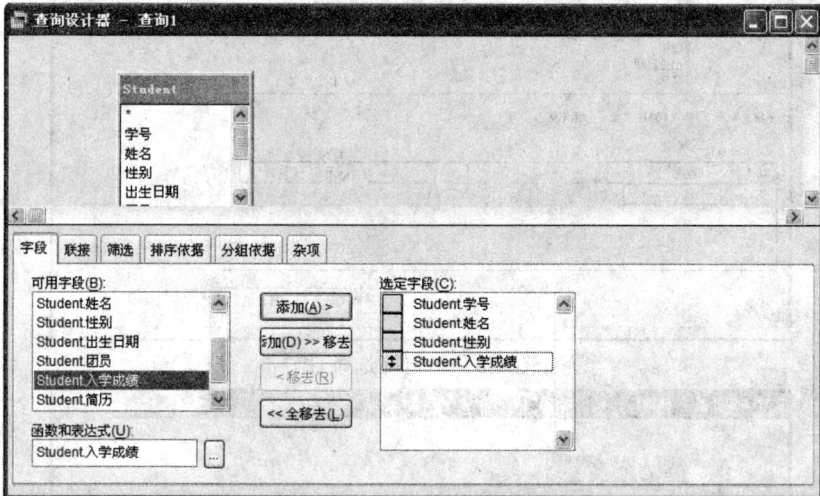

图 4-5 选择所需字段

图 4-6 例 4.1 查询结果

图 4-7 "项目管理器"下新建查询

（2）在"添加表或视图"对话框中，选中 student 表，单击"添加"按钮，将 student 表添加到查询设计器中。

（3）选择"字段"选项卡，分别选定 student.学号、student.姓名、student.性别、student.出生日期和 student.入学成绩字段，单击"添加"按钮，所选字段将出现在"选定字段"列表框中。

（4）选择"筛选"选项卡，在"字段名"下拉列表中选择"student.性别"，在"条件"下拉列表中选择"="号，在"实例"文本框中输入"男"，如图 4-8 所示。

（5）选择"排序依据"选项卡，在"选定字段"列表框中选择"student.入学成绩"，单击"添加"按钮，然后选择"降序"单选按钮，如图 4-9 所示。

（6）选择"查询"菜单中的"运行查询"命令，或单击工具栏中的 ! 按钮，即可看到查询的结果，如图 4-10 所示。

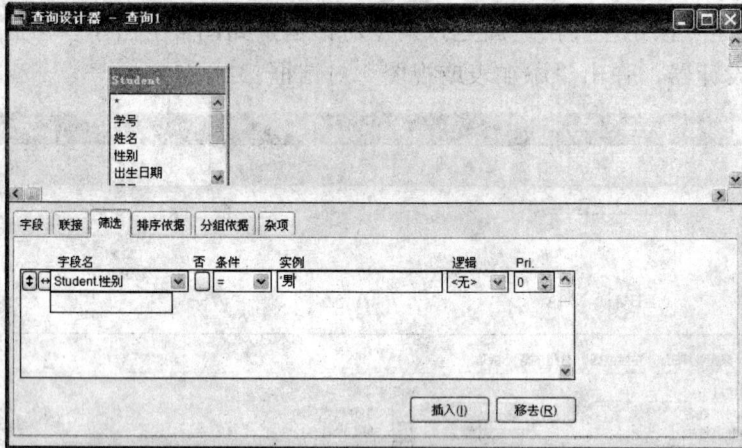

图 4-8　指定筛选条件

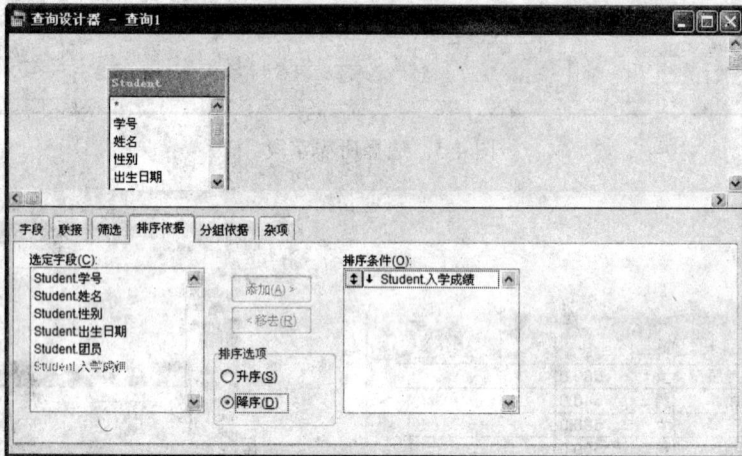

图 4-9　指定排序依据

例 4.3　在学生数据库中检索学号为 "110602002" 的学生的学号、姓名、性别、课程名称、课程的学分和课程的成绩。

图 4-10　例 4.2 的查询结果

操作步骤如下：

（1）选择 "文件" 菜单中的 "新建" 命令，在 "新建" 对话框中选择 "查询"，单击 "新建文件" 按钮，进入查询设计器，同时弹出 "添加表或视图" 对话框。

（2）在 "添加表或视图" 对话框中依次选中 student、score、course 这 3 个表，单击 "添加" 按钮，将 3 个表添加到查询设计器中，本例在添加表时已经建立了 "学生" 数据库中的数据库表间的永久关系，永久关系会自动作为表之间的联接关系，如图 4-11 所示。

（3）选择 "字段" 选项卡，分别选择 student.学号、student.姓名、student.性别、course.课程名称、course.学分、score.成绩字段，单击 "添加" 按钮 ，所选字段将出现在 "选定字段" 列表框中，如图 4-12 所示。

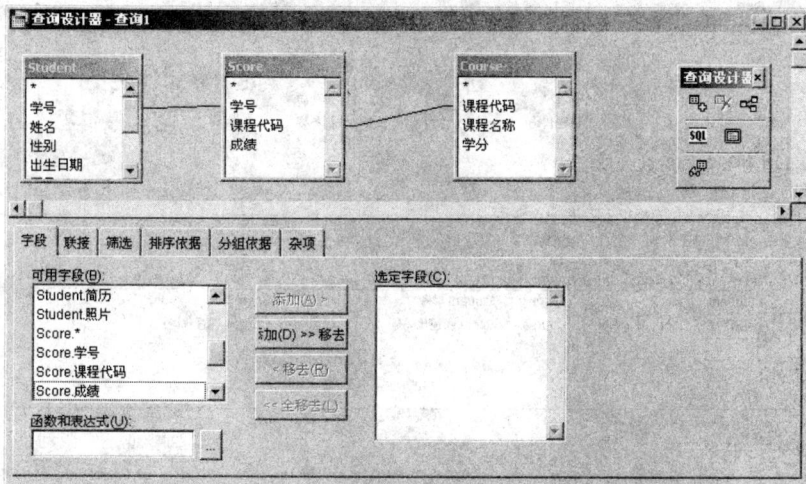

图 4-11 建立表联接

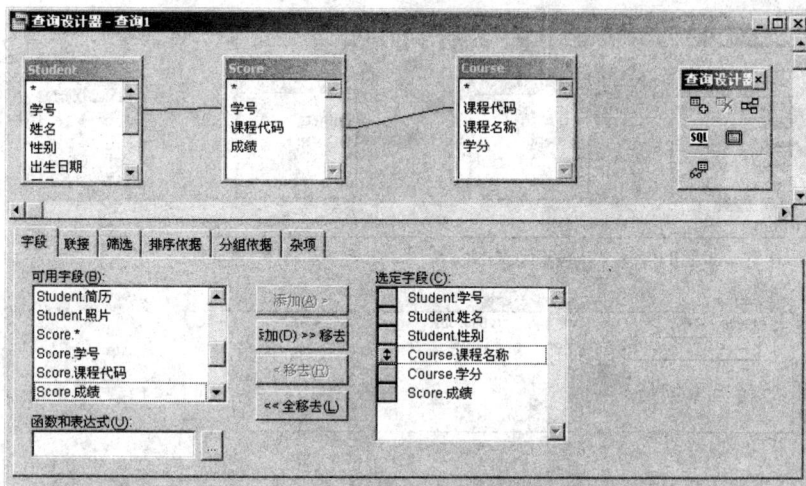

图 4-12 选择所需的字段

（4）由于在设计查询时，数据库表之间的关系已经设置好了，所以在"联接"选项卡中使用默认的联接关系设置，如图 4-13 所示。

（5）选择"筛选"选项卡，在"字段名"中选择"student.学号"，"条件"列选择"="号，在"实例"中输入"110602002"，如图 4-14 所示。

（6）运行查询，查看运行结果。

例4.4 在学生数据库中检索出选修的课程代码是"091101"的所有学生的学号、姓名、性别、课程名称、课程的学分和成绩，并按性别的降序排序。

操作步骤如下：

（1）打开查询设计器。

（2）在"添加表或视图"对话框中依次选中 student、score、course 这 3 个表，单击"添加"按钮，将 3 个表添加到查询设计器中。在添加表时已经建立了"学生"数据库中的数据库表间的永久关系，在查询设计器中仍然显示出这 3 个表之间的关系。

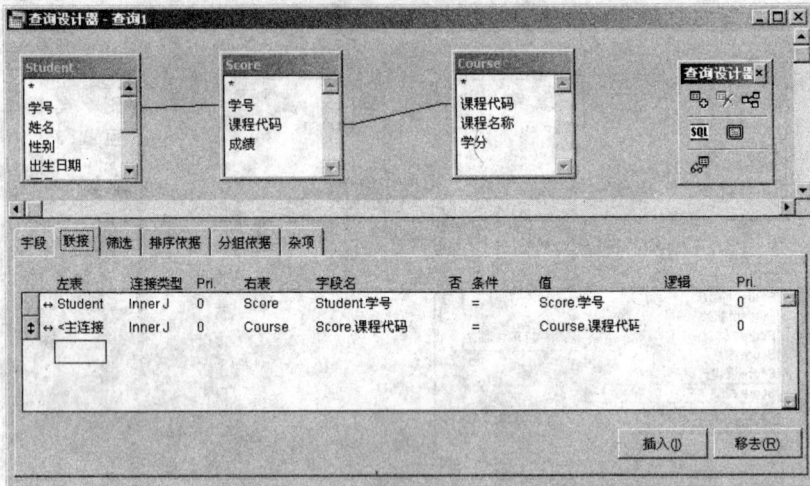

图 4-13　设置联接关系

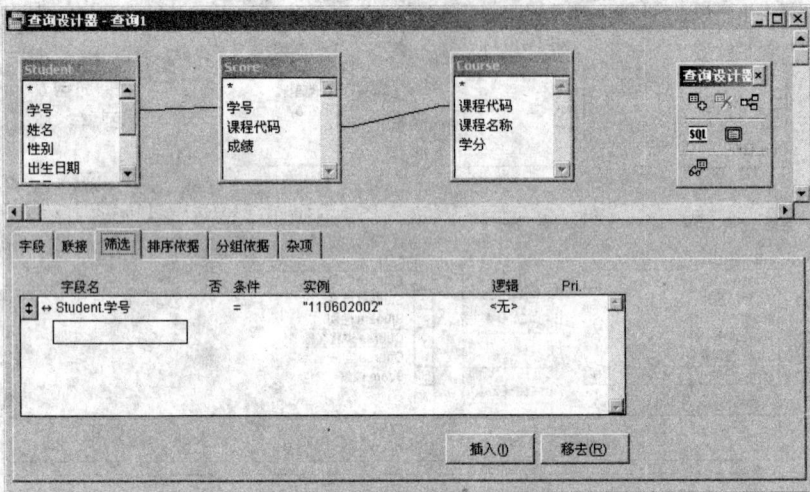

图 4-14　指定筛选条件

（3）选择"字段"选项卡，分别选定 student.学号、student.姓名、student.性别、course.课程名称、course.学分、score.成绩字段，单击"添加"按钮，所选字段出现在"选定字段"列表框中。

（4）由于在设计查询时，数据库表之间的关系已经设置好了，所以在"联接"选项卡中使用默认的联接关系。

（5）选择"筛选"选项卡，在"字段名"中选择"score.课程代码"，在"条件"列中选择"="号，在"实例"中输入"091101"。

（6）在"排序依据"选项卡中，在"选定字段"中选择"student.性别"，单击"添加"按钮，然后选择"降序"，如图 4-15 所示。

（7）运行查询，查看运行结果。

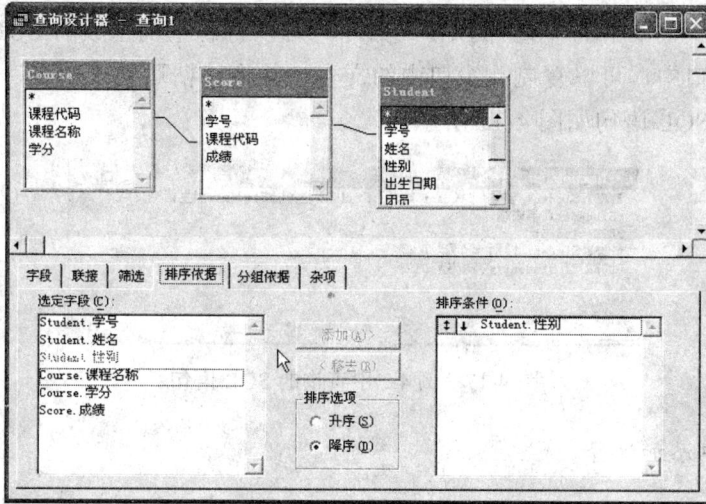

图 4-15 指定排序依据

4.1.3 查询去向和查看 SQL

1. 查询去向设置

查询结果的输出默认将显示在"浏览"窗口中。如果想使结果输出到不同的目的地，可以进行查询去向的设置，将结果定向输出到临时表、表、屏幕。

选择"查询"菜单中的"查询去向"命令，或右击查询设计器空白处，在弹出的快捷菜单中选择"输出设置"命令，都将弹出"查询去向"对话框，如图 4-16 所示。

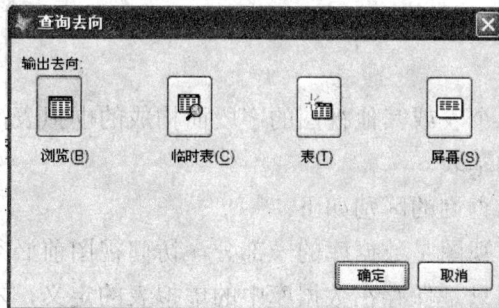

图 4-16 "查询去向"对话框

（1）浏览（Browse）：在"浏览"窗口中显示查询结果（默认的输出去向）。

（2）临时表（Cursor）：将查询结果储存在一个临时只读表中。

（3）表（Table）：将查询结果保存在一个永久表中。

（4）屏幕（Screen）：在 Visual FoxPro 主窗口中显示查询的结果。

2. 查看 SQL 语句

使用查询设计器创建的查询，其结果是生成一条 SQL Select 语句，在本质上是 SQL Select 命令的可视化设计方法。

选择"查询"菜单中的"查看 SQL"命令，可以查看查询生成的 SQL 语句。SQL 语句显示在一个窗口中，可以复制此窗口中的文本，并将其粘贴到"命令"窗口或加入到程序中。例 4.2 的 SQL 语句如图 4-17 所示。

图 4-17　例 4.2 中查询的 SQL 语句

3．在查询中添加注释

如果想以某种方式标识查询，或做一些注释说明，可以在查询中添加备注，这对以后确认查询及其作用很有帮助。

添加注释的步骤是：选择"查询"菜单中的"备注"命令，在"备注"对话框中输入与查询内容有关的文本，单击"确定"按钮。输入的注释将出现在 SQL 窗口的顶部，并且前面有一个"*"号表明其为注释。

需要注意的是，查询设计器只能建立一些比较规则的查询，对于比较复杂的查询就无能为力了。

4.2　视图的创建与使用

4.2.1　视图的概念

视图是引用一个或多个表或其他视图的字段而构成的虚拟表，它可以与表一样被访问。视图所引用的表称为它的基表。

视图与数据库、表、查询的区别如下：

（1）视图和数据库：视图是数据库的一部分，访问视图前必须先打开所在的数据库。

（2）视图和表：视图只是保存在数据库中的虚拟表的定义，本身不含数据，其数据是在打开视图时临时从基表中提取的。

（3）视图和查询：查询可以检索存储在表和视图中的信息，它只是从基表中提取数据，不能对基表中的数据更新；而使用视图既可以从基表中提取数据，又可以更新基表中的数据。查询设计器是将查询结果以查询文件的形式存放到磁盘上，视图设计完成后，在磁盘上找不到类似的文件，视图的结果存放在数据库中。

4.2.2　建立本地视图

1．建立本地视图

建立本地视图主要有以下几种方法：

（1）从"项目管理器"中选择一个数据库，然后选择"本地视图"，再单击"新建"按钮，在弹出的对话框中选择"新建视图"。

（2）在数据库已打开时，选择"文件"菜单中的"新建"命令，在弹出的对话框中选择"视图"，最后单击"新建"按钮。

（3）在数据库已打开时，使用命令 create view <视图名>或者 modify view <视图名>。

2．"视图设计器"介绍

新建视图后，进入视图设计器，视图设计器和查询设计器的使用方法几乎完全一样，在此不再赘述。下面仅说明"视图设计器"特有的"更新条件"选项卡，如图 4-18 所示。

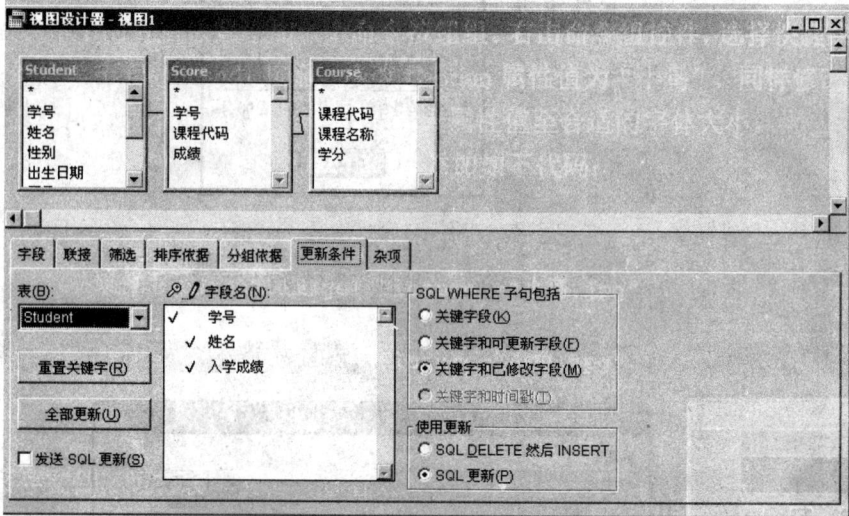

图 4-18 "更新条件"选项卡

1）指定更新的表

如果视图是基于多个表，默认可以更新多个表的相关字段；如果要指定只更新某个表的数据，则可以通过"表"下拉列表来选择表。

2）指定更新的字段

在"字段名"列表框中列出了与更新有关的字段，在字段名左侧有两列标志，"钥匙"表示关键字，"铅笔"表示更新，通过单击相应的列可以改变相关的状态。默认可以更新所有非关键字段，并且通过基本表的关键字完成更新，即 Visual FoxPro 用这些关键字字段来唯一标识那些已在视图中修改过的基本表中的记录。建议不要改变关键字的状态，不要试图通过视图来改变基本表的关键字字段值，如果需要可以指定更新非关键字的字段值。

设置完更新字段以后，单击"全部更新"按钮即可。

例 4.5 在学生数据库中建立本地视图 student_view，查询所有男生的学号、姓名、性别、出生日期和入学成绩，并按入学成绩的降序排序，当更新视图中入学成绩字段值时，也可以更新源表 student 中的入学成绩字段的值。

操作步骤如下：

（1）打开视图设计器。选择"文件"菜单中的"打开"命令，在"打开"对话框中选

择项目"学生.pjx",并单击"确定"按钮,进入项目管理器,在"数据库"选项卡中选择
"本地视图",单击"新建"按钮,如图 4-19 所示,在弹出的对话框中选择"新建视图",
进入视图设计器,弹出"添加表或视图"对话框,如图 4-20 所示。

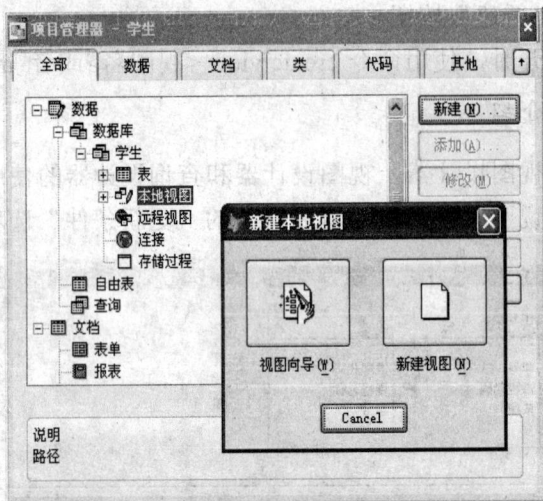

图 4-19 "新建本地视图"对话框

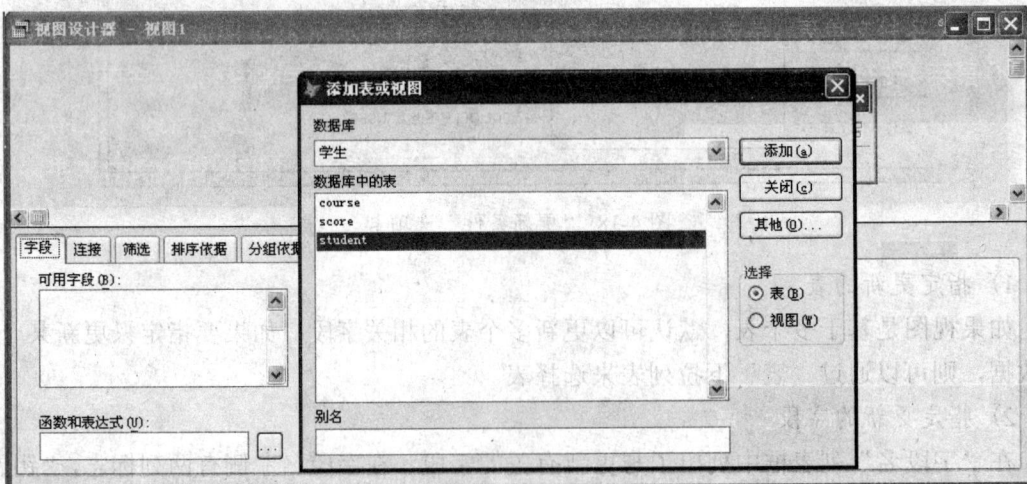

图 4-20 "添加表或视图"对话框

　　(2) 选择所需的字段。选择"字段"选项卡,分别选定 student.学号、student.姓名、student.
性别、student.出生日期、student.入学成绩字段,单击"添加"按钮,所选字段将自动出现
在"选定字段"列表框中。

　　(3) 设置查询的筛选条件。选择"筛选"选项卡,在"字段名"中选择"student.性别",
在"条件"列中选择"="号,在"实例"中输入"男",如图 4-21 所示。

　　(4) 选择"排序依据"选项卡,在"选择字段"列表框中选择"student.入学成绩",
单击"添加"按钮,然后选择"降序",如图 4-22 所示。

　　(5) 选择"更新条件"选项卡,在"更新条件"列表框中选择"入学成绩",选择"发

送 SQL 更新"复选框（见图 4-23），这样就可以更新视图 student_view 中的数据，而源表中的数据也会跟着改变。

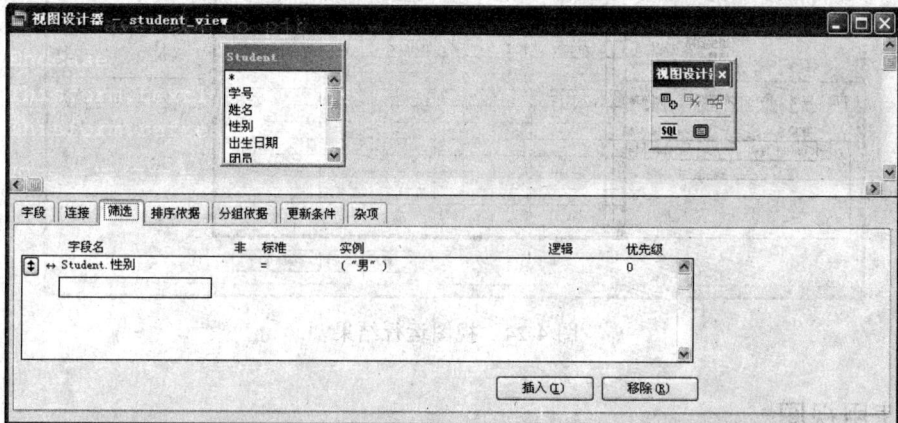

图 4-21　指定筛选条件

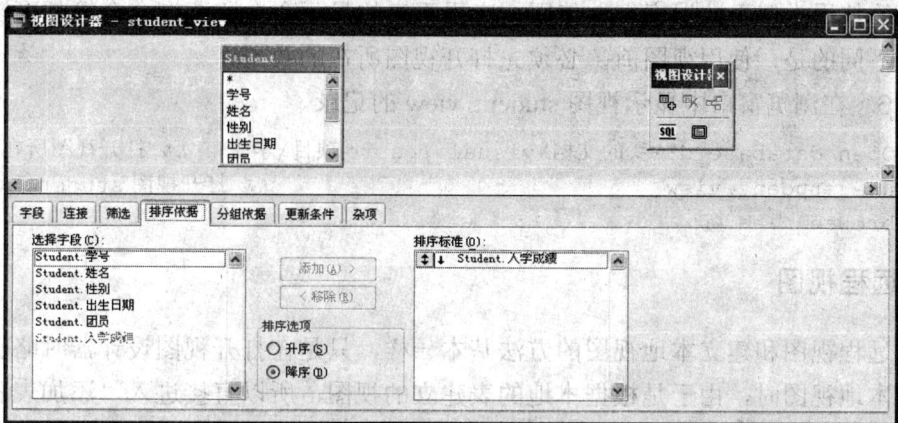

图 4-22　指定排序依据

图 4-23　指定更新条件

　　（6）运行视图。选择"查询"菜单中的"运行查询"命令，或单击工具栏中的 **!** 按钮，就可以看到查询的结果，如图 4-24 所示。

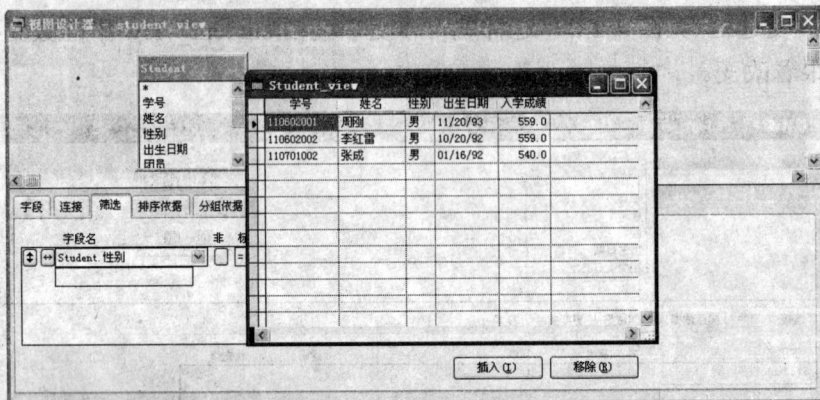

图 4-24　视图运行结果

4.2.3　使用视图

　　视图的使用类似于数据库表的使用，应用于表的显示命令和查询命令等都可以应用在视图中。不同的是，使用视图前，必须先打开视图所在的数据库。

　　例 4.6　在浏览窗口中显示视图 student_view 的记录。

```
Open database d:\我的文档\visual foxpro项目\学生    && 打开视图所在的数据库
use student_view                          && 打开视图 student_view
browse
```

4.2.4　远程视图

　　建立远程视图和建立本地视图的方法基本一样，只是在打开视图设计器时略有区别。

　　建立本地视图时，由于是根据本地的表建立的视图，所以直接进入"添加表和视图"窗口和"视图设计器"窗口。而建立远程视图时，一般要根据网络上其他计算机或其他数据库中的表建立视图，所以需要首先选择"连接"或"数据源"，然后再进行设计。

　　数据源一般是 ODBC 数据源，它是一种连接数据库的通用标准。为了定义 ODBC 数据，必须先安装 ODBC 驱动程序。利用 ODBC 驱动程序可以定义远程数据库的数据源，也可以定义本地数据库的数据源。

　　建立联接是根据数据源创建并保存在数据库中的一个命名联接，以便在创建远程视图时按其名称进行引用，还可以通过设置命名联接的属性来优化 Visual FoxPro 与远程数据源的通信。当激活远程视图时，视图联接将成为通向远程数据的管道。

习　　题

1. 选择题

(1) 下列关于运行查询的方法中，不正确的一项是（　　）。

　　A. 在项目管理器"数据"选项卡中展开"查询"选项，选择要运行的查询，单击"运行"按钮

　　B. 选择"查询"菜单中的"运行查询"命令

C. 利用 Ctrl+D 组合键运行查询

D. 在命令窗口输入命令：do <查询文件名.qpr>

(2) 查询设计器中包含的选项卡有( )。

A. 字段、联接、筛选、排序依据、分组依据、杂项

B. 字段、联接、筛选、分组依据、排序依据、更新条件

C. 字段、联接、筛选条件、排序依据、分组依据、杂项

D. 字段、联接、筛选依据、分组依据、排序依据、更新条件

(3) 以下关于查询的描述正确的是( )。

A. 不能根据自由表建立查询   B. 只能根据自由表建立查询

C. 只能根据数据库表建立查询   D. 可以根据自由表或数据库表建立查询

(4) 以下关于视图的正确描述是( )。

A. 视图独立于表文件   B. 视图不可更新

C. 视图只能从一个表中派生   D. 视图可以删除

(5) 关于视图和查询，以下叙述正确的是( )。

A. 视图和查询都只能在数据库中建立   B. 视图和查询都不能在数据库中建立

C. 视图只能在数据库中建立   D. 查询只能在数据库中建立

(6) 在视图设计器中有，而在查询设计器中没有的选项卡是( )。

A. 排序依据   B. 更新条件   C. 分组依据   D. 杂项

(7) 关于视图和查询，以下叙述正确的是( )。

A. 利用视图可以修改数据   B. 利用查询可以修改数据

C. 查询和视图具有相同的作用   D. 视图可以定义输出去向

2. 操作题

利用第 3 章操作题中的表文件，完成以下题目：

(1) 建立查询文件 cx1.qpr，查询读者编号为"112301012"的读者所借的书号、书名、借书日期和还书日期。

(2) 建立查询文件 cx2.qpr，查询借阅过"童年"这本书的读者编号、姓名、联系电话。

(3) 建立查询文件 cx3.qpr，查询读者编号为"112301012"的读者姓名、联系电话、该读者所借书号、书名、作者、出版社。

(4) 建立视图 ts_view，查询读者编号为"112301001"的读者姓名、联系电话、该读者所借书号、书名、作者、出版社。

第 5 章　关系数据库标准语言 SQL

SQL 是结构化查询语言 Structured Query Language 的缩写。作为关系数据库通用的查询语言，目前主要的关系型数据库管理系统都支持 SQL。数据查询是 SQL 语言最主要的功能，除了数据查询功能以外，SQL 语言还包含数据定义、数据操纵等功能。

5.1　查　询　功　能

SQL 是一种查询功能很强的语言，只要是数据库里存在的数据，总能通过适当的方法将它从数据库中查询出来。SQL 中的查询语句只有一个 select 语句，它可与其他短语配合完成所有的查询功能。

Visual FoxPro 的 SQL select 语句的语法格式如下：

```
select [all|distinct] [<别名.>]<表达式> [as<列名>][,[<别名.>]<表达式>[as<列名>]…]
from [<数据库名>!]<表名>[[as] local_alias]
[[inner | left | right | full] join[<数据库名!> | <表名>[as] local_alias]
[on <联接条件>]]
[into <查询结果> | to file <文件名> [additive] | to printer [prompt] | to screen ]
[preference preferenceName] [noconsole] [plain] [nowait]
[where<联接条件 1>[and <联接条件 2>…]and | or <筛选条件>…]]
[group by<组表达式>] [,<组表达式>…]] [ having <条件表达式>]
[order by <关键字表达式>[asc | desc][,<关键字表达式>[ asc | desc]…]]
[top<表达式> [percent]]
[union [all] <select 命令> ]
```

select 语句可以使用的短语较多，对于初学者来讲，可以通过学习一些最主要的短语来掌握 select 语句的主要用法。

5.1.1　简单查询

基于单个表的查询是功能简单的查询，这样的查询可以是由 select 和 from 短语构成的无条件查询，也可以是在此基础上添加 where 短语构成的条件查询。

例 5.1　检索 student 表中的所有记录。

```
select * from student
```

该语句可查询出 student 表中全部记录的所有字段的值。其中，"*"表示查询所有字段，from student 短语指出从 student 表中查询。

显示结果如图 5-1 所示。

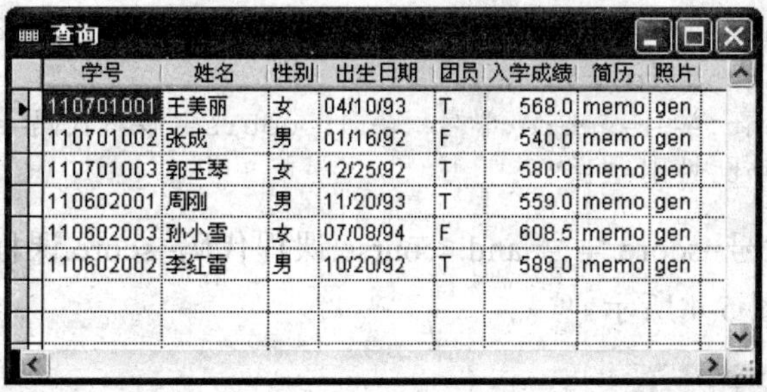

学号	姓名	性别	出生日期	团员	入学成绩	简历	照片
110701001	王美丽	女	04/10/93	T	568.0	memo	gen
110701002	张成	男	01/16/92	F	540.0	memo	gen
110701003	郭玉琴	女	12/25/92	T	580.0	memo	gen
110602001	周刚	男	11/20/93	T	559.0	memo	gen
110602003	孙小雪	女	07/08/94	F	608.5	memo	gen
110602002	李红雷	男	10/20/92	T	589.0	memo	gen

图 5-1　例 5.1 的显示结果

例 5.2　检索 student 表中所有学生的学号、姓名和入学成绩。

```
select 学号,姓名,入学成绩 from student
```

该语句可从 student 表中查询出全部记录的学号、姓名和入学成绩 3 个字段的值。

显示结果如图 5-2 所示。

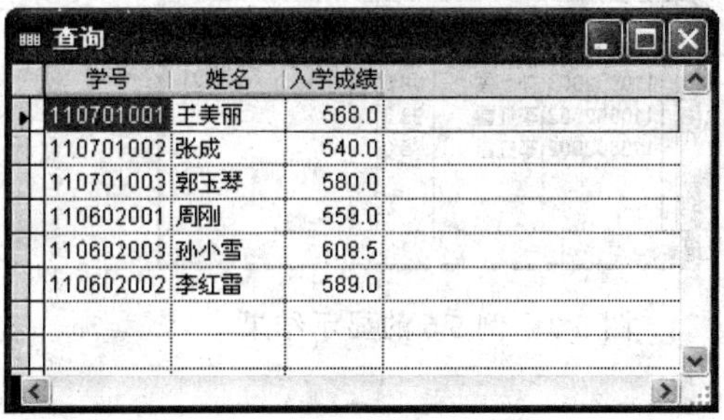

学号	姓名	入学成绩
110701001	王美丽	568.0
110701002	张成	540.0
110701003	郭玉琴	580.0
110602001	周刚	559.0
110602003	孙小雪	608.5
110602002	李红雷	589.0

图 5-2　例 5.2 的显示结果

例 5.3　从 student 表中检索所有学生的入学成绩。

```
select 入学成绩 from student
```

如果在查询的结果中存在重复的值，可以加上 distinct 短语去掉查询结果中重复的记录。命令如下：

```
select distinct 入学成绩 from student
```

例 5.4　检索 student 表中所有男生的学号、姓名和入学成绩。

```
select 学号,姓名,入学成绩 from student where 性别= "男"
```

这里使用了 where 短语指定了查询条件。

例 5.5　检索 student 表中入学成绩大于 550 分的所有男生的学号、姓名和入学成绩。

```
select 学号,姓名,入学成绩 from student where 性别= "男".and.入学成绩>550
```

5.1.2　简单的联接查询

联接是关系的基本操作之一，联接查询是基于多关系的查询。当需要从多个表中查询数据时，可以使用联接查询。

例 5.6　从 student 表和 score 表中检索所有学生的学号、姓名和 score 表中的成绩。

```
select student.学号,student.姓名,score.成绩 from student, score;
where student.学号=score.学号
```

其中，“student.学号=score.学号”实现了 student 表和 score 表的联接。显示结果如图 5-3 所示。

例 5.7　从 student 表、score 表和 course 表中，检索女生的学号、姓名、课程名称及成绩。

```
select student.学号,student.姓名, course.课程名称,score.成绩;
from student,score,course;
where student.学号=score.学号 .and. course.课程代码=score.课程代码;
.and. student.性别="女"
```

其中，“student.学号=score.学号.and. course.课程代码=score.课程代码”实现了 3 个表的联接。显示结果如图 5-4 所示。

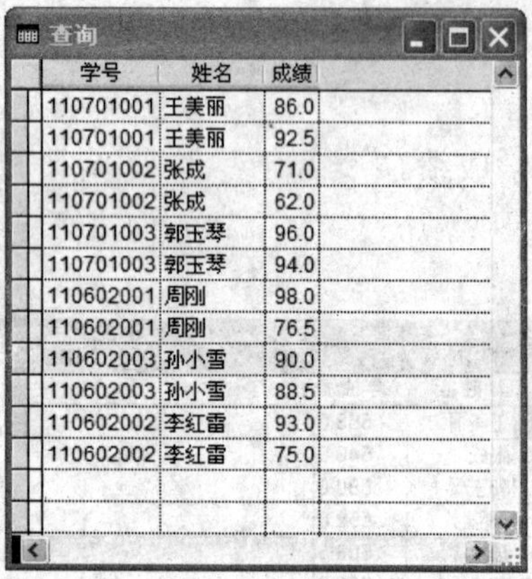

学号	姓名	成绩
110701001	王美丽	86.0
110701001	王美丽	92.5
110701002	张成	71.0
110701002	张成	62.0
110701003	郭玉琴	96.0
110701003	郭玉琴	94.0
110602001	周刚	98.0
110602001	周刚	76.5
110602003	孙小雪	90.0
110602003	孙小雪	88.5
110602002	李红雷	93.0
110602002	李红雷	75.0

图 5-3　例 5.6 的显示结果

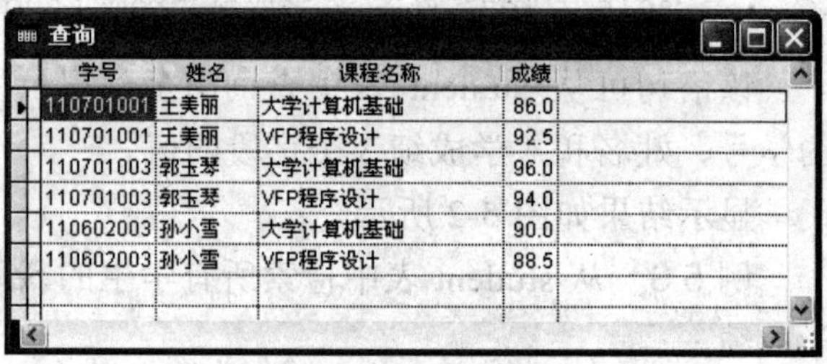

学号	姓名	课程名称	成绩
110701001	王美丽	大学计算机基础	86.0
110701001	王美丽	VFP程序设计	92.5
110701003	郭玉琴	大学计算机基础	96.0
110701003	郭玉琴	VFP程序设计	94.0
110602003	孙小雪	大学计算机基础	90.0
110602003	孙小雪	VFP程序设计	88.5

图 5-4　例 5.7 的显示结果

5.1.3　嵌套查询

当一个查询的 where 条件短语中需要用到另一个查询的结果时，就需要使用嵌套查询。

例 5.8　从 student 表和 score 表中查询出至少有一门课程考试成绩大于等于 95 的学生的学号、姓名。

```
select 学号,姓名 from student where 学号 in (select 学号 from score where
成绩>=95)
```

该语句中的 in 相当于集合运算符∈。显示结果如图 5-5 所示。

例 5.9　从 student 表和 score 表中查询出所有课程考试成绩均不小于 90 的学生的学号、姓名。

```
select 学号,姓名 from student where 学号 not in;
(select 学号 from score where 成绩<=90)
```

显示结果如图 5-6 所示。

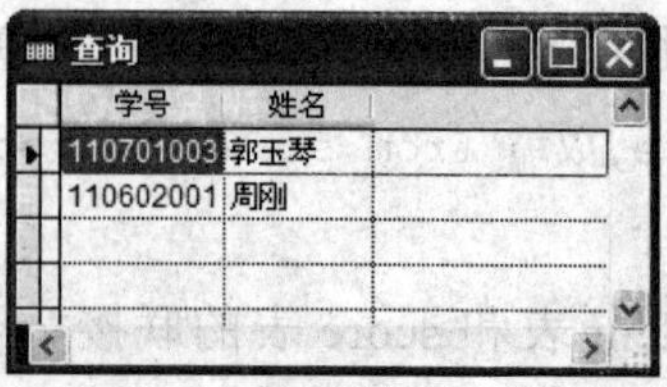

学号	姓名
110701003	郭玉琴
110602001	周刚

图 5-5　例 5.8 的显示结果

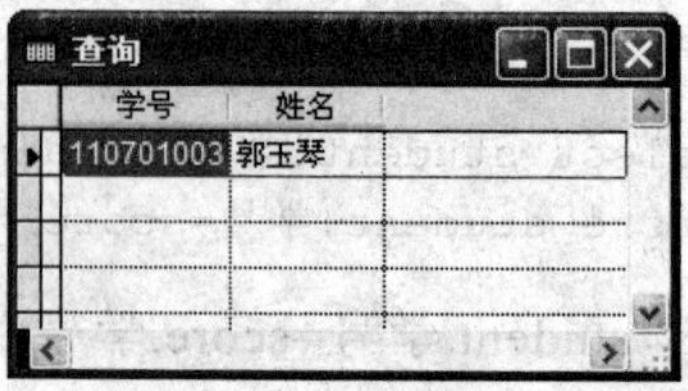

学号	姓名
110701003	郭玉琴

图 5-6　例 5.9 的显示结果

5.1.4　两个特殊的运算符

在 SQL 中，可以使用一些特殊的运算符实现相应功能的查询，主要有 between…and…和 like。

例 5.10　在 student 表中，检索入学成绩大于等于 550 且小于等于 580 的所有学生的记录。

```
select * from student where 入学成绩 between 550 .and. 580
```

between…and…表示在“…和…之间”，并且包括两个边界值。该语句的执行结果如图 5-7 所示。

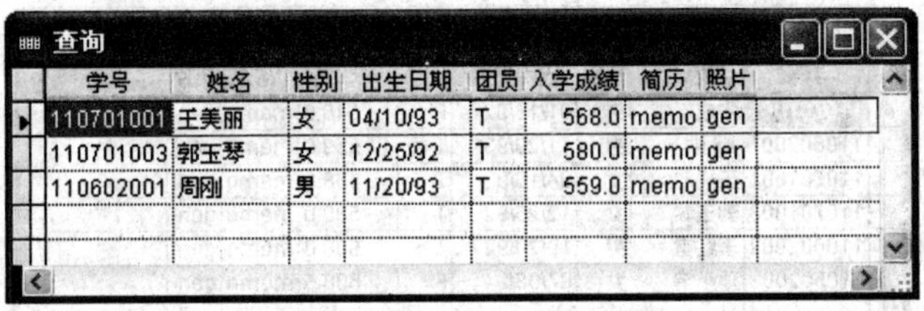

学号	姓名	性别	出生日期	团员	入学成绩	简历	照片
110701001	王美丽	女	04/10/93	T	568.0	memo	gen
110701003	郭玉琴	女	12/25/92	T	580.0	memo	gen
110602001	周刚	男	11/20/93	T	559.0	memo	gen

图 5-7　例 5.10 的显示结果

事实上，如果不使用 between…and…，例 5.10 也可以使用下面的等价语句：

```
select * from student where 入学成绩>=550 .and. 入学成绩<=580
```

例 5.11　在 student 表中，检索所有入学成绩小于 550 分或大于 580 分的所有学生的记录。

```
Select * from student where 入学成绩 not between 550 .and. 580
```

例 5.12　检索 student 表中所有“张”姓学生的记录。

```
select * from student where 姓名 like "张%"
```

显示结果如图 5-8 所示。该语句中使用的 like 为字符串匹配运算符，可结合通配符“_”或“%”使用，“%”用来表示 0 个或多个字符，“_”用来表示任意一个字符。

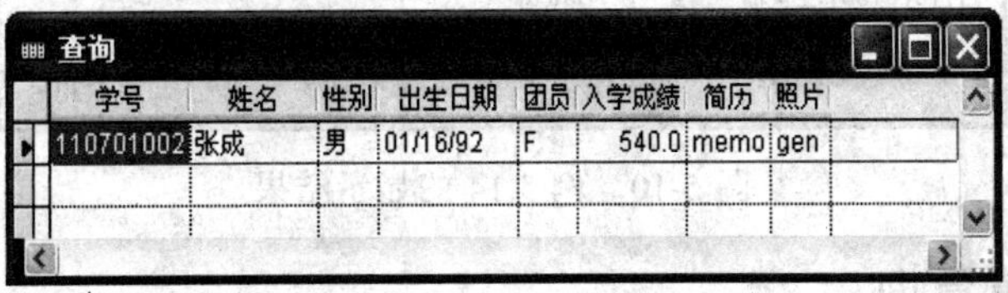

学号	姓名	性别	出生日期	团员	入学成绩	简历	照片
110701002	张成	男	01/16/92	F	540.0	memo	gen

图 5-8　例 5.11 的显示结果

5.1.5　查询结果的排序

如果需要对查询到的结果进行排序，可以使用 order by 短语。

格式：order by <关键字表达式>[asc | desc][,<关键字表达式>[asc | desc]…] [top <表达式>[percent]]

说明：

（1）可以按升序(asc)或降序(desc)排序，默认是升序，允许按一列或多列排序。

（2）使用 top 子句可以指定选取记录的条数，top 子句必须和 order by 子句同时使用。

（3）当不使用[percent]选项时，表示从符合条件的记录中按 order by 指定的顺序选取<数值表达式>条记录，取值范围为 1～32767；当使用[percent]选项时，<数值表达式>表示从符合条件的记录中按百分比选取记录，取值范围为 0.01～99.99。

例 5.13　在 student 表中，按学生的入学成绩的升序检索出所有学生记录。

```
select * from student order by 入学成绩
```

显示结果如图 5-9 所示。

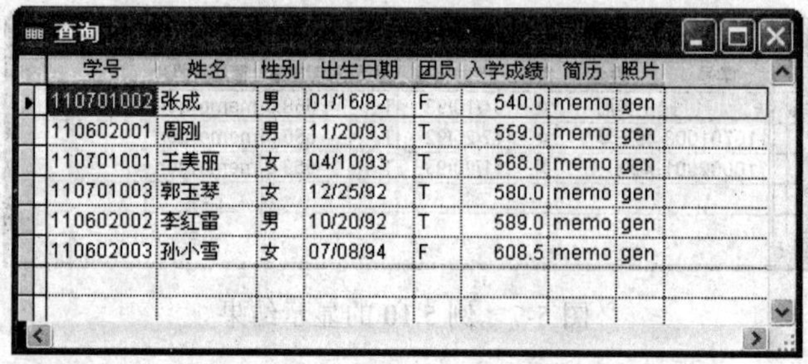

查询

学号	姓名	性别	出生日期	团员	入学成绩	简历	照片
110701002	张成	男	01/16/92	F	540.0	memo	gen
110602001	周刚	男	11/20/93	T	559.0	memo	gen
110701001	王美丽	女	04/10/93	T	568.0	memo	gen
110701003	郭玉琴	女	12/25/92	T	580.0	memo	gen
110602002	李红雷	男	10/20/92	T	589.0	memo	gen
110602003	孙小雪	女	07/08/94	F	608.5	memo	gen

图 5-9　例 5.13 的显示结果

例 5.14　在 student 表中，先按性别升序，再按学生的入学成绩降序检索出所有学生的学号、姓名、性别和入学成绩。

```
select 学号,姓名,性别,入学成绩 from student order by 性别,入学成绩 desc
```

显示结果如图 5-10 所示。

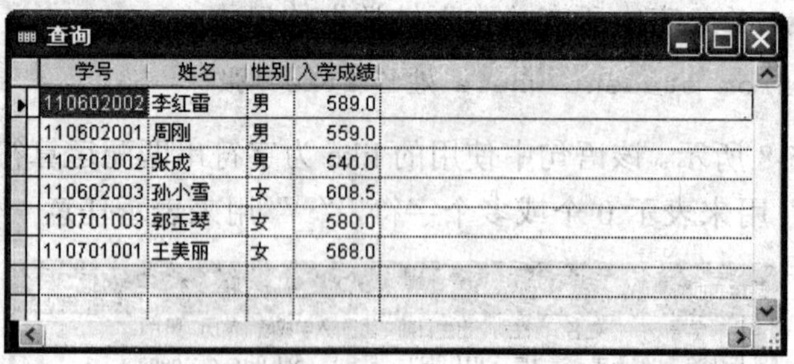

查询

学号	姓名	性别	入学成绩
110602002	李红雷	男	589.0
110602001	周刚	男	559.0
110701002	张成	男	540.0
110602003	孙小雪	女	608.5
110701003	郭玉琴	女	580.0
110701001	王美丽	女	568.0

图 5-10　例 5.14 的显示结果

5.1.6　简单的计算查询

SQL 不仅可以查询表中的数据，而且还可以对查询的数据进行计算。常用于计算的函数有 count(计数)、sum(求和)、avg(计算平均值)、max(求最大值)、min(求最小值)。

例 5.15　从 student 表中查询出男生的人数。

```
select count(*) as 男生人数 from student where 性别= "男"
```

例 5.16　从 student 表中查询出所有学生入学成绩的平均分。

```
select avg(入学成绩) as pjf  from student
```

例 5.17 从 student 表中查询出入学成绩的最高分。

```
select max(入学成绩) as 最高分 from student
```

5.1.7　分组与计算查询

利用 group by 短语可以实现分组计算查询。

格式：group by <列名 1> [,<列名 2>…] [having <条件表达式>]

可以按一列或多列进行分组，还可以利用 having 短语进一步限定分组的条件。

例 5.18 在 student 表中，分组求男女生入学成绩的平均分。

```
select 性别,avg(入学成绩) from student group by 性别
```

显示结果如图 5-11 所示。

例 5.19 从 score 表中求出至少有 3 名学生参加考试的课程的平均分。

```
select 课程代码,avg(成绩) from score group by 课程代码 having count(*)>=3
```

显示结果如图 5-12 所示。

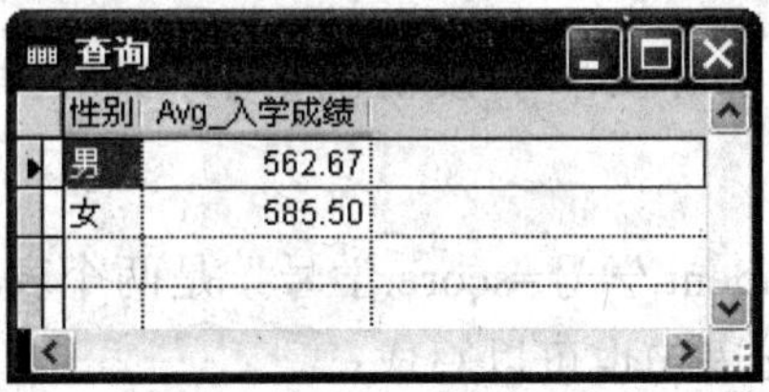

性别	Avg_入学成绩
男	562.67
女	585.50

课程代码	Avg_成绩
091101	89.00
091102	81.42

图 5-11　例 5.18 的显示结果 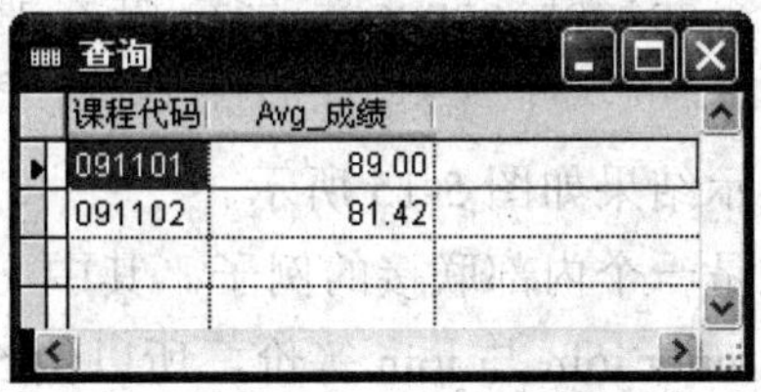　　　　　　图 5-12　例 5.19 的显示结果

5.1.8　超联接查询

超联接查询是基于多个表的查询。超联接分内部联接和外部联接两种，而外部联接又可分为左联接、右联接和全联接。

格式：select … from <表名> inner | left | right | full join [<数据库名!>]<表名> [on <联接条件>]

说明：

（1）inner join 等价于 join，为内部联接。只有符合联接条件的记录才会出现在查询结果中。

（2）left join 为左联接。在查询结果中包含了 join 左侧表中的所有记录，以及 join 右侧表中符合联接条件的记录。

（3）right join 为右联接。在查询结果中包含了 join 右侧表中的所有记录，以及 join 左侧表中符合联接条件的记录。

（4）full join 为完全联接。在查询结果中包含了 join 两侧表中所有符合联接条件和不符合联接条件的记录。

为了理解并掌握超联接的使用，在此，我们在 student 表和 score 表中分别追加两条记录，如图 5-13 和图 5-14 所示。然后仔细分析下面的例子。

Student

学号	姓名	性别	出生日期	团员	入学成绩	简历	照片
110701001	王美丽	女	04/10/93	T	568.0	memo	gen
110701002	张成	男	01/16/92	F	540.0	memo	gen
110701003	郭玉琴	女	12/25/92	T	580.0	memo	gen
110602001	周刚	男	11/20/93	T	559.0	memo	gen
110602003	孙小雪	女	07/08/94	F	608.5	memo	gen
110602002	李红雷	男	10/20/92	T	589.0	memo	gen
110801001	周润忠	男	08/08/94	T	610.0	memo	gen
110801002	冯海林	男	05/12/94	T	588.0	memo	gen

图 5-13　追加记录后的 student 表

Score

学号	课程代码	成绩
110701001	091101	86.0
110701001	091102	92.5
110701002	091101	71.0
110701002	091102	62.0
110701003	091101	96.0
110701003	091102	94.0
110602001	091101	98.0
110602001	091102	76.5
110602003	091101	90.0
110602003	091102	88.5
110602002	091101	93.0
110602002	091102	75.0
100000001	091101	60.0
100000002	091101	55.0

图 5-14　追加记录后的 score 表

例 5.20　在 student.dbf 和 score.dbf 两个表中，查询参加考试的学生的学号、姓名、课程代码及成绩。

```
select student.学号,姓名,课程代码,成绩;
from student inner join score on student.学号=score.学号
```

显示结果如图 5-15 所示。

这是一个内部联接的例子。其中 on 后的“student.学号=score.学号”是两个表联接的条件。inner join 与 join 等价，所以例 5.20 的 select 语句也可以写成：

```
select student.学号,姓名,课程代码,成绩;
from student join score on student.学号=score.学号
```

内部联接与前面学习过的简单联接查询相同，只有满足联接条件的记录才会出现在查询结果中。因此，语句“select student.学号,姓名,课程代码,成绩 from student inner join score on student.学号=score.学号”与语句“select student.学号,姓名,课程代码,成绩 from student, score where student.学号=score.学号”的查询结果是相同的。

例 5.21　将 student 表与 score 表进行左联接。

```
select student.学号,姓名,课程代码,成绩;
from student left join score on student.学号=score.学号
```

显示结果如图 5-16 所示。

从图 5-16 可以看出，查询结果中包含了 join 左侧 student 表的全部记录(不符合联接条件的记录的对应部分为 NULL)和 join 右侧 score 表中满足联接条件的记录。

例 5.22　将 student 表与 score 表进行右联接。

```
select student.学号,姓名,课程代码,成绩;
from student right join score on student.学号=score.学号
```

显示结果如图 5-17 所示。

从图 5-17 中可以看出，右联接时，查询结果包含 join 右侧 score 表中的所有记录(不符合联接条件的记录的对应部分为 NULL)和 join 左侧 student 表中满足联接条件的记录。

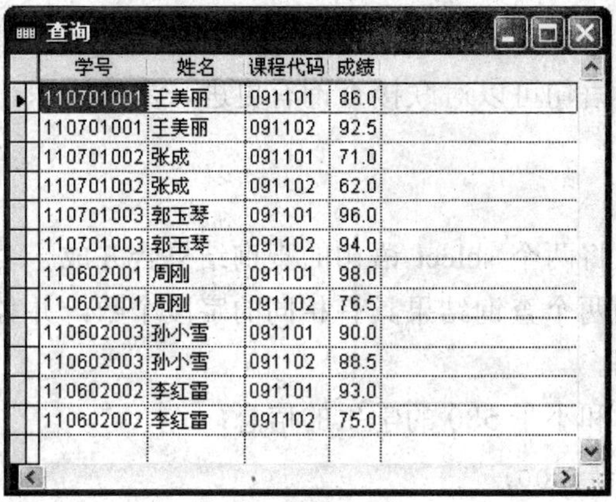

学号	姓名	课程代码	成绩
110701001	王美丽	091101	86.0
110701001	王美丽	091102	92.5
110701002	张成	091101	71.0
110701002	张成	091102	62.0
110701003	郭玉琴	091101	96.0
110701003	郭玉琴	091102	94.0
110602001	周刚	091101	98.0
110602001	周刚	091102	76.5
110602003	孙小雪	091101	90.0
110602003	孙小雪	091102	88.5
110602002	李红雷	091101	93.0
110602002	李红雷	091102	75.0

图 5-15　例 5.20 的显示结果

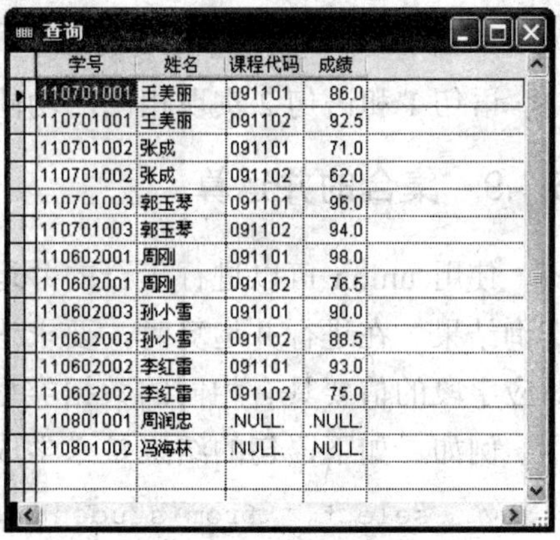

学号	姓名	课程代码	成绩
110701001	王美丽	091101	86.0
110701001	王美丽	091102	92.5
110701002	张成	091101	71.0
110701002	张成	091102	62.0
110701003	郭玉琴	091101	96.0
110701003	郭玉琴	091102	94.0
110602001	周刚	091101	98.0
110602001	周刚	091102	76.5
110602003	孙小雪	091101	90.0
110602003	孙小雪	091102	88.5
110602002	李红雷	091101	93.0
110602002	李红雷	091102	75.0
110801001	周润忠	.NULL.	.NULL.
110801002	冯海林	.NULL.	.NULL.

图 5-16　例 5.21 的显示结果

例 5.23　将 student 表与 score 进行完全联接。

```
select student.学号,姓名,课程代码,成绩;
from student full join score on student.学号=score.学号
```

显示结果如图 5-18 所示。

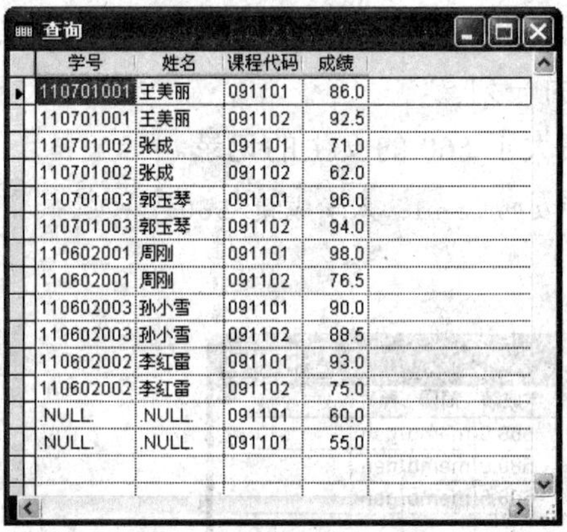

学号	姓名	课程代码	成绩
110701001	王美丽	091101	86.0
110701001	王美丽	091102	92.5
110701002	张成	091101	71.0
110701002	张成	091102	62.0
110701003	郭玉琴	091101	96.0
110701003	郭玉琴	091102	94.0
110602001	周刚	091101	98.0
110602001	周刚	091102	76.5
110602003	孙小雪	091101	90.0
110602003	孙小雪	091102	88.5
110602002	李红雷	091101	93.0
110602002	李红雷	091102	75.0
.NULL.	.NULL.	091101	60.0
.NULL.	.NULL.	091101	55.0

图 5-17　例 5.22 的显示结果

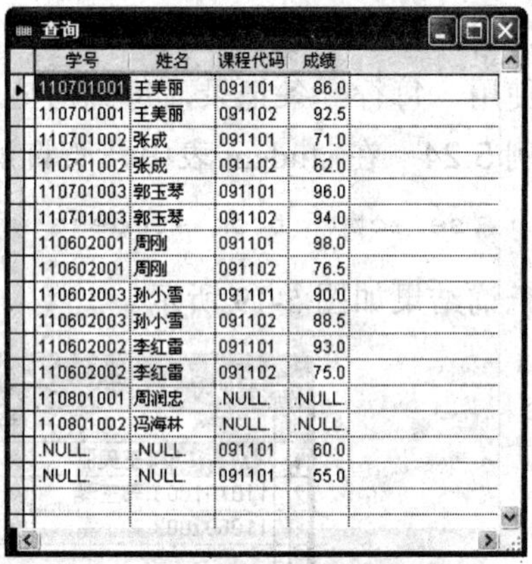

学号	姓名	课程代码	成绩
110701001	王美丽	091101	86.0
110701001	王美丽	091102	92.5
110701002	张成	091101	71.0
110701002	张成	091102	62.0
110701003	郭玉琴	091101	96.0
110701003	郭玉琴	091102	94.0
110602001	周刚	091101	98.0
110602001	周刚	091102	76.5
110602003	孙小雪	091101	90.0
110602003	孙小雪	091102	88.5
110602002	李红雷	091101	93.0
110602002	李红雷	091102	75.0
110801001	周润忠	.NULL.	.NULL.
110801002	冯海林	.NULL.	.NULL.
.NULL.	.NULL.	091101	60.0
.NULL.	.NULL.	091101	55.0

图 5-18　例 5.23 的显示结果

从图 5-18 可以看出，查询结果中包含了 student 表和 score 表中所有符合联接条件和不符合联接条件的记录，不符合联接条件的记录的对应部分均为 NULL。

下面两条语句是一个基于 3 个表的联接查询，实现从 student、score 和 course 这 3 个表中检索学生的姓名、课程名称及成绩。

语句 1：

```
select student.姓名,course.课程名称,score.成绩;
from student join score join course;
on score.课程代码=course.课程代码;
on student.学号=score.学号
```

语句 2：

```
select student.姓名,course.课程名称,score.成绩;
from student join score on student.学号=score.学号 join course;
```

```
on score.课程代码=course.课程代码
```

语句 1 和语句 2 实现相同的功能，从这两个语句可以对联接查询有更进一步的认识。

5.1.9 集合的并运算

使用 union 可以进行集合的并运算，即可以将两个 select 语句的查询结果合并成一个查询结果。在进行并运算时，要求进行并运算的两个查询结果具有相同的字段个数，并且对应字段的值要具有相同的数据类型和取值范围。

例如，如下语句的结果是入学成绩大于 600 和小于 580 的学生的信息：

```
select * from student where 入学成绩>600;
union;
select * from student where 入学成绩<580
```

5.1.10 查询的输出去向

1. 将查询结果存放到数组

格式：into array <数组名>

说明：<数组名>可以使用任意的数组变量名。一般将存放查询结果的数组作为二维数组来使用，每行一条记录，每列对应于查询结果的一列。

例 5.24　在 student 表中，查询所有入学成绩大于 560 的女生的记录。

```
select * from student where 性别= "女" .and. 入学成绩>560
```

查询结果如图 5-19 所示。

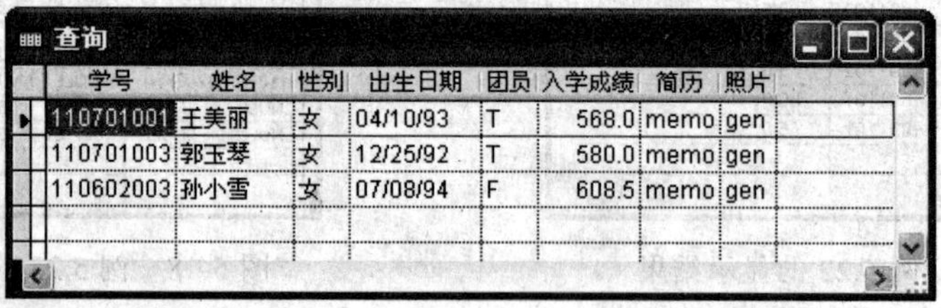

学号	姓名	性别	出生日期	团员	入学成绩	简历	照片
110701001	王美丽	女	04/10/93	T	568.0	memo	gen
110701003	郭玉琴	女	12/25/92	T	580.0	memo	gen
110602003	孙小雪	女	07/08/94	F	608.5	memo	gen

图 5-19　例 5.24 的显示结果

如果要求查询所有入学成绩大于 560 的女生的记录，并将结果存放在数组 A 中，就要使用语句：

```
select * from student where 性别= "女" .and. 入学成绩>560 into array A
```

执行下列两条命令：

```
?A(1,1),A(1,2),A(1,3),A(1,4),A(1,5),A(1,6)
?A(2,1),A(2,2),A(2,3),A(2,4),A(2,5),A(2,6)
```

主窗口显示结果如下：

```
110701001 王美丽    女 04/10/93 .T.          568.0
110701003 郭玉琴    女 12/25/92 .T.          580.0
```

将数组 A 的值与图 5-19 相比较，可以发现，A(1,1) 中存放的是第 1 条记录的“学号”字段的值，A(1,2) 存放的是第 1 条记录的“姓名”字段的值，A(2,1) 存放的是第 2 条记录的“学号”字段的值，A(2,2) 存放的是第 2 条记录的“姓名”字段的值。

2. 将查询结果存放在临时表文件中

格式：into cursor <临时表>

说明：<临时表>是临时表文件名。into cursor 生成的临时表文件是一个只读的.dbf 表文件，当查询结束后，该表文件是当前表，可以与一般的.dbf 文件一样使用，但仅限于只读。当文件关闭时，该文件自动删除。

例 5.25　在 student 表中，将查询到的所有入学成绩大于 600 的记录存放到临时表 student_B 中。

```
select * from student where 入学成绩>600 into cursor student_B
```

浏览临时表 student_B 中的记录，显示结果如图 5-20 所示。

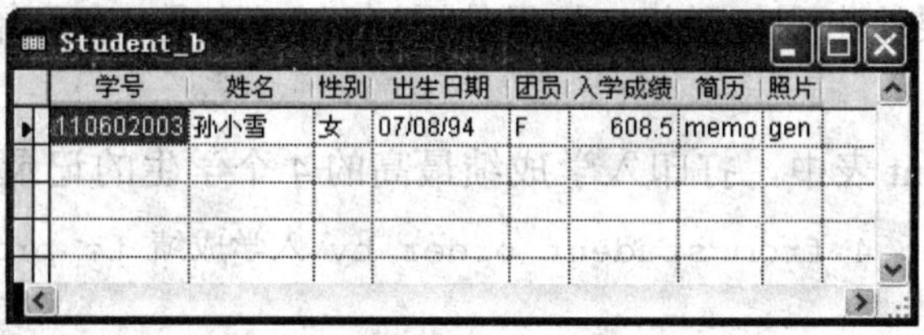
Student_b

学号	姓名	性别	出生日期	团员	入学成绩	简历	照片
110602003	孙小雪	女	07/08/94	F	608.5	memo	gen

图 5-20　例 5.25 中 student_B 表中的记录

3. 将查询结果存放到永久表中

格式：into dbf | table <表名>

说明：将查询结果存放在一个永久表文件中。当查询结束后，该表文件是当前表，可以与一般的.dbf 文件一样使用。

例 5.26　在 student 表中，将查询到的所有男生记录存放到永久表 student_C 中。

```
select * from student where 性别= "男" into table student_C
```

浏览在磁盘上创建的表 student_C 表记录，显示结果如图 5-21 所示。

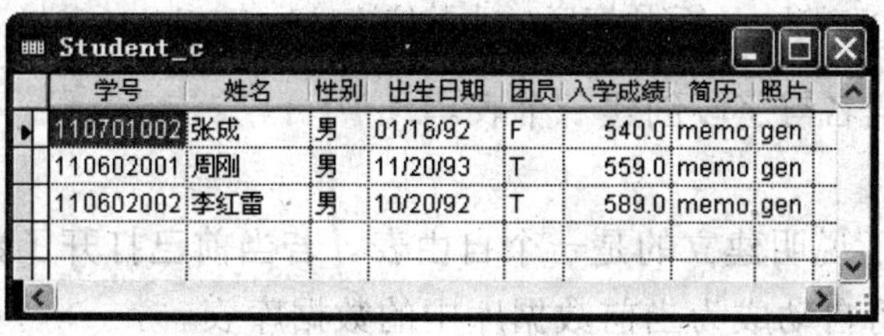
Student_c

学号	姓名	性别	出生日期	团员	入学成绩	简历	照片
110701002	张成	男	01/16/92	F	540.0	memo	gen
110602001	周刚	男	11/20/93	T	559.0	memo	gen
110602002	李红雷	男	10/20/92	T	589.0	memo	gen

图 5-21　例 5.26 中 student_C 表中的记录

4. 将查询结果存放到文本文件中

格式：to file <文本文件名> [additive]

说明：<文本文件名>默认的扩展名是.txt；如果使用 additive 选项，结果将追加在原文件的尾部，否则将覆盖原文件。

例 5.27　在 student 表中，将查询到的所有女生记录存放在文本文件 D.txt 中。

```
select * from student where 性别= "女" to file D
```

打开在磁盘上生成的文本文件 D.txt，其内容如图 5-22 所示。

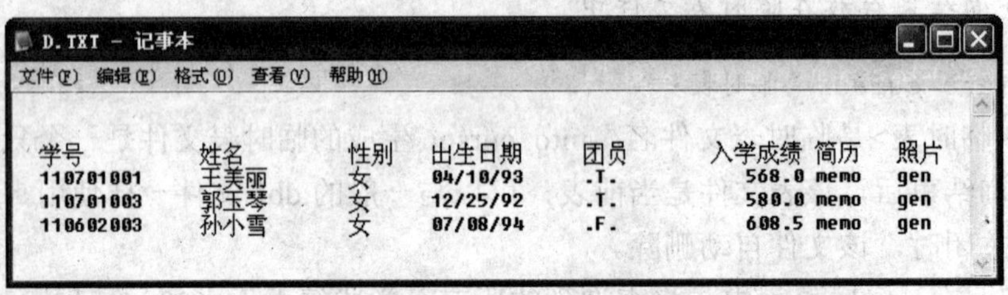

图 5-22　例 5.27 中文本文件 D.txt 中的内容

5. 将查询结果输出到打印机

格式：`to printer [prompt]`

说明：将查询结果输出到打印机，如果使用 prompt 选项，在开始打印之前会打开打印机设置对话框。

例 5.28　在 student 表中，打印入学成绩最高的 4 个学生的记录。

```
select * top 4 from student order by 入学成绩 to printer
```

5.2　定　义　功　能

SQL 的数据定义功能主要包括表的创建、表结构的修改与表的删除。

5.2.1　表的创建

在第 3 章学习了通过表设计器建立表的方法，在 Visual FoxPro 中也可以通过 SQL 的 create table 命令建立表。

格式：`create table <表名> [free]`

　　　`(<字段名 1> <类型>[(字段宽度[,小数位数])] [null | not null]`
　　　`[,<字段名 2><类型>[(字段宽度[,小数位数])] [null | not null] …)`

功能：按指定的表名与字段创建一个表。

说明：

（1）[free]短语用于说明建立的是一个自由表。若当前已打开了数据库，且不使用 free 短语，则所创建的表将自动成为当前数据库中的数据库表。

（2）<字段名 1> <类型>[(字段宽度[,小数位数])]指定表的字段名、字段类型、字段宽度及小数位数。字段类型可用一个字符来表示，具体请参考第 2 章。

（3）null | not null 设置相应字段是否允许为空值。缺省情况下为 not null。

例 5.29　在学生数据库中建立一个学生表，表文件名为 xs.dbf。

```
open database 学生.dbc
```

```
create table xs(学号 c(9),姓名 c(8),性别 c(2),出生日期 d(8))
```

执行完以上命令后，使用 modify database 命令打开数据库设计器，在学生数据库中可以看到 xs.dbf 表。

5.2.2 表结构的修改

修改表结构的 SQL 命令是 alter table，该命令有 3 种格式。

1. 第 1 种格式

alter table 的这种格式可以为指定的表添加字段或修改已有的字段。

格式：`alter table <表名> add | alter`
`<字段名1> <字段类型> [(<长度> [,<小数位数>])] [null | not null]`

说明：

(1) <表名>指明被修改的表的表名。

(2) add 指出新增加列的字段名及数据类型等信息。

(3) alter 指出要修改列的字段名以及数据类型等信息。

例 5.30 为 xs 表增加一个整数类型的年龄字段。

```
alter table xs add 年龄 I(2)
```

例 5.31 将 xs 表的姓名字段的宽度由原来的 8 改为 10。

```
alter table xs alter 姓名 c(10)
```

2. 第 2 种格式

alter table 的这种格式用于删除表中指定的字段。

格式：`alter table <表名> drop <字段名>`

说明：

(1) <表名>指明被修改表的表名。

(2) drop <字段名>指明被删除的字段。

例 5.32 删除 xs 表中的出生日期字段。

```
alter table xs drop 出生日期
```

3. 第 3 种格式

alter table 的第 3 种格式可以修改指定表中指定字段的字段名。

格式：`alter table <表名> rename <字段名1> to <字段名2>`

说明：

(1) <表名>指明被修改表的表名。

(2) <字段名1>是要修改的字段，修改后的字段名为<字段名2>。

例 5.33 将 xs 表中"学号"字段名改为"学生编号"。

```
alter table xs rename 学号 to 学生编号
```

5.2.3　表的删除

格式：`drop table <表名>`

drop table 直接从磁盘上删除指定的表文件。如果指定的表文件是数据库表，并且相应的数据库是当前数据库，则从数据库中删除了表；否则，虽然从磁盘上删除了指定的表文件，但是在相应的数据库中的信息却没有被删除，此后会出现错误提示。所以，要删除数据库中的表时，最好将相应的数据库设置为当前数据库。

例 5.34　删除 xs.dbf 表及其数据。

```
drop table xs
```

5.3　操 作 功 能

SQL 的数据操作功能主要包括对表中记录的插入、更新和删除操作。

5.3.1　添加记录

在 SQL 中，可以使用 insert 语句添加记录。

格式：`insert into <表名> [字段名表] values （表达式 1,表达式 2,表达式 3,…）`

说明：

(1) insert into <表名>表示向<表名>指定的表中添加一条记录。

(2) 当指定的不是全部字段的值时，可以用[字段名表]指定字段。

(3) values （表达式 1,表达式 2,表达式 3,…）用于指定具体的字段值。

例 5.35　向 student 表中添加记录。

```
insert into student(学号,姓名,入学成绩) values ("445554","王立",630)
insert into student(学号,姓名,性别,出生日期,入学成绩);
values("555555","王立", "女", {^1985/01/15},630)
browse
```

显示结果如图 5-23 所示。

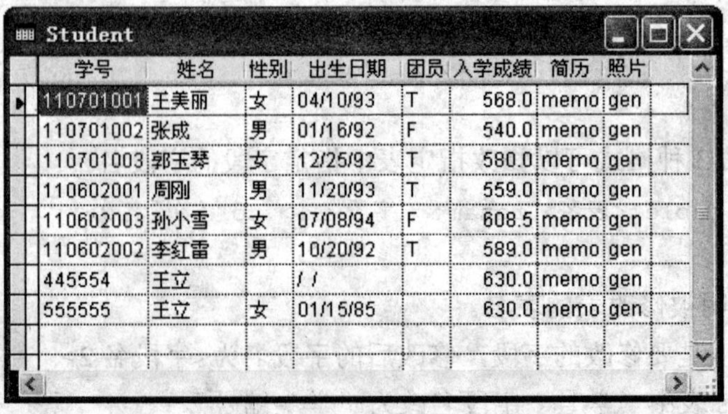

学号	姓名	性别	出生日期	团员	入学成绩	简历	照片
110701001	王美丽	女	04/10/93	T	568.0	memo	gen
110701002	张成	男	01/16/92	F	540.0	memo	gen
110701003	郭玉琴	女	12/25/92	T	580.0	memo	gen
110602001	周刚	男	11/20/93	T	559.0	memo	gen
110602003	孙小雪	女	07/08/94	F	608.5	memo	gen
110602002	李红雷	男	10/20/92	T	589.0	memo	gen
445554	王立		/ /		630.0	memo	gen
555555	王立	女	01/15/85		630.0	memo	gen

图 5-23　例 5.35 的显示结果

5.3.2　更新记录

在 SQL 中，对表中数据的修改通过 update 语句实现。

格式：update <表名> set 字段名 1=表达式[,字段名 2=表达式…] [where <条件>]

说明：

(1) where 短语可以指定要更新的记录的条件；如果不使用，则更新全部记录。

(2) set 字段名 1=表达式[,字段名 2=表达式…]用于对一个或多个字段进行更新。

例 5.36　对 score.dbf 表中所有课程代码是"091101"的记录中的成绩增加 2 分。

```
update score set 成绩=成绩+2 where 课程代码="091101"
```

5.2.3　删除记录

SQL 提供的删除表中记录的语句是 delete。

格式：delete from <表名> [where <条件>]

说明：如果不使用 where 短语，则删除该表中的所有记录；在 Visual FoxPro 中，SQL 中的 delete 命令同样是逻辑删除记录，如果要物理删除记录需要继续使用 pack 命令。

例 5.37　删除 student.dbf 表中所有男生的记录。

```
delete from student where 性别="男"
pack
```

习　　题

1. 选择题

(1) SQL 语言又称为(　　)。

    A. 结构化定义语言　　　　　　　　　　B. 结构化控制语言

    C. 结构化查询语言　　　　　　　　　　D. 结构化操纵语言

(2) SQL 语句中条件短语的关键字是(　　)。

    A. where　　　　　　　B. for　　　　　　　C. while　　　　　　　D. condition

(3) 检索 reader 表中 1992 年 7 月 1 日前出生的读者，正确的命令是(　　)。

    A. select 姓名 where 出生日期<{^1992/07/01}

    B. select 姓名 from reader set 出生日期<{^1992/07/01}

    C. select 姓名 from reader where 出生日期<{^1992/07/01}

    D. select 姓名 from reader for 出生日期<{^1992/07/01}

(4) 消除 SQL select 查询结果中的重复记录，可采取的方法是(　　)。

    A. 通过指定主关键字　　　　　　　　　B. 通过指定唯一索引

    C. 使用 distinct 短语　　　　　　　　　D. 使用 unique 短语

(5) 检索 reader 表中读者姓名中包含"龙"字的读者信息，正确的命令是(　　)。

    A. select * from reader for 读者姓名 like "%龙%"

　　B．select * from reader for 读者姓名="%龙%"

　　C．select * from reader where 读者姓名="%龙%"

　　D．select * from reader where 读者姓名 like "%龙%"

(6) 如果在 SQL 查询的 select 语句中使用了 top，则应该配合使用(　　)。

　　A．having 短语　　　　B．group by 短语　　　　C．where 短语　　　D．order by 短语

(7) 查询 reader 表的所有记录并存储于临时表文件 one 中的 SQL 语句是(　　)。

　　A．select * from reader into cursor one

　　B．select * from reader to cursor one

　　C．select * from reader into cursor dbf one

　　D．select * from reader to cursor dbf one

(8) 执行 SQL 语句 "select * from reader into dbf dz order by 读者编号" 之后，(　　)。

　　A．生成一个按读者编号升序排序的表文件 dz.dbf

　　B．生成一个按读者编号降序排序的表文件 dz.dbf

　　C．生成一个新的数据库文件 dz.dbc

　　D．系统提示出错信息

(9) SQL 语句中修改表结构的命令是(　　)。

　　A．modify table　　　　B．modify structure　　　　C．alter table　　　　D．alter structure

(10) 为 reader 表增加一个"身份证号码"字段，其类型为 C、宽度为 18，正确的 SQL 命令是(　　)。

　　A．alter table reader add field 身份证号码 c(18)

　　B．alter table reader alter field 身份证号码 c(18)

　　C．alter table reader add 身份证号码 c(18)

　　D．alter table reader alter 身份证号码 c(18)

(11) 删除 reader 表中 "身份证号码" 字段的 SQL 命令是(　　)。

　　A．alter table reader delete 身份证号码

　　B．alter table reader drop 身份证号码

　　C．delete table reader delete 身份证号码

　　D．delete table reader drop 身份证号码

(12) 向 reader 表插入一条新记录的正确 SQL 语句是(　　)。

　　A．append into reader(读者编号, 读者姓名) values("120300001","张鹏")

　　B．append reader(读者编号, 读者姓名) values("120300001","张鹏")

　　C．insert into reader(读者编号, 读者姓名) values("120300001","张鹏")

　　D．insert reader(读者编号, 读者姓名) values("120300001","张鹏")

(13) 使用 SQL 语句将 book 表中 "书号" 字段值为 "0007" 的记录删除，正确的命令是(　　)。

　　A．delete from book for 书号="0007"

　　B．delete from book where 书号="0007"

　　C．delete book for 书号="0007"

　　D．delete book where 书号="0007"

2. 填空题

（1）在 SQL select 语句中使用 group by 进行分组查询时，如果要求分组满足指定条件，则需要使用_____子句来限定分组。

（2）将 SQL select 语句查询结果存入永久表中，应使用_____短语。

（3）SQL 的 alter table 语句使用_____短语修改字段名称。

（4）SQL 不带条件的 delete 语句将删除指定表的_____记录。

3. 操作题

利用第 3 章操作题中的图书借阅管理数据库，用 SQL 完成以下查询：

（1）检索出读者"王薇薇"的基本情况。

（2）检索出借阅次数最多的两本图书的信息。

（3）检索出读者"王薇薇"借阅过的"人民文学出版社"出版的书籍。

第 6 章 程序设计基础

通过前面的学习，我们可以使用命令交互方式或菜单操作方式对表进行基本操作。这两种操作方式适合初学者使用，或者完成临时性的、简单的任务。对于复杂的、综合性较强的任务或需要重复执行的任务则需要编写程序来完成。程序工作方式可以极大地减少用户的重复劳动，已成为数据库管理工作中的主要应用方式。Visual FoxPro 同时支持面向过程和面向对象的程序设计方法，面向过程的程序设计是面向对象的程序设计的基础。本章主要介绍面向过程的程序设计方法。

6.1 程 序 文 件

程序是能够完成一定任务的命令或语句的有序集合。用来存放程序的文件称为程序文件，其扩展名为.prg。

6.1.1 程序文件的建立与编辑

1. 使用命令交互方式建立与编辑程序文件

格式：`modify command [程序文件名]`

功能：打开程序编辑窗口，用来建立新的程序文件或修改已有的程序文件。

说明：

(1) 命令中，[程序文件名]由用户指定，文件的扩展名可省略，省略时默认为.prg。[程序文件名]用来确定要建立的或要修改的程序文件的名称。如果该程序文件不存在，则建立新的程序文件；如果该程序文件已存在，则打开已有的程序文件，可进行编辑修改。若省略[程序文件名]，则系统自动取名为程序 1、程序 2、…。

(2) [程序文件名]前可指明要建立或要修改的程序文件的存放位置，如要在 E 盘根文件夹中建立一个名为 test.prg 的程序文件，可使用命令 modify command E:\test。建立程序文件时若未指定程序文件的存放位置，则程序文件存放在 Visual FoxPro 的默认文件夹下。

(3) 程序编辑结束后，直接按 Ctrl+W 组合键保存并关闭编辑窗口。

例 6.1 在 E 盘根文件夹中，建立一个程序文件 yuan.prg，编程计算半径为 10 的圆的面积和周长。

操作步骤如下：

(1) 在命令窗口中输入"modify command e:\yuan"，打开程序编辑窗口。

(2) 在程序编辑窗口中输入以下程序内容：

```
r=10                    &&用 r 存放圆的半径
mj=3.14*r*r             &&用 mj 存放圆的面积
```

```
    zc=2*3.14*r                    &&用 zc 存放圆的周长
    ?"半径为 10 的圆的面积为：",mj
    ?"半径为 10 的圆的周长为：",zc
```

（3）按 Ctrl+W 组合键保存并关闭编辑窗口。

这样，在 E 盘根文件夹下就建立了一个名为 yuan.prg 的程序文件。

例 6.2　修改例 6.1 中的 yuan.prg 程序文件，使其用来计算半径为 20 的圆的面积和周长。

操作步骤如下：

（1）在命令窗口中输入 "modify command　e:\yuan"，打开程序编辑窗口。

（2）在程序编辑窗口中修改程序内容如下：

```
    r=20
    mj=3.14*r*r
    zc=2*3.14*r
    ?"半径为 20 的圆的面积为：",mj
    ?"半径为 20 的圆的周长为：",zc
```

（3）按 Ctrl+W 组合键保存并关闭编辑窗口。

2．使用菜单操作方式建立程序文件

选择"文件"菜单中的"新建"命令或单击"常用"工具栏中的"新建"按钮，弹出"新建"对话框；在"新建"对话框的"文件类型"下拉列表中选择"程序"，单击"新建文件"按钮，打开一个名为"程序 1"的程序编辑窗口，供用户编辑程序内容；程序编辑结束后，按 Ctrl+W 组合键，弹出"另存为"对话框，在该对话框中选择程序文件的保存位置，输入程序文件的名称，最后单击"保存"按钮即可。

3．使用项目管理器建立和编辑程序文件

打开"项目管理器"窗口，在"代码"选项卡中选择"程序"，单击"新建"按钮，打开一个名为"程序 1"的程序编辑窗口，程序内容输入结束后，保存即可建立程序文件。

如果程序文件已经在某个项目文件中，则打开项目文件，在"项目管理器"窗口中，选择要修改的程序，单击"修改"按钮，即可弹出该程序的编辑窗口，可以修改该程序的内容。

4．使用菜单操作方式打开程序文件

选择"文件"菜单中的"打开"命令或单击"常用"工具栏中的"打开"按钮，弹出"打开"对话框；在"打开"对话框的"文件类型"下拉列表中选择"程序(*.prg;*.spr;*.mpr;*.qpr)"；再在"打开"对话框中选择要打开的程序文件，单击"确定"按钮，即可打开所选的程序文件。程序文件打开后，可以在弹出的程序编辑窗口中修改程序的内容。

6.1.2　程序的运行

1．使用命令方式运行程序

格式：do <程序文件名>

功能：运行指定的程序。

说明：

(1) <程序文件名>用来指定运行哪一个程序，程序文件的扩展名可省略，默认为.prg。如果运行的文件不在默认文件夹中，程序文件名前要带上文件的地址。

(2) 执行 do 命令时，Visual FoxPro 会自动对要运行的程序进行编译，并产生一个与程序文件主名相同的目标程序，然后运行该目标程序。例如，执行 do e:\yuan 时，将先对 yuan.prg 编译产生目标程序 yuan.fxp，然后运行目标程序 yuan.fxp。再如，要运行例 6.2 中编写的程序，在命令窗口中输入"do e:\yuan"，按 Enter 键即可。程序运行结果显示在主窗口中。

2. 运行程序的其他方法

选择"程序"菜单中的"运行"命令，弹出"运行"对话框，在该对话框中选择要运行的程序文件，单击"运行"按钮。

也可以使用工具栏中的"运行" ❗，按钮来运行程序。方法为首先打开程序文件，然后单击"常用"工具栏中的 ❗ 按钮即可。

在"项目管理器"窗口中，选择要运行的程序文件，单击"运行"按钮，也可以运行程序文件。

6.1.3　程序中的常见错误

1. 语法错误

Visual FoxPro 系统执行程序中的每一条命令时都会进行语法检查，只要执行到不符合语法规则的命令，就会提示用户程序出现错误，并显示出错信息。例如，执行如下命令：

```
?1+"a"
```

就会提示用户程序出现错误，并显示出错信息："操作符/操作数类型不匹配。"

常见的语法错误有：命令动词书写错误、命令格式书写错误、标点符号书写错误、使用了未定义的变量、数据类型不匹配等，这是初学者最容易犯的错误。

2. 逻辑错误

逻辑错误指程序设计的差错，如计算或处理方法有错。此类错误 Visual FoxPro 系统无法发现，只能通过运算结果对比检查改正。

例如，若用如下程序来求 2008 除以 7 的余数，则程序就出现了逻辑错误。

```
M=2008/7
?m
```

2008 除以 7 的余数应为 6，但是上面的程序输出的结果却为 286.86，检查程序可以发现输出的结果不是 2008 除以 7 的余数，而是 2008 除以 7 的值。

将上面的程序修改为如下程序：

```
m=2008%7
?m
```

逻辑错误即被改正。

3. 查错技术

查错技术可分为两类：一类是静态检查，如阅读程序，从而找出程序中的错误；另一类是动态检查，即通过执行程序来考察执行结果是否与设计要求相符。

Visual FoxPro 还提供了一个称为"调试器"的程序调试工具，用户可通过调试设置、执行程序和修改程序来完成对程序的调试。比较简单的程序，一般不需要使用"调试器"。

6.1.4　程序中的常用命令

1. 输入输出命令

一个程序一般都包含数据输入、数据处理和数据输出 3 部分。下面介绍几个输入输出命令。

1）字符串输入命令 accept

格式：accept [提示信息] to <内存变量>

功能：暂停程序的执行，等待用户输入一个字符串，并将输入的字符串赋值给指定的内存变量。

说明：[提示信息]是一个字符型表达式，可省略，若省略[提示信息]，则屏幕上不显示任何提示信息；<内存变量>由用户指定，用来存放输入的字符串；accept 命令只能用来输入字符串，输入的字符串可以不带定界符，字符串输入完成后，按 Enter 键结束输入。

例 6.3　编写程序，将输入的字符串转换成大写字母并输出。

```
accept "请输入一个字符串：" to s
  ? "输入的字符串为：", s
  ? "转换为大写字母：", upper(s)
```

2）表达式输入命令 input

格式：input [提示信息] to <内存变量>

功能：暂停程序的执行，等待用户输入数据，并将所输入数据的值赋给指定的内存变量。

说明：input 命令可以用来输入字符型、数值型、日期型、日期时间型、逻辑型、货币型等类型的数据。输入的数据可以是常量，也可以是表达式。输入各种类型的常量时，应注意输入数据的格式。例如，输入字符型常量时，必须用定界符括起来；输入日期型、日期时间型常量时，必须用大括号括起来。

例 6.4　编写程序，求圆的面积和周长，半径的值通过键盘输入。

```
input "请输入圆的半径：" to r
mj=3.14*r*r
zc=2*3.14*r
  ? "圆的面积为：", mj
  ? "圆的周长为：", zc
```

3）等待命令 wait

格式：wait [提示信息] [to <内存变量>] [window] [nowait] [timeout <数值表达式>]

功能：暂停程序的执行，显示提示信息，等待用户按任意键或单击后程序继续执行。

说明：[提示信息]是一个字符型表达式，可省略。若省略[提示信息]，则显示系统默认的提示信息: "按任意键继续……"; 若有[to <内存变量>]子句, 则将输入的字符作为字符型数据存入内存变量中, 否则不保存输入的字符。

若有[window]子句, 将在主窗口右上角出现一个系统信息窗口, 在其中显示提示信息; 若有[nowait]子句, 将不会暂停程序的执行, 仅仅显示提示信息。需要注意的是, [nowait]子句必须和[window]子句一起使用才起作用。[timeout <数值表达式>]子句用来指定等待键盘或鼠标输入的时间(秒数), 一旦超过指定的时间, 便不再等待, 继续执行后面的命令。

例 6.5 修改例 6.4 的程序内容, 显示圆的半径后暂停程序的执行, 等待用户确认后再按任意键继续显示圆的面积和周长。

```
input   "请输入圆的半径: "  to r
? "输入的圆的半径为: ", r
wait   "请确认是否输入正确, 若正确, 按任意键继续; 否则, 按 Esc 键结束程序! "
mj=3.14*r*r
zc=2*3.14*r
? "圆的面积为: ", mj
? "圆的周长为: ", zc
```

4) 表达式输出命令?|??

第 2 章已经讲过, 不再赘述。

5) 文本输出命令

格式 1: \ | \\ <文本行>

功能: 输出文本行。

说明: "\"表示从屏幕当前行的下一行的第一列开始输出, "\\"表示从当前行的当前列开始输出。

格式 2:

```
text
    <文本信息>
endtext
```

功能: 输出 text 与 endtext 之间的文本信息。

说明: 该命令不能在交互方式下使用, 只能在程序中使用, 且 text 与 endtext 必须成对出现。

例 6.6 编写程序求任意正数的算术平方根, 要求程序执行时先输出程序的功能。

```
\程序功能: 求任意正数的算术平方根
input   "请任意输入一个正数: " to p
? "输入的正数为: ", p
? "它的算术平方根为: ", sqrt(p)
```

6) 定位输出命令

格式: @ <行,列> say <表达式>

功能: 在屏幕的指定位置输出表达式的值。

说明: <行,列>指定结果的输出位置, 行与列均为数值表达式。

7）定位输入命令

格式：

```
@ <行,列> [say <表达式>] get <变量名> [default <表达式>]
read
```

功能：在屏幕的指定位置输出 say 子句中表达式的值，在输出的数据之后还可给 get 子句中的变量输入值。

说明：get 子句中的变量必须具有初值，可以在使用该命令之前给变量赋初值，也可以在该命令中用 default 子句中的表达式给变量赋初值；get 子句中的变量必须用 read 命令来激活，也就是说，在定位输入命令之后，必须使用 read 命令才能给 get 子句中的变量输入值或修改 get 子句中变量的值。

例 6.7　任意输入两个数，求第一个数除以第二个数的余数。

```
clear
@ 5,10  say  "请输入第一个整数： "  get num1 default 0
@ 6,10  say  "请输入第二个整数： "  get num2 default 0
read
? "余数为", mod(num1,num2)
```

2．注释命令

注释只对程序或命令起解释说明的作用，不参与程序的执行。也就是说，在程序中，注释可有可无，但适当添加注释可以帮助用户更快更好地理解程序，提高程序的可读性。

格式 1：note | * [注释内容]

功能：在程序中添加注释行。

说明：note 或*只能用在一行的行首，说明该行为注释行。

格式 2：&&[注释内容]

功能：在程序中对命令添加注释。

说明：&&用在命令之后，用来对命令中的内容做出解释。

3．终止程序运行命令

格式 1：cancel

功能：终止程序的执行，返回 Visual FoxPro 的系统窗口。

4．环境设置命令

1）设置默认目录

格式：set default to <目录名>

功能：将指定目录设置为 Visual FoxPro 的默认目录。

说明：建立文件时若未指定文件的存放位置，则文件存放在 Visual FoxPro 的默认目录下。

例如，要将 D 盘下的 userfile 文件夹设置为默认目录，则使用命令 set default to d:\userfile 即可。

2）打开/关闭会话功能

格式：`set talk on | off`

功能：决定是否允许 Visual FoxPro 系统显示会话结果，即交互式会话命令执行时的状态信息和结果。

说明：set talk 设置为 on 状态时，打开会话功能，允许 Visual FoxPro 系统显示会话结果；设置为 off 状态时，关闭会话功能，不允许 Visual FoxPro 系统显示会话结果。默认为 on 状态。某些表操作命令会返回会话结果，如 sum、average 等命令。

6.2　程序的基本控制结构

与其他高级语言程序相似，Visual FoxPro 也有 3 种基本控制结构，即顺序结构、选择结构和循环结构。

6.2.1　顺序结构

顺序结构的程序执行时始终按照命令排列的先后顺序，一条接一条地依次执行。顺序结构是程序中最基本的结构。上一节所有的程序举例都是顺序结构。

下面再介绍一个顺序结构的例子。

例 6.8　编程显示 student 表中所有入学成绩大于等于 580 分的学生记录。

```
clear
set talk off
use student
list for 入学成绩>=580
use
set talk on
```

在解决一个问题时，往往先给出算法。算法也可以用流程图来表示。流程图用一些图框来表示各种操作。用流程图来表示算法，直观形象，易于理解。常用的流程图符号如图 6-1 所示。

其中，判断框的作用是对一个给定的条件进行判断，然后根据给定的条件是否成立决定如何执行其后的操作。它有一个入口，两个出口，如图 6-2 所示。

图 6-1　常用流程图符号　　　　图 6-2　判断框示例

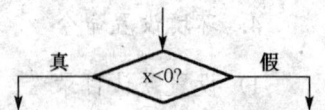

6.2.2　选择结构

选择结构可以根据指定条件的当前值在两条或多条程序路径中选择一条执行。Visual FoxPro 提供了 if 语句和 do case-endcase 语句。

1. 简单的 if 语句

格式：

```
if  <条件>
    <命令序列>
endif
```

其中，<条件>是一个逻辑表达式。

功能：根据<条件>是否成立决定是否执行<命令序列>。

说明：if 与 endif 分别代表 if 语句的开始和结束，它们必须成对出现，配对使用。

语句执行过程：先判断<条件>是否成立，若<条件>成立，即逻辑表达式的值为真，则执行<命令序列>，执行完命令序列后，执行 endif 后面的命令；若<条件>不成立，即逻辑表达式的值为假，则直接去执行 endif 后面的命令。

可以用图 6-3 来表示语句的执行过程。

例 6.9　编程实现通过键盘输入一个字符，如果输入的是字符 "y" 或 "Y"，则退出 Visual FoxPro。

```
clear
wait "是否退出？(Y/N)：" to a
if upper(a)= "Y"
   wait "退出 Visual FoxPro！" timeout 5
   quit
endif
```

2. 带 else 的 if 语句

格式：

```
if <条件>
    <命令序列 1>
else
    <命令序列 2>
endif
```

功能：根据<条件>是否成立，决定执行<命令序列 1>和<命令序列 2>中的哪一个命令序列。

语句执行过程：判断<条件>是否成立，若<条件>成立，则执行<命令序列 1>，执行完后继续执行 endif 后面的命令；若<条件>不成立，则执行<命令序列 2>，执行完后继续执行 endif 后面的命令。

可以用图 6-4 来表示语句的执行过程。

例 6.10　求圆的面积和周长。通过键盘输入半径的值，当半径大于等于 0 时，则输出圆的面积和周长；当半径小于 0 时，则输出提示信息 "输入值无效"。

```
set talk off
input  "请输入半径的值：" to r
if r>=0
     mj=3.14*r*r
     zc =2*3.14*r
     ? "圆的面积为：", mj
```

```
        ? "圆的周长为: ", zc
else
        ? "输入值无效! "
endif
set talk on
```

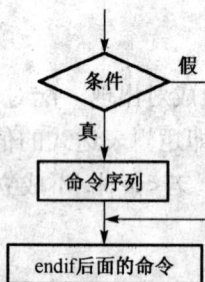

图 6-3　简单的 if 语句的执行过程　　　　图 6-4　带 else 的 if 语句的执行过程

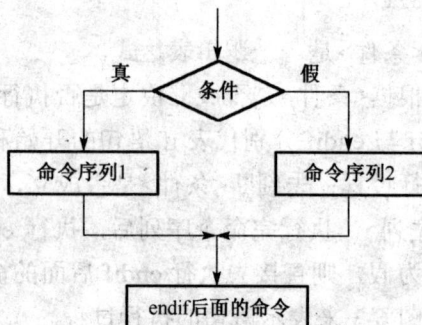

例 6.11　根据从键盘输入的学号在 student 表中进行查找，若找到则显示该学生的学号、姓名和入学成绩；找不到则显示"无此学号！"。

```
set talk off
use student
accept "请输入学号: " to xh
locate for 学号=xh
if  found()          &&这里的条件也可用.not.eof()
    ? "学号: "+学号
    ? "姓名: "+姓名
    ? "入学成绩: ", 入学成绩
else
    ? "无此学号! "
endif
use
set talk on
```

例 6.12　有一函数：

$$y = \begin{cases} x & (x < 0) \\ 2x-1 & (0 \leqslant x < 10) \\ 3x+11 & (x \geqslant 10) \end{cases}$$

编写程序，输入 x 的值，输出 y 的值。

```
input "请输入 x 的值: " to x
if x<0
    y=x
else
    if x<10
        y=2*x-1
    else
```

```
            y=3*x+11
        endif
    endif
    ?y
```

在例 6.12 程序中可以看到，在 if 语句中又包含了一个 if 语句。在 if 语句中，又包含一个或多个 if 语句称为 if 语句的嵌套。If 语句嵌套使用时应注意 if 与 endif 必须成对出现，配对使用。此外，else、endif 总是与其前面最近的尚未配对的 if 配对。

例 6.13　编程求一元二次方程的实数解，系数通过键盘输入。

```
set talk off
clear
input  "请输入系数 a 的值： " to a
input  "请输入系数 b 的值： " to b
input  "请输入系数 c 的值： " to c
d=b*b-4*a*c
if d<0
    ? "无实数解！ "
else
    if d>0
      x1=(-b+sqrt(d))/(2*a)
      x2=(-b-sqrt(d))/(2*a)
      ? "x1=", x1
      ? "x2=", x2
    else
      ? "x1=x2=", -b/(2*a)
    endif
endif
set talk on
```

3．do case-endcase 语句

格式：

```
do case
    case <条件 1>
        <命令序列 1>
    case <条件 2>
        <命令序列 2>
    ...
    case <条件 n>
        <命令序列 n>
    [otherwise
        <命令序列 n+1>]
endcase
```

功能：语句执行时，系统依次判断各个 case 后的条件是否成立，若某个 case 后的条件成立，则执行该 case 后的命令序列，执行完后直接执行 endcase 后面的命令；若所有的条件都不成立，但有 otherwise 子句，则执行<命令序列 n+1>，执行完后接着执行 endcase

后面的命令；若所有的条件都不成立，也没有 otherwise 子句，则直接执行 endcase 后面的命令。

也就是说，do case-endcase 语句执行时，将从多个命令序列中选择一个命令序列执行，也可能一个命令序列都不执行（当所有条件都不成立且没有 otherwise 子句时）。

可以用图 6-5 来表示语句的执行过程。do case 和 endcase 必须成对出现，配对使用。

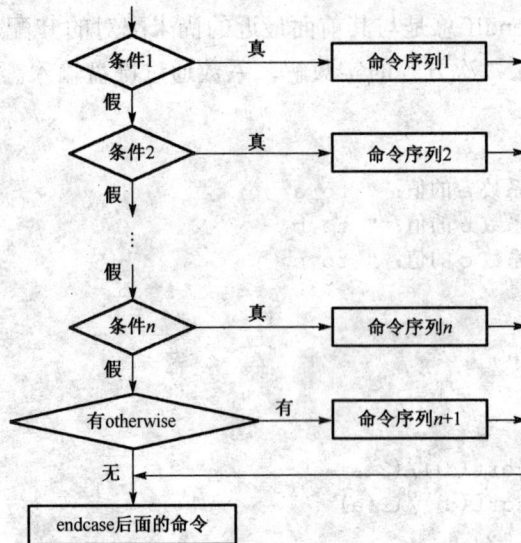

图 6-5　do case-endcase 语句的执行过程

例 6.14　将例 6.12 的程序用 do case-endcase 语句实现。

```
input  "请输入 x 的值: " to x
do case
    case x<0
        y=x
    case x>=0 .and. x<10
        y=2*x-1
    case x>=10
        y=3*x+11
endcase
?y
```

请读者思考上面的程序能否修改为下面的程序。

```
input "请输入 x 的值: " to x
do case
    case x<0
        y=x
    case x<10
        y=2*x-1
    otherwise
        y=3*x+11
endcase
?y
```

例 6.15　任意输入一个百分制的成绩，要求输出成绩等级。100≥成绩≥90，为"优秀"；90>成绩≥80，为"良好"；80>成绩≥70，为"中等"；70>成绩≥60，为"及格"，成绩<60，为"不及格"。

```
input "请输入一个百分制的成绩：" to cj
do case
    case cj>100 .or. cj<0
        ? "你输入的数据不是百分制的成绩！"
    case cj>=90
        ? "优秀"
    case cj>=80
        ? "良好"
    case cj>=70
        ? "中等"
    case cj>=60
        ? "及格"
    otherwise
        ? "不及格"
endcase
```

6.2.3　循环结构

循环结构又称重复结构，它可以根据指定条件的当前值决定是否重复执行循环体。Visual FoxPro 提供了 3 种循环语句来构成循环结构，分别为 do while-enddo 语句、for-endfor 语句和 scan-endscan 语句。

1. do while-enddo 循环

用 do while-enddo 语句构成的循环结构即为 do while-enddo 循环。

格式：

```
do while <循环条件>
    <循环体>
enddo
```

其中，循环条件是一个逻辑表达式，循环体是一个命令序列。

功能：当循环条件成立时，执行循环体，执行完后再判断循环条件是否成立，如果仍然成立，再执行循环体，如此反复，直到循环条件不成立时为止，此时结束循环，继续执行 enddo 后面的命令。

语句执行过程：

（1）判断循环条件是否成立。

（2）若成立，则执行循环体，执行完后转到第（1）步；若不成立，则结束循环，继续执行 enddo 后面的命令。

可以用图 6-6 来表示 do while-enddo 语句的执行过程。

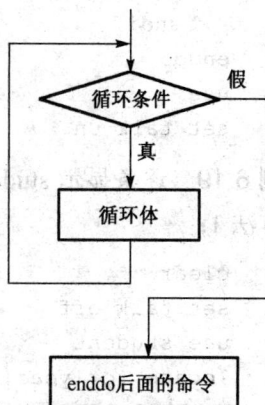

图 6-6　do while-enddo 循环的执行过程

说明：

(1) do while 与 enddo 必须成对出现，配对使用。

(2) 是否继续执行循环体，取决于循环条件的当前值，一般情况下，循环体中应包含改变循环条件取值的命令，否则，将造成死循环(即无限循环)。

例 6.16　编程求 1+2+3+…+100。

```
s=0                     &&用 s 存放累加的结果，初值为 0
i=1
do while i<=100
    s=s+i
    i=i+1
enddo
?s
```

例 6.17　逐条显示 student 表中的记录。

```
use student
do while .not. eof()
    display
    wait windows timeout 5
    skip
enddo
use
```

例 6.18　逐条显示 student 表中男同学的记录。

```
clear
set talk off
use student
do while .not. eof()
    if 性别="男"
        display
        wait
        skip
    else
        skip
    endif
enddo
use
set talk on
```

例 6.19　逐条显示 student 表中 1992 年出生的学生记录。

方法 1：

```
clear
set talk off
use student
locate for year(出生日期)=1992
do while .not. eof()
    display
```

```
        wait
        continue
    enddo
    use
    set talk on
```

方法 2：

```
    clear
    set talk off
    use student
    index on year(出生日期) to csrq
    seek 1992
    do while year(出生日期)=1992
        display
        wait
        skip
    enddo
    use
    set talk on
```

2. for-endfor 循环

用 for-endfor 语句构成的循环结构即为 for-endfor 循环。

格式：

```
    for <循环变量>=<初值> to <终值> [step <步长>]
        <循环体>
    endfor | next
```

其中，初值、终值和步长都是数值表达式。

功能：步长为正数时，如果循环变量的值不大于终值，就执行循环体，执行完后，为循环变量加上步长，再与终值进行比较，由比较结果决定是否继续执行循环体，一旦循环变量的值大于终值便结束循环。

步长为负数时，如果循环变量的值不小于终值，就执行循环体，执行完后，为循环变量加上步长，再与终值进行比较，由比较结果决定是否继续执行循环体，一旦循环变量的值小于终值就结束循环。

语句执行过程如图 6-7 所示，执行过程如下所述：

（1）把初值赋给循环变量。

（2）判断循环条件是否成立：步长为正数时，判断循环变量的值是否不大于终值；步长为负数时，判断循环变量的值是否不小于终值；

（3）若成立，则执行循环体，执行完后，循环变量加上步长，再转到第 (2) 步；若不成立，则结束循环，执行 endfor 或 next 后面的命令。

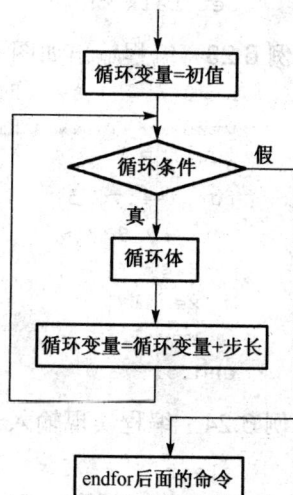

图 6-7　for-endfor 循环的执行过程

　　说明：for 与 endfor（或 next）必须成对出现；step <步长>子句中，当步长为 1 时可以省略。

　　例 6.20　用 for-endfor 循环求 2+4+6+…+100。

```
s=0
for i=2 to 100 step 2
    s=s+i
endfor
?s
```

　　例 6.21　从键盘输入一个正整数，输出其阶乘。

```
input "请输入一个正整数：" to n
jc=1                    &&用 jc 来存放结果
for i=1 to n
    jc=jc*i
endfor
?jc
```

　　例 6.22　统计 100 以内能够被 3 或 5 整除的数的个数。

```
set talk off
num=0
for i=1 to 100
    if mod(i,3)=0 .or. mod(i,5)=0
        num=mun+1
    endif
endfor
? "100 以内能够被 3 或 5 整除的数的个数为：", num
set talk on
```

　　例 6.23　编程输出如图 6-8 所示图形。

```
x=20        && x 的初值表示输出图形第一个*的所在行
y=20        && y 的初值表示输出图形第一个*的所在列
s="*"
for i=1 to 5
    @x,y say s
    s=s+"**"
    x=x+1
    y=y-1
endfor
```

```
        *
       ***
      *****
     *******
    *********
```

图 6-8　例 6.23 的图形

　　例 6.24　编程实现输入一个字符串，反向输出该字符串。

```
clear
accept "请输入一个字符串：" to s
n=len(s)
x=""
for i=n to 1 step -1
    x=x+substr(s,i,1)
endfor
?x
```

3. scan-endscan 循环

scan-endscan 循环又称表扫描循环，它专门用于对表中的记录进行循环操作。

格式：

```
scan [范围] [for <条件>] [while <条件>]
    <循环体>
endscan
```

功能：对当前表中指定范围内满足条件的记录，依次重复执行循环体。执行该语句时记录指针自动、依次地在当前表的指定范围内满足条件的记录上移动。

说明：scan 与 endscan 必须成对出现。

例 6.25　用 scan-endscan 循环逐条显示 student.dbf 中男同学的记录。

```
set talk off
clear
use student
scan for 性别="男"
    display
    wait windows timeout 5
endscan
use
set talk on
```

4. 循环的嵌套

在一个循环语句的循环体中又包含其他循环，称为循环的嵌套。3 种循环可以互相嵌套。

例 6.26　编程求 3!+5!+7!+9!。

```
s=0              &&用 s 存放和
for i=3 to 9 step 2
*下面四行用来求 i 的阶乘
    jc=1         &&用 jc 存放阶乘
    for j=1 to i
        jc=jc*j
    endfor
    s=s+jc       &&累加上求出的 i 的阶乘
endfor
?s
```

例 6.27　编程输出如图 6-9 所示的乘法表。

```
1*1=1
1*2=2  2*2=4
1*3=3  2*3=6   3*3=9
1*4=4  2*4=8   3*4=12  4*4=16
1*5=5  2*5=10  3*5=15  4*5=20  5*5=25
1*6=6  2*6=12  3*6=18  4*6=24  5*6=30  6*6=36
1*7=7  2*7=14  3*7=21  4*7=28  5*7=35  6*7=42  7*7=49
1*8=8  2*8=16  3*8=24  4*8=32  5*8=40  6*8=48  7*8=56  8*8=64
1*9=9  2*9=18  3*9=27  4*9=36  5*9=45  6*9=54  7*9=63  8*9=72  9*9=81
```

图 6-9　例 6.27 的图形

```
clear
for a=1 to 9
    for b=1 to a
        t=a*b
        ??str(b,1)+ "*"+str(a,1)+ "="+str(t,2)+ "   "
    endfor
    ?               &&用于换行
endfor
```

5. 循环辅助命令

在各种循环语句的循环体中都可以包含 loop 命令和 exit 命令。

loop 命令用来结束循环体的本次执行，不再执行其后面的语句，而是转回循环条件处，重新判断条件。在 do while-enddo 循环中执行 loop 命令，将跳到循环条件处，进行下一次是否执行循环的判定；在 for-endfor 循环中执行 loop 命令，将先给循环变量加步长，然后再跳到循环条件处。

exit 命令用来结束循环，转去执行循环结束语句后面的语句。

例 6.28   在 student 表中根据输入的学号(学号字段中无重复值)进行查找。要求可进行反复查找直到不希望查找为止。

```
set talk off
use student
do while .t.
    clear
    accept  "请输入学号: " to xh
    locate for 学号=xh
    if found()
        ? "学号: "+学号
        ? "姓名: "+姓名
        ? "总分: ",入学成绩
    else
        ? "无此学号! "
    endif
    wait "继续查找?(Y/N) " to jx
    if upper(jx)= "Y"
        loop
    else
        exit
    endif
enddo
use
set talk on
```

例 6.29   在 student、score 和 course 这 3 个表中，根据输入的学号，显示学生的学号、姓名、所修的课程名称和成绩。要求可进行反复操作。

```
use student in 0
use score in 0
```

```
use course in 0
do while .t.
    clear
    accept   "请输入学号"  to xh
    select  student.学号, student.姓名, course.课程名称, score.成绩;
    from  student, score, course;
    where student.学号=score.学号.and. course.课程代码=score.课程代码.and.
        student.学号=xh
    wait   "继续查询吗？" to jx
    if  upper(jx)<> "Y"
        exit
    endif
enddo
close all                    &&关闭所有表文件
```

例 6.30　任意输入一个不小于 3 的正整数，判断该数是否为素数。所谓素数，是指除了 1 和该数本身之外，不能被其他任何整数整除的数。例如，7 是一个素数，因为它不能被 2、3、4、5、6 整除。

```
input "请输入一个不小于 3 的正整数： " to n
flag=1
i=2
*用 2 到 n-1 之间的所有整数逐个去除 n，若某一个整数整除了 n，说明 n 不是素数
do while i<n
    if n%i=0            &&只要 i 整除了 n，就将 flag 修改为 0，然后立即结束循环
        flag=0
        exit
    else
        i=i+1
    endif
enddo
if flag=1
    ? "是素数！ "
else
    ? "不是素数！ "
endif
```

　　程序中，用 flag 来标识 n 是否是素数，为 1 时表示是素数，为 0 时表示不是素数。程序开始时，先将 flag 初始化为 1，然后再在后面的程序中判断 n 是否是素数，根据判断结果决定是否改变 flag 的值。若判断出来不是素数，则将 flag 修改为 0，否则 flag 的值不变。最后根据 flag 的值决定输出 "是素数！"，还是输出 "不是素数！"。

6.3　多模块程序

　　应用程序一般都是多模块程序。模块是可以命名的一个程序段，可以指主程序、子程序、自定义函数或过程。

6.3.1　子程序

要在一个程序中使用另一个程序的功能，就需要在该程序中调用另一个程序。对于两个具有调用关系的程序，称调用程序为主程序，被调用程序为子程序。相对于子程序以及子程序调用的程序来说，主程序为上层模块；相对于主程序来说，子程序以及子程序调用的程序则为下层模块。

1. 子程序的调用

格式：do <子程序文件名> [with <实际参数表>]

功能：调用指定的程序。

说明：

(1) 在执行主程序时，只要遇到调用子程序的命令(即 do 命令)，就转去子程序执行。当子程序执行到 return 命令(不带 to master 或 to <程序文件名>子句)时，就返回主程序继续执行 do 命令后面的命令。

(2) 在 do 命令中若有[with <实际参数表>]子句，则表明主程序与子程序之间要进行参数传递。此时，子程序的第一条可执行的命令必须为 parameters <形式参数表>命令。

(3) <实际参数表>中的参数可以为常量、变量或表达式；而<形式参数表>中的参数只能为可接收数据的变量或数组。参数传递时，实际参数表中各个实际参数的值依次传递给形式参数表中的各个形式参数。

(4) 在子程序中还可以使用 do 命令调用其他程序。主程序和子程序的概念是相对的。若在子程序中调用了其他程序，则相对于子程序调用的程序来说，子程序是主程序，而被子程序调用的程序是子程序。

2. 子程序的返回

格式：return [to master | to <程序文件名>]

功能：返回主程序、最外层的主程序或指定的程序。

说明：

(1) return：或省略表示返回主程序。

(2) return to master：表示返回最外层的主程序。

(3) return to <程序文件名>：表示返回指定的程序。

例 6.31　编程实现如下功能：任意输入一个日期，按×××年××月××日形式输出该日期。

主程序 program1.prg 内容如下：

```
set strictdate to 0
input "请任意输入一个日期： " to i
do program2 with i              &&调用子程序
input "请再任意输入一个日期： " to i
do program2 with i
```

子程序 program2.prg 内容如下：

```
*子程序的功能：将日期转换成××××年××月××日形式输出
parameters p
y=year(p)
m=month(p)
d=day(p)
r=str(y,4)+"年"+str(m,2)+"月"+str(d,2)+"日"
?r
return                    &&返回主程序
```

6.3.2　自定义函数

Visual FoxPro 除提供众多的系统函数（又称标准函数）外，还允许用户自己来定义函数。用户自己定义的函数就称为用户自定义函数。

1. 自定义函数的定义

格式：

```
function <函数名>
[parameters <形式参数表>]
<函数体>
[return [<表达式>]]
```

功能：用来定义一个函数。

说明：

(1) function <函数名>：代表函数定义的开始，同时指出所定义函数的函数名。

(2) 若无[parameters <形式参数表>]，则定义无参函数；否则定义有参函数，函数的参数即为<形式参数表>中的参数。

(3) <函数体>，是一个命令序列。

(4) return 命令用来返回调用程序（即调用该函数的程序），并在返回时带回一个值作为函数值。若省略 return 命令，则当函数执行结束时自动执行隐式 return 命令返回调用程序，并在返回时带回逻辑真值.T.作为函数值；若未省略 return 命令，但省略了 return 命令中的<表达式>，也在返回时带回逻辑真值.T.作为函数值；否则在返回时带回<表达式>的值作为函数值。

2. 自定义函数的调用

自定义函数的调用方法与系统函数的调用方法完全相同，其形式为：

```
函数名([实际参数表])
```

调用函数时，实际参数表中各个实际参数的值依次传递给形式参数表中的各个形式参数。

例 6.32　编程求 3!+5!+7!+9!。

```
s=0                 &&s 用来存放累加和，初始化为 0
i=3
do while i<=9
    s=s+fac(i)       &&调用函数 fac(n)
    i=i+2
```

```
enddo
?s                         &&循环结束时 s 的值即为 3!+5!+7!+9!
*定义函数 fac(n)，用来计算 n!
function fac
parameters n
p=1                        &&p 用来存放阶乘，初始化为 1
j=1
do while j<=n              &&do while-enddo 循环用来求 n!
    p=p*j
    j=j+1
enddo                      &&循环结束时 p 的值即为 n!
return p                   &&将 p 的值作为函数值返回，函数值也就为 n!
```

程序执行到调用 fac(n) 函数的命令时，就转去执行 fac(n) 函数的函数体，同时将实际参数 i 的值传递给形式参数 n，执行完 fac(n) 函数的函数体之后，再执行 return 命令返回调用程序继续执行。

6.3.3　过程

过程与自定义函数类似，它和自定义函数的不同之处是：过程结束之后，不必返回一个值。

1. 过程的定义

格式：

```
procedure <过程名>
[parameters <形式参数表>]
<过程体>
[return]
```

功能：用来定义一个过程。

说明：

(1) procedure <过程名>：代表过程定义的开始，同时指出所定义过程的过程名。

(2) [parameters <形式参数表>]：用来定义形式参数。

(3) <过程体>：是一个命令序列。

(4) return 命令用来返回调用程序(即调用该过程的程序)。若省略，则当过程执行结束时自动执行隐式 return 命令返回调用程序。

2. 过程的调用

格式：do <过程名> [with <实际参数表>]

功能：调用指定的过程。

说明：调用过程时，实际参数表中实际参数的值依次传递给形式参数表中的各个形式参数。

例 6.33　编程实现如下功能：任意输入一个日期，按××××年××月××日形式输出该日期。

```
set strictdate to 0
input "请任意输入一个日期：" to i
do rq with i  &&调用过程 rq，将输入的日期按××××年××月××日形式输出
```

```
input "请再任意输入一个日期: " to i
do rq with i
*定义过程rq,用来将日期转换成××××年××月××日形式输出
procedure rq
    parameters p
    y=year(p)
    m=month(p)
    d=day(p)
    r=str(y,4)+"年"+str(m,2)+"月"+str(d,2)+"日"
    ?r
return
```

程序执行到调用过程 rq 的命令时,就转去执行过程 rq 的过程体,同时将 with 子句中实际参数 i 的值传递给形式参数 p,执行完过程 rq 的过程体之后,再执行 return 命令返回调用程序继续执行。

3. 过程文件

在例 6.32 中,程序和自定义函数放在同一个程序文件中;在例 6.33 中,程序和过程可以存放在同一个程序文件中,也可以将程序和过程或自定义函数分开存放,将程序存放在一个程序文件中,而将过程或自定义函数存放在另一个程序文件中。用来存放过程或自定义函数的程序文件就称为过程文件。

过程文件中可以存放多个过程或自定义函数。过程文件打开后,在过程文件中定义的所有过程和自定义函数都可以被其他程序调用。

1) 过程文件的建立

过程文件的建立方法与程序文件的建立方法完全相同,因为过程文件也是程序文件。

例 6.34　建立过程文件 procfile.prg。

首先,执行命令 modify command procfile,打开程序编辑窗口;然后,在程序编辑窗口中输入过程文件的内容。

```
function fac
    parameters n
    p=1
    j=1
    do while j<=n
        p=p*j
        j=j+1
    enddo
return p
procedure rq
    parameters p
    y=year(p)
    m=month(p)
    d=day(p)
    r=str(y,4)+"年"+str(m,2)+"月"+str(d,2)+"日"
    ?r
return
```

最后，按 **Ctrl+W** 组合键保存并关闭编辑窗口。

2）过程文件的打开

要调用某一个过程文件中的过程或自定义函数，首先应使用 **set procedure** 命令打开该过程文件，然后再调用其中的过程或自定义函数。

格式：`set procedure to <过程文件名表> [additive]`

功能：打开<过程文件名表>中的所有过程文件。

说明：若有[additive]子句，则在打开过程文件时不关闭先前打开的过程文件。

3）过程文件的关闭

当不再需要调用过程文件中的过程或自定义函数时，就可以将该过程文件关闭。

格式 1：`set procedure to`

格式 2：`close procedure`

功能：关闭所有打开的过程文件。

例 6.35　编程求 3!+5!+7!+9!。

```
set procedure to procfile        &&打开过程文件 procfile.prg
s=0
i=3
    do while i<=9
    s=s+fac(i)                    &&调用过程文件中的自定义函数 fac(n)
    i=i+2
enddo
?s
set procedure to                 &&关闭过程文件
```

例 6.36　编程实现如下功能：任意输入一个日期，按×××年××月××日形式输出该日期。

```
set procedure to procfile
set strictdate to 0
input "请任意输入一个日期：" to i
do rq with i                     &&调用过程文件中的过程 rq
set procedure to
```

6.3.4　变量的作用域

变量的作用域指的是变量的作用范围。根据变量作用域的不同，可以将变量分为 3 类：公共变量、私有变量和本地变量。

1．公共变量

在所有模块中都可以使用的内存变量称为公共变量，公共变量可以使用 **public** 命令来定义。

格式：`public <内存变量名表>`

功能：将<内存变量名表>中的内存变量定义为公共变量。

说明：

（1）在命令窗口中直接定义的所有内存变量都默认为公共变量。

（2）定义公共变量时若未给公共变量赋初值，则 Visual FoxPro 系统自动给公共变量赋初值为逻辑假值.F.。

（3）程序执行结束时公共变量不会自动清除，可以使用命令 clear all 清除。

例 6.37　运行下面两个程序，理解公共变量的作用范围。

程序 prog1.prg 内容如下：

```
clear all
public i                          公共变量 i 的作用范围
i="Visual FoxPro 程序设计"
```

程序 prog2.prg 内容如下：

```
?i
?
i={^2008/8/8 08:00 pm}   &&修改 i 的值    公共变量 i 的作用范围
display memory like *
```

先执行程序 prog1.prg，再执行程序 prog2.prg，主窗口中显示：

Visual FoxPro程序设计

I　　　　　　　　Pub　　　T　　08/08/08 08:00:00 PM

由上可见，在程序 prog1.prg 中定义的公共变量在程序 prog2.prg 中也可以使用。

2. 私有变量

在程序中直接定义的所有内存变量都默认为私有变量，私有变量只能在定义它的模块及其下层模块中使用。私有变量在定义它的模块执行结束时自动释放。私有变量允许与上层模块中的变量同名，但此时为分清两者是不同的变量，需要使用 private 命令将上层模块中的同名变量隐藏起来。

格式：private <内存变量名表>

功能：声明<内存变量名表>中的内存变量为私有变量并隐藏上层模块中的同名变量，直到声明它的模块执行结束，被隐藏的变量才恢复。

例 6.38　运行下面两个程序，理解私有变量的作用范围。

程序 prog3.prg 内容如下：

```
clear all
c=20            私有变量 c 的作用范围
do prog4
```

程序 prog4.prg 内容如下：

```
?c
?
c=100                          私有变量 c 的作用范围
display memory like *
```

执行程序 prog3.prg，主窗口中显示：

20

C　　　　　　　Priv　　N　100　　　　　(　　　　　100.00000000)　prog3

由上可见,在程序 prog3.prg 中定义的私有变量在它调用的程序 prog4.prg 中也可以使用。

例 6.39　运行下面两个程序,理解私有变量屏蔽上层模块中的公共变量。

程序 prog5.prg 内容如下:

```
clear all
public e
e=20
do prog6
```
公共变量 e 的作用范围

程序 prog6.prg 内容如下:

```
private e
e=100
display memory like *
```
私有变量 e 的作用范围

执行程序 prog5.prg,主窗口中显示:

E　　　　　　　(hid)　　N　20　　　　　(　　　　　20.00000000)
E　　　　　　　Priv　　N　100　　　　　(　　　　　100.00000000)　prog6

由上可见,在程序 prog6.prg 中,执行命令 private e 后,上层模块中的同名变量已被隐藏起来。

3. 本地变量

本地变量只能在定义它的模块中使用,而不能在高层或低层模块中使用。本地变量在定义它的模块执行结束时自动释放。可以使用 local 命令来定义本地变量。

格式: `local <内存变量名表>`

功能:将<内存变量名表>中的内存变量定义为本地变量。

说明:本地变量定义好之后,Visual FoxPro 系统自动给本地变量赋初值为逻辑假值.F.;local 不能缩写,因为 local 与 locate 的前 4 个字母相同。

例 6.40　运行下面的 3 个程序,理解本地变量的作用范围。

程序 prog7.prg 内容如下:

```
clear all
public a
a=10
do prog8
```
公共变量 a 的作用范围

程序 prog8.prg 内容如下:

```
local a
a=100
do prog9
```
本地变量 a 的作用范围

程序 prog9.prg 内容如下:

```
?a
display memory like *
return
```
公共变量 a 的作用范围

执行程序 prog7.prg，主窗口中显示：

```
    10
A              Pub      N  10              (            10.00000000)
A              本地     N  100             (           100.00000000)  prog8
```

由上可见，在 prog9.prg 中输出的 a 值为 10，说明本地变量在低层模块中无效。

习　　题

1. 选择题

(1) Visual FoxPro 中，程序文件的扩展名为(　　)。

A. .qpr　　　　　　B. .prg　　　　　　C. .pjx　　　　　　D. .scx

(2) 结构化程序设计的 3 种基本控制结构是(　　)。

A. 选择结构、循环结构和嵌套结构　　　B. 顺序结构、选择结构和循环结构

C. 选择结构、循环结构和模块结构　　　D. 顺序结构、递归结构和循环结构

(3) 有如下程序：

```
input to a
if a=10
    s=0
endif
s=1
?s
```

假定从键盘输入 a 的值一定是数值型，那么上面的程序的执行结果是(　　)。

A. 0　　　　　　B. 1　　　　　　C. 由 a 的值决定　　　D. 程序出错

(4) 下面的程序执行以后，内存变量 y 的值是(　　)。

```
x=34567
y=0
do while x>0
    y=x%10+y*10
    x=int(x/10)
enddo
?y
```

A. 3456　　　B. 34567　　　C. 7654　　　D. 76543

(5) 在 do while-enddo 循环结构中，loop 语句的作用是(　　)。

A. 退出循环，返回到程序开始处

B. 终止循环，将控制转移到 enddo 后面的第一条语句继续执行

C. 该语句循环结构中不起任何作用

D. 结束本次循环，开始下一次判断和循环

(6) Visual FoxPro 中，过程的返回语句是(　　)。

A. go back　　　B. come back　　　C. return　　　D. back

(7) 下列关于过程文件的说法中，错误的是(　　)。

A. 过程文件的建立使用 modify command 命令

B. 过程文件的扩展名为 .prg

C. 在调用过程文件中的过程之前不必打开过程文件

D. 过程文件包含的过程可以被其他程序调用

(8) 在程序中没有明确声明，直接使用的内存变量是（　　）。

A. 私有变量　　　　　B. 公共变量　　　　　C. 本地变量　　　　　　　D. 全局变量

2. 程序设计题

(1) 任意输入两个数，按从大到小的顺序输出这两个数。

(2) 任意输入一个年份，判断该年是否为闰年。（满足下列条件之一的是闰年。条件 1：能被 4 整除，但不能被 100 整除。条件 2：能被 400 整除）

(3) 任意输入一个正整数，编写程序求 0 到该数之间所有奇数的和。

(4) 编写程序求斐波那契数列的第 n 项。斐波那契数列有如下特点：第 1 项为 1，第 2 项也为 1，从第 3 项开始，每一项都等于前两项之和。即：

$$F_1 = 1 \qquad (n = 1)$$
$$F_2 = 1 \qquad (n = 2)$$
$$F_n = F_{n-1} + F_{n-2} \qquad (n \geqslant 3)$$

(5) 编程求 2+22+222+2222+22222 的值，要求使用循环实现。

(6) 任意输入一个三位数，判断该数是否为"水仙花数"。所谓"水仙花数"是指一个三位数，其各位上数字的立方和等于该数本身。例如，153 是一个"水仙花数"，因为 $153 = 1^3 + 5^3 + 3^3$。

(7) 输出 0～100 之间的所有素数。

(8) 编写程序对 book.dbf 文件实现查询、添加记录、删除记录 3 种操作。输入 1 可根据书名进行查询，输入 2 可添加记录，输入 3 可删除指定的记录，输入 0 则退出本程序。

第7章　面向对象程序设计基础

Visual FoxPro 不仅支持面向过程程序设计，而且支持面向对象程序设计（Object-Oriented Programming，OOP）。在面向对象的程序开发中，工作的重点主要是考虑如何引用类，如何创建对象，利用对象简化程序设计。本章主要介绍 Visual FoxPro 面向对象程序设计的基本概念和方法。

7.1　面向对象的基本概念

在 Visual FoxPro 面向对象程序设计中，将会用到对象、类、事件、方法等概念，只有充分掌握这些概念，才能更好地理解和运用 Visual FoxPro。

7.1.1　面向对象程序设计的特点

面向对象程序设计克服了结构化程序设计的不足，摆脱了传统过程模式的束缚，为功能模块的集成化、可重用性及程序扩充的灵活性提供了有利条件，其优点具体如下。

1. 模块的独立性

结构化程序设计中也存在模块的独立性，其主要是通过函数和子程序等过程来实现的。但过程的概念很狭隘，独立性有限，这就使得在大型软件开发的过程中数据的一致性问题仍然存在。而面向对象的程序设计是以对象或数据为中心，以数据和方法的封装体为程序设计单位的，程序模块之间的交互存在于对象一级，这时的数据与传统数据有很大的不同，它具有"行动"的功能，同它的方法一起被封装。把它当做一个组件构成程序时，模块独立性的优点就充分体现出来了。

2. 程序一致性的维护

面向对象的数据和代码具有封装性，它将数据和代码封装为一体，这就是类的概念。对类进行实例化后，就产生了对象。对象是程序运行的最基本实体，具有创建该对象的类的所有属性和操作。各对象既是独立的实体，又可以通过消息相互作用，给程序的设计带来很大的灵活性。

3. 可扩充性

类具有继承性、封装性、多态性等特点。继承可以有多种继承方式，它使得在原有对象的基础上构造更复杂的类对象的方式有很多种，而这种方式对原有对象的完整性没有破坏。而过程化的程序设计要增加更多的功能只能从程序一级进行修改，并且无法保证原有模块的完整性。

4. 代码的可重用性

随着用户对操作系统和开发平台的要求越来越高，应用程序的规模变得越来越庞大。其中有很多工作是重复性的，因此代码重用成了提高程序设计效率的关键。而采用结构化设计方法，程序员每次着手进行一个新系统开发时，几乎都要从零开始，程序代码的重用性很差，只能通过简单的复制来实现，而面向对象的程序设计解决了这一问题。

7.1.2　对象和类

1. 对象

对象(Object)是指客观世界中的所有实体，既可以是具体的物体(如课本)，也可以是抽象的概念(如学习)。可以是有形的，如一座房子、一个人、一个命令按钮等，也可以是无形的，如一次考试、一个学期等。每个对象都具有自己的一组静态特征和一组动态行为，如一个人有姓名、年龄、身高等静态特征，还有吃饭、学习、参加考试等动态行为。通常用属性来表示静态特征，用方法来描述动态行为。

使用面向对象的方法解决问题的首要任务，就是要从客观世界中识别出相应的对象，并抽象出为解决问题所需要的对象属性和对象方法。属性用来表示对象的状态，方法用来描述对象的行为。

2. 类

1) 类与子类

类(Class)是对一组具有公共方法和一般特性的对象的描述，是对象的原型。如人类就是对"人"这个实体的类概念，人是人类的特例。

对象和类关系密切，但并不相同。类是对象的抽象描述，好比一个模板；对象是类的实例，基于类就可以生成本类的许多对象，这些对象虽然采用相同的属性来表示状态，但它们在属性上的取值完全可以不同。类与对象的关系为类是对象的定义，类规定并提供了对象具有的性质；对象通过类来产生；对象是类的实例，通常，把基于某个类生成的对象称为这个类的实例，可以说，任何一个对象都是某个类的一个实例。

类可以由已经存在的类派生出来，类之间是一种层次结构，在这种层次结构中，处于上层的类称为父类，处于下层的类称为子类，又称派生类。

父类和子类之间具有继承性，子类可以继承父类的全部数据和方法，而这种继承具有传递性，任何一个类都继承了层次结构中所有上层类的全部特性。所以子类具有父类的全部特性，而且还具有新增加的数据和方法，因而得到了具体化和完善。

2) 类的特点

类具有以下几个特性：

(1) 继承性。继承性也就是说可以从现有的类派生出新的类。派生出的类具有父类的所有特性，它直接继承了父类的所有方法和数据，还可以创建新的特性，派生类的对象可以调用该类及父类的成员变量和成员函数。

(2) 封装性。封装是指将方法和数据存放于同一个对象中，并且对数据的存取只能通过该对象本身的方法来进行。其他的对象不能直接作用于该对象中的数据，对象间的相互作用只能通过信息进行。

（3）多态性。多态性是指不同的对象接收到相同的信息时，可以做出完全不同的解释，进而产生完全不同的行为。利用此特性，应用程序可以发送一般形式的信息，而将所有实现的细节留给接收信息的对象来解决。

7.1.3 属性、事件与方法

1. 属性

所谓属性（Property），是指对象的特性。例如，在日常生活中，一栋教学楼就可以看成是一个对象，而这栋教学楼的长、宽、高及外观颜色等都是它的属性。在面向对象程序设计中，每个对象都具有自己的属性，如文本对象就具有字体、字号、字体颜色等属性。

2. 事件

事件（Event）是对象触发的行为描述，是预先定义的动作，由用户或者系统激活。在面向对象的程序中，作用在对象上的事件包括对象的创建、释放及用户所进行的操作。如用鼠标单击一个按钮，系统就产生一条特定的消息，表示此按钮单击事件被激活，进而产生相应的动作。对于一些可视对象，如命令按钮、文本框等，其常见的事件往往是一些鼠标动作，如单击、双击、拖放或修改文本框对象的数据等。

3. 方法

方法（Method）是与对象相关的过程，是指对象为完成一定功能而编写的一段程序代码。当作用在对象上的某一个设定的事件发生时，与该事件相联系的"方法程序"就会运行并完成该程序的功能。方法与函数的相同之处在于都具有固定的作用与功能，不同之处在于方法不可能独立地存在于对象外部。方法是对象的一部分，每个方法都有自己的名称，称为方法名。

4. 事件代码

事件代码（Event Code）与方法代码都是定义了在某个对象中的一个程序过程，有时也把事件代码和方法代码统称为方法代码。因为不能为对象创建新的事件，所以一个对象包含的事件代码是一定的，而一个对象中所包含的方法代码是可以任意增加的，这就像在一个程序中可以使用任意多个过程和函数一样。狭义地说，事件代码可以由一个事件触发运行，其过程名与事件名相同，而一般方法程序没有一个与之对应的事件触发，必须靠其他程序调用才能运行。

7.2 Visual FoxPro 中的基类

7.2.1 基类

在 Visual FoxPro 环境下，要进行面向对象的程序设计或创建应用程序，必须要使用 Visual FoxPro 系统提供的基类（Base Class）。基类是系统内置的，并不存放在某个类库中。

用户可以基于类生成器产生所需的对象，也可以扩展基类创建自己的类，也就是类的扩展。基类分为容器类和控件类。Visual FoxPro 中的常用基类如表 7-1 所示，其中带"*"的类是父容器的集成部分，在"类设计器"中不能子类化。

表 7-1　Visual FoxPro 的基类

基类名	含义	基类名	含义
ActiveDoc	活动文档	ProjectHook	项目挂接类对象
CheckBox	复选框	Label	标签
Column*	列*	Line	线条
CommandButton	命令按钮	ListBox	列表框
CommandGroup	命令组	OLEBoundControlOLE	绑定型控件
ComboBox	组合框	OLEContainerControlOLE	容器控件
Container	容器	OptionButton*	选项按钮*
Control	控件	OptionGroup	选项组
Cursor	临时表，游标	Page*	页面*
Custom	自定义	PageFrame	页框
EditBox	编辑框	RelationObject	关系对象
DataEnvironment	数据环境	Separator	分隔符
Form	表单	Shape	形状
FormSet	表单集	Spinner	微调
Grid	表格	TextBox	文本框
Header*	标头*	Timer	计时器
HyperlinkObject	超链接对象	ToolBar	工具栏
Image	图像		

每个基类都有自己特有的属性、方法和事件。当扩展某个基类创建用户自定义类时，该基类便是用户自定义类的父类，用户自定义类就继承该基类中的属性、方法和事件。

表 7-2 所示列出了 Visual FoxPro 基类的最小属性集。

表 7-2　Visual FoxPro 基类的最小属性集

属性	说明
Class	该类属于何种类型
BaseClass	该类由何种基类派生而来，如 Form、CommandButton、Custom 等
ClassLibrary	该类从属于何种类库
ParentClass	对象所基于的类。若该类直接由 Visual FoxPro 基类派生而来，则该值与 BaseClass 值相同

7.2.2　容器类

容器类是指可以包含其他相似类的 Visual FoxPro 基类，也可以容纳别的对象。例如，在表单上添加很多控件，然后可以将这些控件作为一个整体进行操作，也可以只对其中某一个控件单独进行访问。容器类主要包括表单、选项按钮组、表格、页框等，利用容器类可以生成容器对象，如 Windows 中的对话框其实就是个表单，是一个容器对象。表 7-3 列出了基类中的主要容器类。

表 7-3　基类中的主要容器类

名称	说明
CommandGroup	只能包含命令按钮
Container	可以包含任意控件以及页框、单选按钮组、命令按钮组、表格等
Form	可以包含任意控件、页框或自定义对象等
FormSet	可以包含表单和工具栏
Grid	只能包含表格列
OptionGroup	只能包含单选按钮
Page	可以包含任意控件及容器、单选按钮组、命令按钮组、表格等
PageFrame	只能包含页面
ToolBar	可以包含任意控件及页框和容器对象

7.2.3　控件类

控件类是指可以包含在容器类中的 Visual FoxPro 基类。它的封装性较严密，不能被单独修改和操作。例如，命令按钮和文本框都属于控件类。在 Visual FoxPro 中的控件工具栏中列出了可用的控件类。控件类不能容纳其他对象，若在容器中增加一个控件对象，则引用该对象时必须指明对象所在的容器。利用控件类可以生成控件对象。表 7-4 列出了基类中的主要控件类。

表 7-4　基类中的主要控件类

基类名	含义	基类名	含义
CheckBox	复选框	Line	线条
CommandButton	命令按钮	ListBox	列表框
ComboBox	组合框	OLEContainerControlOLE	容器控件
Control	一个能包含其他被保护对象的控件	OptionButton	选项按钮
Custom	自定义	Shape	形状
EditBox	编辑框	Spinner	微调
Image	图像	TextBox	文本框
Label	标签	Timer	计时器

7.2.4　成员类

成员类就是为容器对象的成员对象创建的子类，使用成员类可以为一个指定类的所有成员定义一致的行为。例如，如果在一个 Page 类的 Activate 事件中定义一个特定的行为，将其用于一个 PageFrame 类或对象，则该页框的所有成员页将继承相同的代码或行为。

要想为成员对象设置默认的自定义类，PageFrame、CommandGroup、OptionGroup 和 Grid 容器类可以设置 MemberClassLibrary 和 MemberClass 属性。这两个属性指定了要使用的成员类库和成员类。对于 Column 对象，用户可以使用 HeaderClassLibrary 和 HeaderClass 属性指定一个自定义 Header 类。其中，除了 Column 类和 Header 类只能使用代码创建类以外，其他成员类都可以在类设计器中进行可视化创建。

7.2.5 创建类

在利用面向对象程序设计技术设计数据库应用系统时，通常将常用的对象定义成一个类，然后可以根据需要在这个类的基础上派生出一个或多个具体的对象，再利用这些对象来进行设计。

创建类可以用菜单方式实现，具体操作步骤如下：

(1) 选择"文件"菜单中的"新建"命令，在弹出的"新建"对话框中选择"类"，单击"新建文件"按钮，弹出"新建类"对话框，如图 7-1 所示。

(2) 在"新建类"对话框中，在"类名"文本框中输入新类名；在"派生于"下拉列表中选择基类名或父类名；在"存储于"文本框中选择或定义类库名，单击"确定"按钮，弹出如图 7-2 所示的"类设计器"窗口。

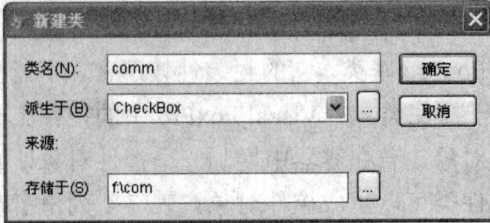

图 7-1 "新建类"对话框   图 7-2 "类设计器"窗口

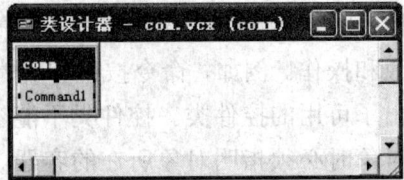

(3) 在类设计器中，如果不想改变父类属性、事件或方法，类就已经建立完成，同时被保存在类库中，供以后使用；如果想修改父类的属性、事件或方法，或给新类添加新的属性、方法，在"类设计器"对话框可继续进行操作。

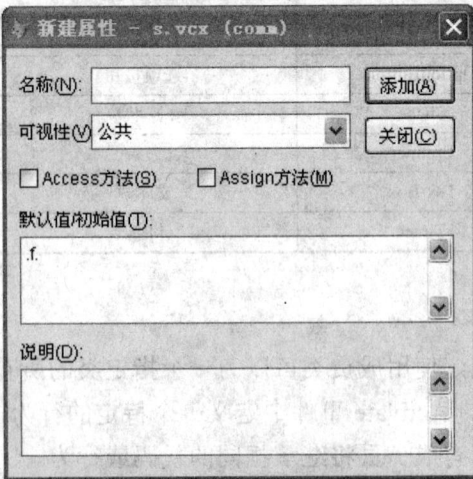

图 7-3 "新建属性"对话框

① 为类添加新属性。在"属性"窗口中，可以修改基类或父类原有的属性，也可以添加新的属性。添加新的属性的方法是：选择"类"菜单中的"新建属性"命令，弹出图 7-3 所示的"新建属性"对话框。在"名称"文本框中输入要创建的新属性的名称，在"可视性"下拉列表中选择"公共"，表示其能够在其他类或过程中被引用；选择"保护"表示其只能够在本类中的其他方法或者其子类中被引用；选择"隐藏"表示其只能够在本类中的其他方法中被引用。在"说明"文本框中输入对新建属性的说明。单击"添加"按钮，则新属性被添加到"属性"窗口。

② 为类添加新方法。新类创建后，虽然已经继承了基类或父类的全部方法和事件，但是大多时候还是需要对基类或父类原有的方法和事件进行修改，或添加新的方法。

对基类或父类原有的方法和事件进行修改的方法是：选择"显示"菜单中的"代码"

命令，在"代码编辑"窗口中，确认"过程"下拉列表中继承下来的方法和事件，或对继承的方法和事件进行修改。

如果"过程"下拉列表中列出的方法不能满足对类的定义，用户可以自行添加新的方法。添加新的方法的操作方法是：选择"类"菜单中的"新建方法程序"命令，弹出"新建方法程序"对话框（与"新建属性"对话框相似），在"名称"文本框中输入要创建的新方法名，在"可视性"下拉列表中选择方法的属性，在"说明"文本框中输入对新方法的说明，单击"添加"按钮，新方法就被加入到代码编辑窗口的"过程"列表框中。

7.3　Visual FoxPro 中的对象

7.3.1　创建对象

系统提供了两种方法创建对象，一种是使用设计器，利用已经创建好的类可视化地创建对象，这种方法直观，修改方便；另一种是通过设计程序来创建对象，这是一种动态创建对象的方法。下面以设计一个"秒倒计时系统"为例，介绍可视化创建对象方法。

例 7.1　设计一个"秒倒计时系统"（初始时间设为 5 秒，逐秒递减），显示倒计时时间，当设定的时间归 0 后自动关闭该系统。

具体设计过程为：

（1）选择"文件"菜单中的"新建"命令，弹出"新建"对话框。在此对话框中选中"表单"单选按钮，然后单击"新建"按钮，打开"表单设计器"。

（2）单击"表单控件"工具栏中的标签类，然后在表单上拖动即可添加一个标签控件，在其属性窗口中单击"全部"标签，在其选项卡中选择 Caption 属性，将其值设为 5，选择 Name 属性，将其值设为 Lb1。

（3）用同样的方法在表单中添加一个计时器控件，然后将其 Interval 属性值设置为 1000(1s)，如图 7-4 所示。

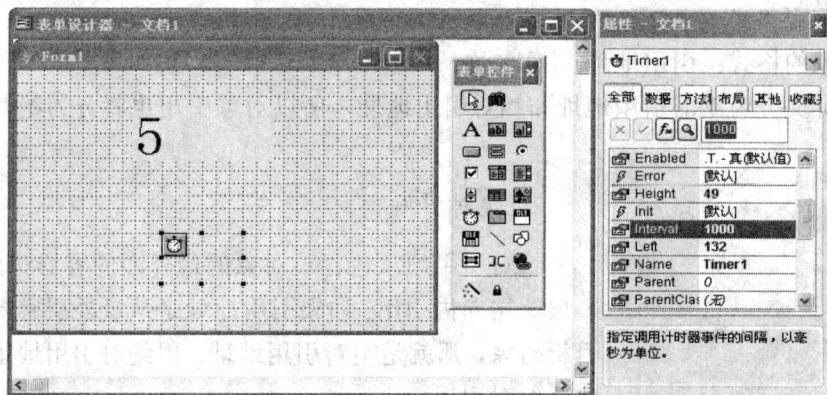

图 7-4　系统设计窗口

（4）为"计时器"对象的 Timer 事件写事件代码。双击"计时器"对象，在事件代码窗口中编写事件代码，如图 7-5 所示。最后单击"运行"按钮运行表单即可看到一个倒计时界面。

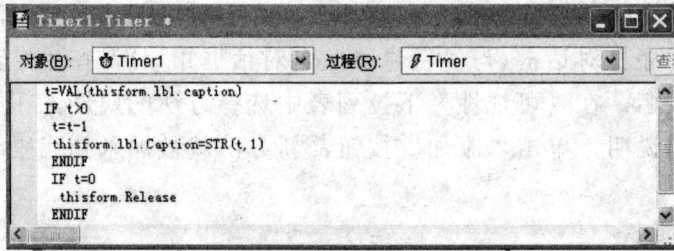

图 7-5　计时器代码窗口

在本例中创建了 3 个对象：表单、标签和计时器。创建的过程很简单，主要的工作是属性的设置和代码的编写。

7.3.2　引用对象

在面向对象程序设计中，经常需要改变对象的属性值或调用对象的方法、事件代码。由于涉及许多不同的对象，所以首先要指明需要对哪个对象进行操作，也就是所谓的引用对象。

1. 引用对象格式

引用时一般使用对象的 Name 属性值。在创建对象时，系统首先赋给对象一个默认的 Name 属性值，如在表单上创建一个文本框控件时，系统给一个默认的 Name 属性值 Text1，如果有第二个文本框，则默认 Name 属性值为 Text2，以此类推。我们可在"属性"窗口中选中 Name 属性，然后在文本框中修改对象的名称，但为了编程时引用和阅读方便，一般不修改，如果修改应修改成有意义和一看就明白是什么意思的名称，且尽量用英文。

由于容器可以包含容器类和控件类对象，这就产生了一种层次结构。在引用对象名时要在引用的对象名前一层一层地冠以它所在容器的对象名，就好像定位文件时指定路径一样，层次之间用"."分割。

引用对象的格式：引用地址.对象名称

引用地址又分为绝对引用地址和相对引用地址，所以对象引用也就分为绝对引用和相对引用。

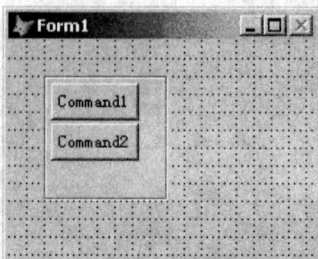

图 7-6　容器嵌套

2. 绝对引用

绝对引用须从包含该对象的最外面的容器对象名开始，一层一层向内引用。如果引用地址是从最外层容器开始直到目标对象，那就是绝对引用地址。用绝对引用地址引用对象称为绝对引用。

例 7.2　如图 7-6 所示，有一表单 Name 名为 form1，表单中有一个 Name 名为 Commandgroup1 命令按钮组，命令

按钮组中有两个命令按钮，第一个按钮的 Name 名为 Command1。将第一个按钮的 Enable
属性设置为.F.，利用绝对引用，对应的命令如下：

```
form1.commandgroup1.command1.enable=.F.
```

3．相对引用

如果引用地址从指定参照对象开始到目标对象为止，那就是相对引用地址。用相对
引用地址引用对象，称为相对引用。相对引用可以从当前对象（引用语句用在哪个对象的
方法或事件程序中，这个对象就是当前对象）开始。系统提供的相对引用的关键字及其意
义如表 7-5 所示。

表 7-5　相对引用的关键字及意义

名字	表示	名字	表示
this	当前操作对象	activeform	当前活动表单
thisform	当前操作表单	activepage	当前活动页
thisformset	当前操作的表单集	activecontrol	当前具有焦点的控件
parent	当前对象的直接容器（又称父对象）		

下面是几种常用的相对引用的使用方法：

(1) 引用对象本身的属性方法和事件，使用"this"。

(2) 引用与本身对象处于同一容器中的对象，使用"this.parent.引用对象名"。

(3) 引用当前表单中的对象，使用"thisform.对象名"。

利用相对引用解决例 7.2 的问题，对应的命令即：

```
Thisform.commandgroup1.command1.enable=.F.
```

7.3.3　对象属性的设置和修改

属性的访问可以通过属性窗口（见图 7-7）来完成，也可用赋值命令的方法来实现。

1．属性窗口的打开

若属性窗口没有显示，则可以通过单击"表单设计器"工具栏中的"属性窗口" 按
钮，或右击表单窗口空白处，在弹出的快捷菜单中选择"属性"命令将其打开。

2．属性窗口的组成

"属性"窗口中经常用到的是对象下拉列表和属性、方法、事件列表框。对象下拉列表
中含有当前表单及其所含对象列表，按包含关系分层次缩进显示，供用户从中选择要设置
属性的对象（见图 7-8）。对象下拉列表下面的列表中显示当前对象的所有属性、方法和事
件，用户可以从中选择一个进行设置。在属性、方法、事件列表框中主要是设置对象的基
本属性。

3．属性设置

设置属性时，在属性、方法、事件列表框中选定一个属性，在列表框上方会出现相应
的文本框、下拉列表或 按钮等，使用这些工具对属性值进行编辑修改，同时在窗口底部

会出现当前选项的相关说明信息。在文本框中输入数据后，按 Enter 键或单击☑按钮确认输入。

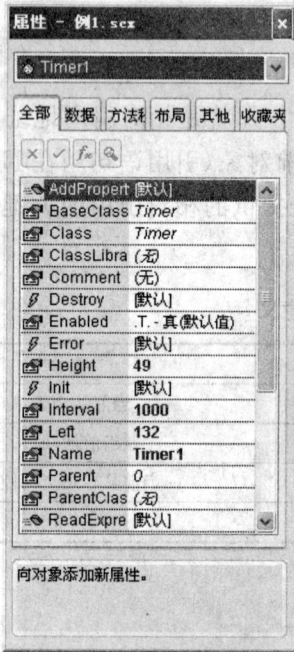

图 7-7　属性窗口　　　　　　　　　　　图 7-8　对象下拉列表

　　一般来说，要为属性设置一个字符型值，可以在文本框中直接输入，不需要加定界符，否则系统会把定界符作为字符串的一部分。对于数字文本，若直接输入数字则系统会以数值型数据接收，可以采用表达式的方式输入，如="123"。

　　有些属性值不需要输入，系统提供下拉列表和⋯按钮供用户选定设置，如字体属性 FontName 和字号属性 FontSize 可以使用下拉列表设置，前景色 Forecolor 和背景色 Backcolor 可以使用⋯按钮，在弹出的"颜色"对话框中进行设置。

　　有些属性值是逻辑值，可以双击该属性进行属性值的切换。要把一个属性还原成默认值，可以右击该属性，在弹出的快捷菜单中选择"重置为默认值"命令。要把一个属性设置为空串，可以在选定该属性后，依次按 Backspace 键或 Delete 键，然后按 Enter 键或单击☑按钮，此时该属性的属性值显示为"无"。有些属性在设计时是只读的，用户不能修改，这些属性的默认值以斜体显示。

7.3.4　对象的事件和方法

1. 对象的事件

　　事件(Event)是由 Visual FoxPro 预先定义好的、能被对象识别和响应的动作或状态，如单击事件(Click)、双击事件(DblClick)、装入事件(Load)、移动鼠标事件(MouseMove)等，不同的对象能识别的事件不完全相同。对象的事件是固定的，用户不能随意定义新的事件。如表 7-6 所示，列出了 Visual FoxPro 系统中的核心事件。事件可以由系统引发，比如生成对象时就引发一个 Init 事件，对象识别该事件，并执行相应的 Init 事件代码；事件也可以由用户引发，如单击对象就可引发对象的 Click 事件，系统就会去执行该事件中的代码。一个对象可以识别一个或多个事件，因此可以使用一个或多个事件过程对用户或系统的事件作出响应。

表 7-6　核心事件

事件名	触发事件的操作
Click	按下并释放鼠标左键、改变某个控件的值、单击表单的空白区域
Dbclick	双击，选择列表框或组合框中的选项并按 Enter 键
Destroy	释放对象时
GotFocus	接收到焦点(focus)时
Init	创建对象时
KeyPress	用户按下并释放一个键时
Load	创建对象之前
LostFocus	对象失去焦点(focus)时
MouseDown	用户按下鼠标左键时
MouseMove	用户移动鼠标指针到对象上时
MouseUp	用户释放鼠标键时
Programmatic Change	程序代码中改变控件的值时
RightClick	用户在控件中按下并释放鼠标右键时
Unload	释放对象时

虽然一个对象可以拥有多个事件过程，但在程序中使用哪些事件过程，则由程序员根据程序的具体要求来确定。对于必须响应的事件需要编写该事件的事件代码，而不需要的事件则不需要编写代码，只要交给 Visual FoxPro 的默认处理程序即可，如命令按钮的 Click 事件是最重要的事件，而 MouseUp 事件则可有可无。

2. 对象的方法

对象的方法(Method)是与对象相关联的过程，但又不同于一般的 Visual FoxPro 过程。方法程序紧密地和对象连接在一起，并与一般 Visual FoxPro 过程的调用方式也有所区别。

与 Visual FoxPro 过程类似，方法属于对象的内部函数，只是方法用于完成某种特定的功能而不一定响应某一事件，如释放表单方法(Release)等。方法也被"封装"在对象中，不同的对象具有不同的内部方法。Visual FoxPro 提供了一百多个内部方法供不同的对象调用。与事件集的固定性不同，方法集是可以扩展的，用户可以根据需要建立新的方法。常用的方法程序如表 7-7 所示。

调用方法的语法格式是：对象名.方法名。例如，thisform.release。

如果在调用方法时需要传递参数，应该将参数包含在方法名后面的圆括号中。如果调用方法后有返回值，则在方法后也要加圆括号。例如，thisform.circle(50,200,100) 表示在表单上画一个圆，圆的半径是 50，圆心是(200,100)。thisform.line(100,100,200,200) 表示在表单上画一条从(100,100)到(200,200)线段。

表 7-7　常用的方法程序

方法程序	说明
AddColumn	在表格控件中添加一个列对象
AddObject	在表单对象中添加一个对象
Box	在表单对象中画一个矩形
Circle	在表单对象中画一个圆形或椭圆形
Clear	清除控件中的内容
Cls	清除表单上的图形和文本
Draw	重画表单对象
Hide	隐藏表单、表单组或工具
Line	在表单上画一条线
Move	移动对象
Print	在表单上打印一个字符串
PrintForm	打印当前表单的屏幕内容
Pset	在表单上画点
Refresh	重画表单或控件，并刷新所有数据
Release	从内存释放表单或表单组
RemoveObject	在运行时从容器对象中删除指定的对象
ResetDefault	将 Timer 控件复位，使它从零开始计数
Saveas	将对象保存为.scx 文件
SaveasClass	将对象的实例作为类定义保存到类库中
SetAll	为容器对象中的所有控件或某类控件指定属性设置
SetFocus	使指定控件获得焦点
Show	显示表单并决定表单是模态还是非模态
TextHeight	按照当前字体中的显示，返回文本串的高度
TextWidth	按照当前字体中的显示，返回文本串的宽度

习　　题

1. 选择题

(1) 下列关于属性、方法和事件的描述中不正确的是(　　)。

　　A. 属性用于描述对象的特征

　　B. 基于同一个类产生的两个对象可以分别设置自己的属性值

　　C. 方法只用于完成某种特定的功能而不是用来响应某一事件

　　D. 在新建一个对象时，可以添加新的属性、方法和事件

(2) 下列关于控件类和容器类的说法中，错误的是(　　)。

　　A. 表单就是一个容器类对象　　　　B. 控件类一般作为容器类中的控件来处理

　　C. 文本框是一个容器类对象　　　　D. 容器类可以包含其他对象，并允许访问这些对象

(3) 对象继承了(　　)的全部属性。

　　　A．表　　　　　　　　B．类　　　　　　　C．数据库　　　　　D．图形

(4) 在 Visual FoxPro 的面向对象设计中，若为某一个类添加一个属性时，(　　　)。

　　　A．它的所有子类也将同时具有该属性

　　　B．它的所有父类也将同时具有该属性

　　　C．它的具有同名属性的对象将自动传值给这个新属性

　　　D．它的具有同名属性的对象，其同名属性将被隐藏

(5) 对于创建新类，Visual FoxPro 提供的工具有(　　　)。

　　　A．类设计器和报表设计器　　　　　　　B．类设计器和表单设计器

　　　C．类设计器和查询设计器　　　　　　　D．类设计器

(6) 下面关于"类"的描述，错误的是(　　　)。

　　　A．一个类包含了相似的有关对象的特征和行为方法

　　　B．类只是实例对象的抽象

　　　C．类并不进行任何行为操作，它仅仅表明该怎样做

　　　D．类可以按所定义的属性、事件和方法进行实际的行为操作

(7) 在 Visual FoxPro 系统中，用户不能自定义(　　　)。

　　　A．对象的属性　　　B．对象的方法　　　C．对象的事件　　　D．对象所基于的类

(8) This 是对(　　　)的引用。

　　　A．当前对象　　　　B．当前表单　　　　C．任意对象　　　　D．任意表单

(9) 一只白色的足球被踢进球门，则白色、足球、踢、进球门分别是(　　　)。

　　　A．属性、对象、方法、事件　　　　　　B．属性、对象、事件、方法

　　　C．对象、属性、方法、事件　　　　　　D．对象、属性、事件、方法

(10) 如果要引用一个控件所在的直接容器对象，则可以使用(　　　)关键字。

　　　A．this　　　　　　B．thisform　　　　C．parent　　　　　D．都可以

2．填空题

(1) 在面向对象的程序设计中，类描述的是具有相似性质的一组_____。

(2) Visual FoxPro 基类有两种：_____和_____。

(3) 一个类可以从直接或间接的祖先中_____所有属性和方法。

(4) 类是一个支持集成的抽象数据类型，而对象是类的_____。

(5) 在 Visual FoxPro 中，对象的引用有_____和_____两种。

(6) 类具有的特性有_____、_____和_____，这就大大加强了代码的可用性。

第 8 章　表单设计与应用

表单又称界面或窗体，是 Visual FoxPro 提供的用于建立应用程序界面的最主要的工具之一。各种对话框和窗口都是表单的不同表现形式。表单可以让用户在简单明了的界面中查看数据或将数据记录输入到数据库中，是可视化编程的基础。利用表单设计器可以向表单中添加命令按钮、文本框、列表框等多种对象。本章将重点介绍表单的创建、使用以及常用的表单控件。

8.1　创建和运行表单

表单的创建可以用 Createobject() 函数来实现，也可以通过表单向导、表单设计器来实现。

8.1.1　创建表单

1. 使用表单向导创建表单

Visual FoxPro 提供了两种帮助用户创建表单的表单向导。"表单向导"适合于创建基于一个表的表单；"一对多表单向导"适合于创建基于两个具有一对多关系的表的表单。可以通过"文件"菜单中的"新建"命令，或者在"工具"菜单中的"向导"子菜单中选择"表单"命令，或者在项目管理器中调用表单向导。下面通过实例来介绍表单的创建。

例 8.1　在项目管理器中调用表单向导，创建可以管理 Student.dbf 和 Score.dbf 表的表单，表单文件名为 stsc.scx。

操作步骤如下：

（1）在"项目管理器"窗口中选择"文档"选项卡，选择其中的"表单"图标，单击"新建"按钮，弹出"新建表单"对话框。

（2）单击"表单向导"按钮，弹出"向导选取"对话框，如图 8-1 所示。选择"一对多表单向导"，单击"确定"按钮，进入表单向导的"第一步-选择父表字段"对话框。

（3）选择父表及所需字段，单击"下一步"按钮，进入"第二步-选择子表字段"对话框，如图 8-2 所示。

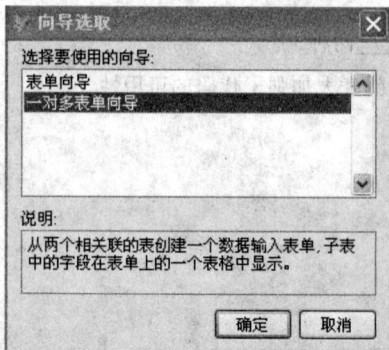

图 8-1　"向导选取"对话框

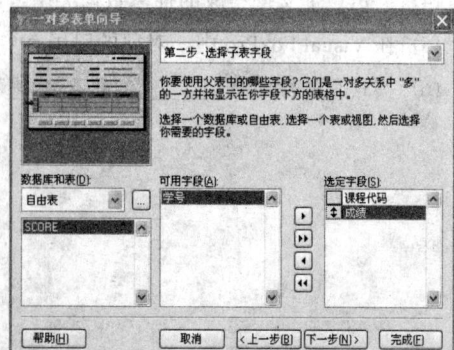

图 8-2　"一对多表单向导"对话框(第二步)

（4）在图 8-2 中，选取子表及所需字段，单击"下一步"按钮，进入如图 8-3 所示的"第三步-关系表"对话框。如果在数据库中已经建立了联系，则单击"下一步"按钮即可进入如图 8-4 所示的"第四步-选择表单样式"对话框。选取样式并根据向导的提示完成设置，最后输入表单文件名 stsc.scx，单击"完成"按钮。

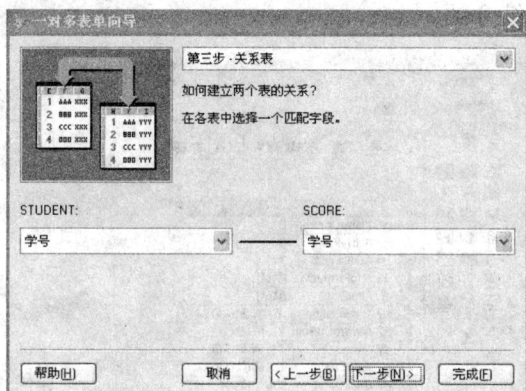

图 8-3　"一对多表单向导"对话框(第三步)　　图 8-4　"一对多表单向导"对话框(第四步)

　　不管调用哪种表单向导，系统均会弹出相应的对话框，按照提示逐步进行相应的选择和设置，最后能够创建相应的表单。创建好的表单将会包含一些控件，用来显示表中的记录和字段中的数据，另外表单中还会包含一组按钮。借助于这组按钮，用户可以实现对表中数据的操作，如浏览、查找、添加、编辑、删除以及打印等，如图 8-5 所示。

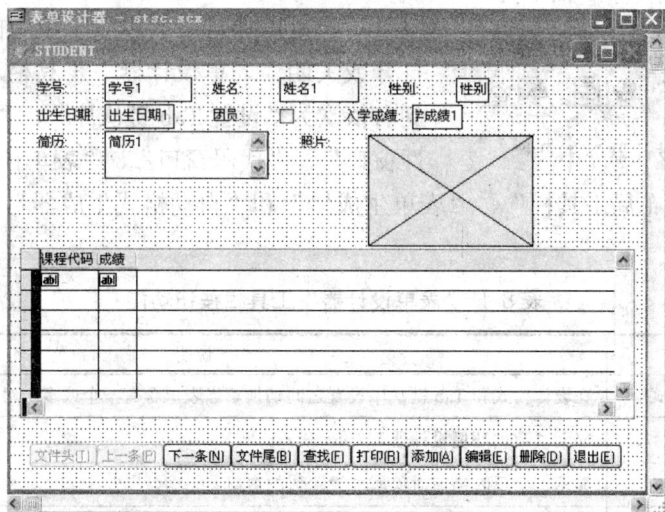

图 8-5　创建的表单

2. 使用表单设计器创建表单

　　打开表单设计器的方法有多种。在"项目管理器"窗口的"文档"选项卡中选择"表单"，单击"新建"按钮，在弹出的"新建表单"对话框中单击"新建表单"按钮，进入表单设计器；也可以选择"文件"菜单中的"新建"命令，在弹出的"新建"对话框中选择"表单"

文件类型，单击"新建文件"按钮，进入表单设计器；还可以在命令窗口中输入命令：Create form [<表单名>]。

不管采用上面哪种方法创建表单，都将打开"表单设计器"窗口，如图 8-6 所示。在表单设计器环境下，用户可以交互式、可视化地利用"表单设计器"工具栏（见图 8-7）设计表单。如何在表单设计器中设计表单，将在后面陆续介绍。

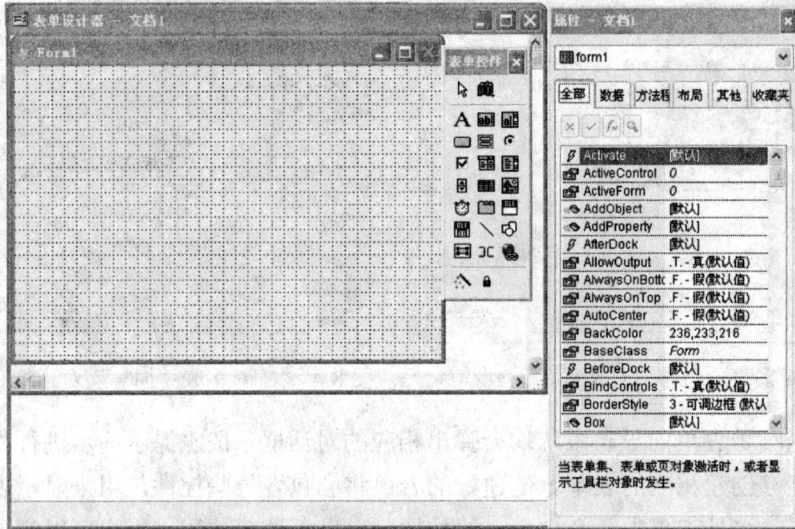

图 8-6 "表单设计器"窗口

图 8-7 "表单设计器"工具栏

用户可以通过"显示"菜单中的"工具栏"命令打开或关闭"表单设计器"工具栏。工具栏按钮从左到右依次为"设置 Tab 键次序"、"数据环境"、"属性窗口"、"代码窗口"、"表单控件工具栏"、"调色板工具栏"、"布局工具栏"、"表单生成器"和"自动格式生成器"等按钮。按钮功能如表 8-1 所示。

表 8-1 "表单设计器"工具栏按钮功能

按钮	说明
设置 Tab 键次序方式	在设计模式和 Tab 键次序设置之间切换。当表单含有一个或多个对象时可用
数据环境	显示"数据环境设计器"
属性窗口	显示一个反映当前对象属性设置值的窗口
代码窗口	显示当前对象的"代码"窗口，以便查看和编辑代码
表单控件工具栏	显示或隐藏"表单控件"工具栏
调色板工具栏	显示或隐藏"调色板"工具栏
布局工具栏	显示或隐藏"布局"工具栏
表单生成器	提供一种简单、交互的方法把字段作为控件添加到表单上，通过表单生成器可以定义表单的样式和布局
自动格式生成器	为选定控件应用格式化样式

　　在表单设计器环境下，也可以调用表单生成器，方便、快速地产生表单。调用表单生成器的方法有：选择"表单"菜单中的"快速表单"命令；右击表单窗口，在快捷菜单中选择"生成器"命令；单击"表单设计器"工具栏中的"表单生成器"按钮。

　　采用上面任意一种方法后，系统都将弹出"表单生成器"对话框，如图 8-8 所示。在对话框中，用户可以从某个表或视图中选择若干个字段，这些字段将以控件形式被添加到表单上。要寻找某个表或数据库，可以单击"数据库和表"下拉列表右侧的▢按钮，弹出"打开"对话框，然后从中选择需要的文件。在"样式"选项卡中可以为所添加的字段控件选择它们在表单上的显示样式。

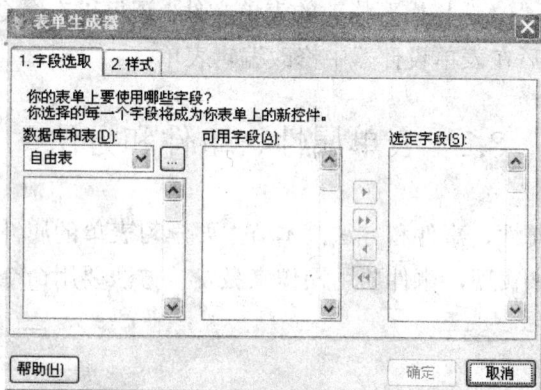

图 8-8　"表单生成器"对话框

　　利用表单生成器生成的表单一般不能满足特定应用的需求，还需要在表单设计器中做进一步的设计、修改和编辑。如果需要保存设计好的表单，可以在表单设计器环境下选择"文件"菜单中的"保存"命令，在弹出的"另存为"对话框中给出表单文件的文件名，再单击"保存"按钮即可。设计好的表单将被保存在一个表单文件(.scx)和一个表单备注文件(.sct)中。

8.1.2　运行表单

　　所谓运行表单，就是根据创建的表单文件及表单备注文件的内容产生表单对象。
　　可用下列方法来运行表单文件：
　　(1) 在"项目管理器"窗口中，选择要运行的表单，然后单击"运行"按钮。
　　(2) 在表单设计器环境下，选择"表单"菜单中的"执行表单"命令，或单击"常用"工具栏中的"运行"按钮。
　　(3) 选择"程序"菜单中的"运行"命令，弹出"运行"对话框，然后在对话框中指定要运行的表单文件名并单击"运行"按钮。
　　(4) 在命令窗口输入命令：

```
do form <表单文件名> [with <实参 1>[,<实参 2>,…][noshow]]
```

　　如果命令中包含 with 子句，那么在表单运行引发 Init 事件时，系统会将各实参的值传递给该事件代码 Parameters 或 Lparameters 子句中的各形参。

　　通常情况下，表单运行时，在表单对象产生后，将自动调用表单对象的 Show 方法显示表单。如果包含 Noshow 关键字，表单运行时将不显示，直至表单对象的 Visible 属性被设置为.T.，或者调用了 Show 方法时才显示出来。

例如，要运行例 8.1 中创建的 stsc.scx 表单，可以在命令窗口输入：do form stsc。

8.1.3 修改表单

无论是通过哪种方式创建的表单，都可以通过表单设计器对表单进行编辑修改。

首先打开表单文件和表单设计器，在"项目管理器"窗口中选择"文档"选项卡，选择需要修改的表单文件，然后单击"修改"按钮；也可以选择"文件"菜单中的"打开"命令，在弹出的"打开"对话框中，选择需要修改的表单文件；还可以在命令窗口输入命令：modify form <表单文件名>。然后在表单设计器中修改编辑表单。

8.2 表单属性、事件和方法

前面学习过对象的属性、事件和方法，本节主要学习表单的属性、事件和方法。属性编辑可以通过设置属性值来实现，事件要用操作来激发，方法要用命令来调用。

8.2.1 表单属性

表单的属性较多，表 8-2 列出了常用的一些表单属性，这些属性规定了表单的外观和行为，在设计表单时经常用到。

表 8-2　表单的常用属性

属性	说明	默认值
AlwaysOnTop	控制表单是否总是处在其他打开窗口之上	.F.
AutoCenter	控制表单初始化时是否让表单自动地在 Visual FoxPro 主窗口中居中	.F.
BackColor	决定表单窗口的颜色	255,255,255
BorderStyle	决定表单是否有边框，还是具有单线边框、双线边框或系统边框	3
Caption	决定表单标题栏显示的文本	Form1
Closable	控制用户是否能通过单击"关闭"按钮来关闭表单	.T.
MaxButton	控制表单是否具有"最大化"按钮	.T.
MinButton	控制表单是否具有"最小化"按钮	.T.
Movable	控制表单是否能移动到屏幕的新位置	.T.
Height	决定表单的高度	250
Width	决定表单的宽度	375
Scrollbars	控制表单所具有的滚动条类型。可取 0(无)、1(水平)、2(垂直)、3(既有水平又有垂直)	0
TitleBar	控制标题栏是否显示在表单的顶部	1
ShowWindow	控制表单是否在屏幕中、悬浮在顶层表单中或作为顶层表单出现	0
WindowState	控制表单是否最小化、最大化还是正常状态	0
WindowType	控制表单是非模式表单(值为 0)，还是模式表单(值为 1)	0

8.2.2 表单的常用事件和方法

表单从运行到结束经常发生的事件和方法有 14 种。

(1) Load 事件：在表单对象建立之前引发。

(2) Init 事件：在对象建立时引发。在表单对象的 Init 事件引发之前，将先引发它所包含的控件对象的 Init 事件，所以在表单对象的 Init 事件代码中能够访问它所包含的所有控件对象。

(3) Destroy 事件：在对象释放时引发。表单对象的 Destroy 事件在它所包含的控件对象的 Destroy 事件引发之前引发，所以在表单对象的 Destroy 事件代码中能够访问它所包含的所有控件对象。

(4) Unload 事件：在表单对象从内存释放时引发，是表单对象释放时最后一个引发的事件，比如在关闭包含一个命令按钮的表单时，先引发表单的 Destroy 事件，然后引发命令按钮的 Destroy 事件，最后引发表单的 Unload 事件。

(5) Click 事件：用鼠标单击对象时引发。引发该事件的常见情况有以下 4 种：单击表单的空白处，引发表单的 Click 事件，但单击表单的标题栏或窗口边界不会引发 Click 事件；单击复选框、命令按钮、组合框、列表框和选项按钮，可引发其 Click 事件；当表单中包含一个确认按钮（Default 属性值为.T.）时，按 Enter 键，引发确认按钮的 Click 事件；在命令按钮、选项按钮或复选框处获得的焦点，按空格键也可引发其 Click 事件。

(6) DblClick 事件：双击对象时引发。

(7) Rightclick 事件：右击对象时引发。应用于复选框、组合框、命令组、编辑框、表单、表格、标头、图像、标签、线条、列表框、选项组、页框、微调、文本框对象。

(8) Activate 事件：激活表单。

(9) Gotfocus 事件：当对象获得焦点时引发。对象可能会由于用户的动作或代码中调用 Setfocus 方法来获得焦点。

(10) Refresh 方法：重新绘制表单或控件，并刷新它的所有值。当表单被刷新时，表单上的所有控件也都被刷新。当页框被刷新时，只有活动页面上的控件被刷新。

(11) Show 方法：显示表单。该方法将表单的 Visible 属性设置为.T.，并使表单成为活动对象。

(12) Hide 方法：隐藏表单。该方法将表单的 Visible 属性设置为.F.。

(13) SetFocus 方法：让控件获得焦点，使其成为活动对象。如果一个控件的 Enabled 属性值或 Visible 属性值为.F.，将不能获得焦点。

(14) Release 方法：将表单从内存中释放（清除）。比如表单有一个命令按钮，如果希望单击该命令按钮时关闭表单，就可以将该命令按钮的 Click 事件代码设置为 Thisform.release。

例 8.2 创建如图 8-9 所示的封面表单 fmbd.scx，单击"关闭"按钮则释放表单。

操作步骤如下：

(1) 利用表单设计器创建表单 Form1，并设置其基本属性：

图 8-9　封面表单

```
Autocenter=.t.
Height=350
Width=480
```

（2）按图 8-9 所示添加 4 个标签和 2 个命令按钮，根据美观原则设置标签的 Caption 属性、Fontname 属性等，再设置两个命令的 Caption 属性为"进入系统"和"关闭"。

（3）编写"关闭"按钮 Click 事件代码为 Thisform.release。

（4）以"fmbd"为文件名保存，然后调试修改，单击常用工具栏中的"！"运行按钮或选择"表单"菜单中的"执行表单"命令，观看效果，单击"关闭"按钮释放表单。

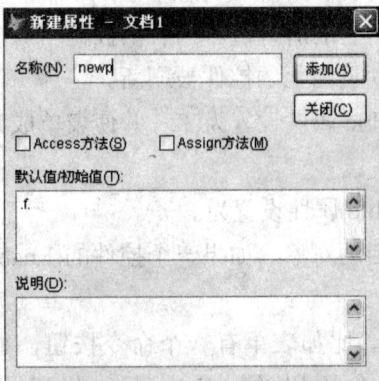

本例的 Click 事件中调用了表单的 Release 方法。

8.2.3　自定义表单的属性和方法

根据设计需要可以自定义新的表单属性。其方法是：选择"表单"菜单中的"新建属性"命令，弹出"新建属性"对话框，如图 8-10 所示。在"名称"文本框中输入属性名称，在"说明"文本框中输入新建属性的说明信息，这些信息将显示在"属性"窗口的底部，最后，单击"添加"按钮即可。新建的属性同样会在"属性"窗口的列表框中显示出来。

另外，也可以为表单对象新建方法程序。向表单中添加新方法的步骤是：选择"表单"菜单中的"新建方法程序"命令，弹出"新建方法程序"对话框，如图 8-11 所示；在"名称"文本框中输入方法名称；在"说明"文本框中输入新建方法的说明信息；最后单击"添加"按钮即可。这样新建的方法同样会在"过程"列表框中显示出来，可以双击它打开"代码编辑"窗口，然后输入或修改方法的代码。

图 8-10　"新建属性"对话框

图 8-11　"新建方法程序"对话框

8.3　在表单中设置控件

在表单设计时，可根据需要在表单中添加控件，并对已有的控件进行设置和修改。

8.3.1 表单控件工具栏

使用"表单控件"工具栏(见图 8-12)可以在表单上添加控件。"表单控件"工具栏中有 21 个控件工具和 4 个辅助按钮。4 个辅助按钮分别是工具栏中的前两个和后两个。

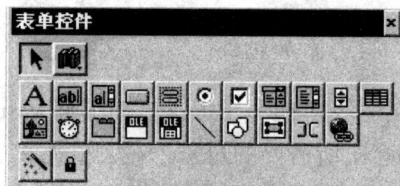

图 8-12 "表单控件"工具栏

1. 部分控件按钮的功能

(1) **A**：标签。创建一个标签控件，用于保存不希望用户改动的文本，如复选框上面或图形下面的文字。

(2) **abl**：文本框。创建一个文本框控件，用于保存单行文本，用户可以在其中输入或更改文本。

(3) **a1**：编辑框。创建一个编辑框控件，用于保存多行文本，用户可以在其中输入或更改文本。

(4) **□**：命令按钮。创建一个命令按钮控件，用于执行命令。

(5) **圖**：命令按钮组。创建一个命令按钮组控件，用于把相关的命令编成组。

(6) **◉**：选项按钮组。创建一个选项按钮组控件，用于显示多个选项，用户只能从中选择一项。

(7) **☑**：复选框。创建一个复选框控件，允许用户选择开关状态，或显示多个选项，用户可从中选择多项。

(8) **圖**：组合框。创建一个组合框控件，用于创建一个下拉式组合框或下拉式列表，用户可以从列表项中选择一项或人工输入一个值。

(9) **圓**：列表框。创建一个列表框控件，用于显示供用户选择的列表项。当列表项很多，不能同时显示时，列表可以滚动。

(10) **圓**：微调控件。创建一个微调控件，用于接收给定范围内的数值输入。

(11) **圃**：表格。创建一个表格控件，用于在电子表格样式的表格中显示数据。

(12) **⏱**：计时器。创建计时器控件，可以在指定时间或按照设定间隔运行进程。此控件在运行时不可见。

(13) **□**：页框。显示控件的多个页面。

2. 辅助按钮的功能

(1) **▶**选定对象。选定一个或多个对象，改变控件的大小和移动控件位置。当处于按下状态时表示不可创建控件，只能编辑已有的控件；当按钮处于非按下状态时表示允许创建控件。

(2) **🏛**查看类。单击激活，使用户可以选择显示一个已注册的类库。在选择一个类后，工具栏只显示选定类库中类的按钮。

(3) **🖉**生成器锁定。当按钮处于按下状态时，每次往表单添加控件，系统都会自动打开相应的生成器对话框，以便用户对该控件的常用属性进行设置。

(4) **🔒**按钮锁定。可以添加多个同种类型的控件，而不需要多次单击这种类型的控件按钮。

8.3.2　添加控件和设置控件属性

1. 添加控件

"表单控件"工具栏提供有 Visual FoxPro 可视化编程的各种控件，借助这些控件，可以创建出所需要的对象。在表单上添加控件的方法是：单击需要的控件按钮，将鼠标指针移动到表单的合适位置单击或拖动，便在表单上添加了一个控件。

例如，要在一个表单上添加一个命令按钮，首先打开表单设计器，单击"表单控件"工具栏中的"命令按钮"按钮，然后将鼠标指针指向表单的合适位置，按下鼠标左键并拖动画出一个矩形框，释放左键即添加了一个命令按钮，命令按钮上显示"Command1"，这里的Command1 是命令按钮的 Caption 属性值，用户可以进行修改。

2. 设置属性

在添加控件后经常要修改或设置属性，通常是在"属性"窗口中完成。在控件上右击，在弹出的快捷菜单中选择"属性"命令或单击"表单设计器"工具栏中"属性窗口"按钮，打开"属性"窗口。属性窗口从上至下依次包括对象下拉列表框、选项卡、属性设置框和属性列表。

1) 对象下拉列表框

用于显示当前选定的对象。单击右端的下拉列表按钮，可看到包括当前表单(或表单集)及其所包含的全部对象的列表。从列表中可选择要更改其属性的表单或对象。

2) 选项卡

按分类显示所选对象的属性、事件和方法。"全部"选项卡显示全部对象的属性、事件和方法；"数据"选项卡显示所选对象如何显示或怎样操纵数据的属性；"方法程序"选项卡显示方法和事件；"布局"选项卡显示所有的布局属性；"其他"选项卡显示其他和用户自定义的属性。

3) 属性设置框

可以更改属性列表中选定的属性值。若选定的属性需要预定义设置值，则在右边出现一个向下的箭头；若属性设置需要指定一个文件名或一种颜色，则在右边出现 ... 按钮。单击 ✓ 按钮确认对此属性的更改；单击 ✕ 按钮则取消更改，恢复以前的值；单击 f_x 按钮，则可打开表达式生成器。

4) 属性列表

属性列表包含两列列表，显示属性及其值。对于具有预定值的属性，在"属性"列表中双击属性名可遍历所有可选项。对于具有两个预定值的属性，在"属性"列表中双击属性名可在两者之间切换。如果需要设置的属性值是一个表达式，应先输入等号"＝"，再输入表达式。以斜体显示的是只读的属性、事件和方法。用户修改过的属性值将以黑体显示。

通常，要为属性设置一个字符型值，可在设置框中直接输入，不需要加定界符，否则系统会把定界符作为字符串的一部分。但对那些既可接收数值型数据又可接收字符型数据的属性来说，如果在设置框中直接输入数字，系统会把它作为数值型数据对待。要为这类属性设置数字形式的字符串，可以利用输入表达式的方式，如输入：= " 234 "。

3．编写代码

　　编写代码就是为对象编写事件、过程或方法。编写代码是在代码窗口中进行的。打开代码窗口的方法是：在表单中右击需要编写代码的对象，在快捷菜单中选择"代码"命令；或双击需要编写代码的对象。代码窗口如图 8-13 所示。

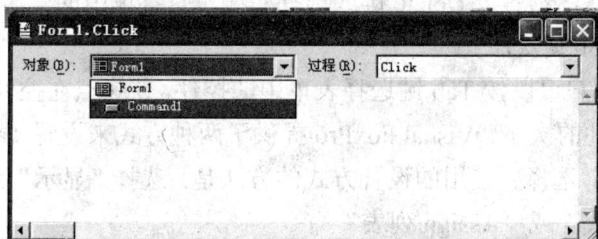

图 8-13　代码窗口

　　窗口中的"对象"下拉列表中列出当前表单及所包含的所有对象名，"过程"下拉列表中列出所选对象的所有方法及事件名。

　　例如，在"对象"下拉列表中选择"Command1"对象，在"过程"下拉列表中选择"Click"，并在代码窗口中输入代码：thisform.Release，如图 8-14 所示。当用户单击命令按钮（Command1）时，即清除该表单。

图 8-14　在代码窗口中输入代码

8.3.3　控件的基本操作

　　在设计表单时通常要对表单上的控件进行复制、移动、删除和改变大小等操作。下面介绍表单控件的基本操作。

　　1）选定控件

　　单击控件可以选定此控件，被选定的控件周围会出现 8 个控点。如果要同时选定多个连续控件，则需在"表单控件"工具栏中的"选择对象"按钮按下的情况下，拖动鼠标使出现的框围住要选定的控件即可。如果要选定不相邻的多个控件，可以按住 Ctrl 键的同时，逐个单击各控件。

　　2）移动控件

　　先选定控件，然后用鼠标拖动控件到需要的位置上。使用方向键也可以移动选定的控件。

　　3）调整控件的大小

　　先选定控件，然后拖动控件周围的某个控点，能够改变控件的高度和宽度。

4）复制控件

先选定控件，然后选择"编辑"菜单中的"复制"命令，再选择"编辑"菜单中"粘贴"命令，最后将复制产生的新控件拖动到需要的位置即可。

5）删除控件

选定不需要的控件，然后按 Delete 键或选择"编辑"菜单中的"清除"命令即可。

6）设置控件的 Tab 键次序

当表单运行时，用户可以按 Tab 键选择表单中的控件，使焦点在控件间移动。控件的 Tab 键次序决定了选择控件的次序。Visual FoxPro 提供了两种方式来设置 Tab 键次序：Assign 交互方式和 Assign 列表。选择要使用的设置方式的方法是：选择"显示"菜单中的"Tab 排序"下的"Assign 交互方式"或"Assign 列表"命令。

在 Assign 交互方式下，控件左上方出现深色小方块，称为 Tab 键次序盒，里面显示该控件的 Tab 键次序号码，如图 8-15 所示。双击某个控件的 Tab 键次序盒，该控件将成为 Tab 键次序中的第一个控件，按希望的顺序依次单击其他控件的 Tab 键次序盒，最后单击表单空白处，确认设置并退出设置状态；若按 Esc 键，则会询问是否放弃设置并退出设置状态。

在 Assign 列表方式下，会弹出"Tab 键次序"对话框，如图 8-16 所示，列表框中按 Tab 键次序显示各控件，拖动控件左侧的移动按钮移动控件，改变控件的 Tab 键次序。如果单击"按行"按钮，将按各控件在表单上的位置从左到右、从上到下自动设置各控件的 Tab 键次序；单击"按列"按钮，将按各控件在表单上的位置从上到下、从左到右自动设置各控件的 Tab 键次序。

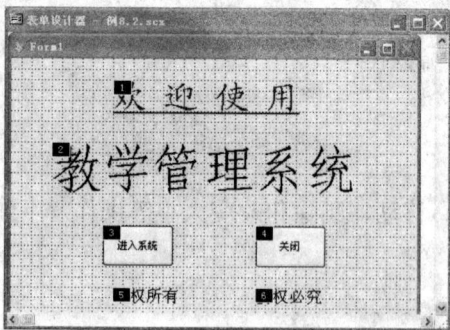

图 8-15　交互方式设置 Tab 键次序

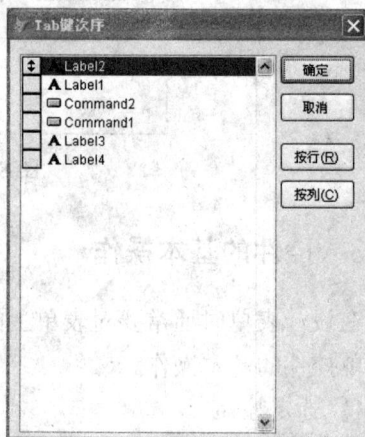

图 8-16　"Tab 键次序"对话框

7）控件布局

利用"布局"工具栏中的按钮可以方便地调整选定控件的相对大小或位置。"布局"工具栏如图 8-17 所示，各按钮的功能如表 8-3 所示。

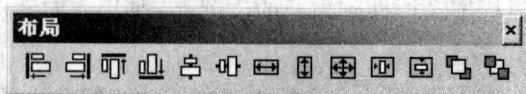

图 8-17　"布局"工具栏

表 8-3　"布局"工具栏中的按钮功能(从左至右)

按钮名称	按钮功能
左边对齐	使选定的所有控件沿其中最左边控件的左侧对齐
右边对齐	使选定的所有控件沿其中最右边控件的右侧对齐
顶边对齐	使选定的所有控件沿其中最顶端控件的顶边对齐
底边对齐	使选定的所有控件沿其中最下端控件的底边对齐
垂直居中对齐	使选定的所有控件的中心处在一条垂直轴上
水平居中对齐	使选定的所有控件的中心处在一条水平轴上
相同宽度	使选定的所有控件的宽度都与其中最宽控件的宽度相同
相同高度	使选定的所有控件的高度都与其中最高控件的高度相同
相同大小	使选定的所有控件都具有相同的大小
水平居中	使选定的控件在表单内水平居中
垂直居中	使选定的控件在表单内垂直居中
置前	将选定的控件移至最前面,可能会挡住其他控件
置后	将选定的控件移至最后面,可能会被其他控件挡住

例 8.3　如图 8-18 所示,表单中有 5 个随机排列的命令按钮,要求使"按钮 2"、"按钮 3"、"按钮 4"、"按钮 5"都与"基准按钮"具有相同大小而且左边对齐。

操作步骤如下:

(1) 用鼠标框选所有控件。单击"表单设计器"工具栏中的"布局工具栏"按钮,显示"布局"工具栏。

(2) 单击"布局"工具栏中的"相同大小"按钮,使所有按钮都与基准按钮相同大小。

(3) 单击"布局"工具栏中的"左边对齐"按钮,使所有按钮都与基准按钮的左边对齐。操作结果如图 8-19 所示。

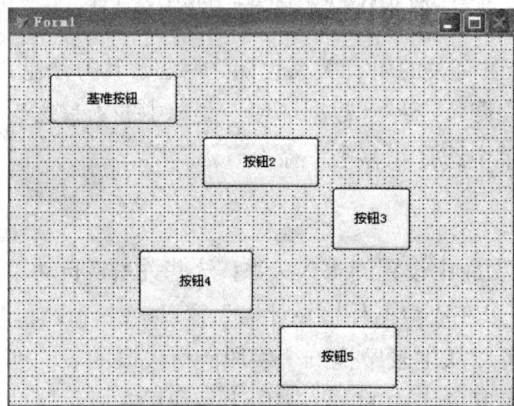

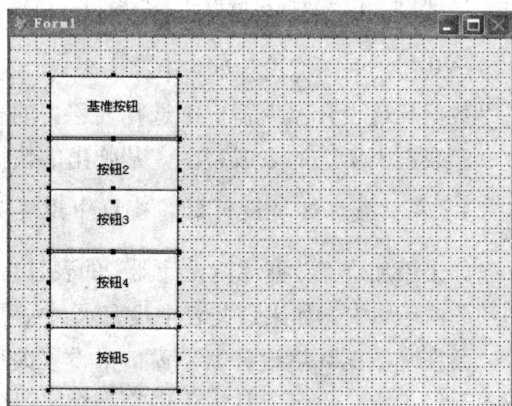

图 8-18　例 8.3 图示　　　　　　图 8-19　例 8.3 操作后的效果图

8.3.4　数据环境

每一表单或表单集都包括一个数据环境。数据环境是一个对象,它包含与表单相互作用的表或视图,以及表单所要求的表之间的关系。可以在"数据环境设计器"中直观地设置数据环境,并与表单一起保存,在运行表单时,Visual FoxPro 将自动打开数据环境中的表或视图，并在关闭该表单时自动关闭它们。在表单中创建可以和数据绑定的对象时，就可以在该对象"属性"窗口的"ControlSource"属性列表中找到"数据环境"中打开的所有表和视图的全部字段。

1. 打开"数据环境设计器"

选择"显示"菜单中的"数据环境"命令，或在表单内右击，在弹出的快捷菜单中选择"数据环境"命令，便打开"数据环境设计器"窗口，如图 8-20 所示。

2. 向数据环境添加表和移出表

打开"数据环境设计器"窗口，选择"数据环境"菜单中的"添加"命令或在"数据环境设计器"中右击，从弹出的快捷菜单中选择"添加"命令，则弹出"添加表或视图"对话框，如图 8-21 所示，在其中选择表或视图添加到数据环境中。如果没有数据库或项目被打开，则单击"其它"按钮选择一个表。

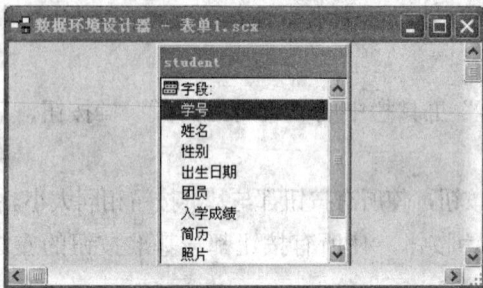

图 8-20　"数据环境设计器"窗口　　　　　图 8-21　"添加表或视图"对话框

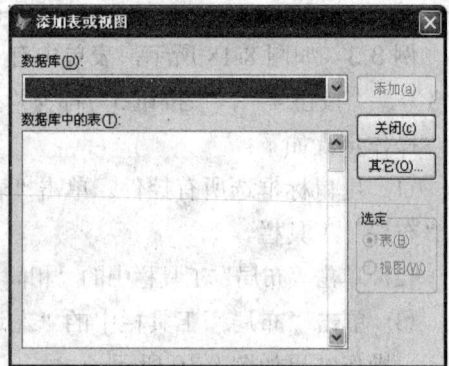

当从"数据环境设计器"中移去表时，与这个表有关的所有关系也随之移去。其方法是：在"数据环境设计器"窗口中选择要移去的表或视图，选择"数据环境"菜单中的"移去"命令，或右击所选的表或视图，从弹出的快捷菜单中选择"移去"命令。

3. 在"数据环境设计器"窗口中设置关系

如果添加进"数据环境设计器"的表具有在数据库中设置的永久关系，这些关系将自动添加到数据环境中。如果这些表中没有永久关系，可以在"数据环境设计器"窗口中进行设置。

要在"数据环境设计器"窗口中设置关系，可以从主表中拖一个字段到所关联的表的匹配索引标识上，也可以从主表中拖一个字段到所关联的表中的一个字段上。如果在所关联的表中没有索引标识对应主表中的字段，系统将提示用户是否创建索引标识。

8.4　常用表单控件

表单设计离不开控件，因此，必须掌握基本表单控件的主要属性及其常用方法和事件。每个控件都有很多属性，但其中有些属性是相同的，其基本功能也相同。表 8-4 所示给出了控件的部分通用属性。

表 8-4 控件的部分通用属性

属性	说明
Alignment	文本在控件中的对齐方式。0-左(默认)，1-右，2-居中
AutoSize	设置对象是否自动调节大小。.T.-是，.F.-否(默认)
BackColor	设置对象的背景色
BackStyle	设置对象的背景是否透明。0-透明，1-不透明
Caption	设置对象的显示标题，仅接收字符型数据
Enable	设置对象是否有效。.T.-是(默认)，.F.-否
FontBold	设置对象的文本是否以粗体显示。.T.-是，.F.-否(默认)
FontItalic	设置对象的文本是否以斜体显示。.T.-是，.F.-否(默认)
FontName	设置对象文本的字体
FontSize	设置对象文本的字号(文字大小)
FontUnderline	设置对象的文本是否加下划线显示。.T.-是，.F.-否(默认)
ForeColor	设置对象前景色
Height	设置对象高度
Left	设置对象显示时距父对象的左边距离
Name	设置对象的名称，在事件代码中依据 Name 属性值引用对象
Top	设置对象显示时距父对象的上边距离
Visible	设置对象是否可见。.T.-是(默认)，.F.-否
Width	设置对象宽度

　　每个控件基本都具有这些属性，有很多属性直接使用其默认值即可，如须更改，则进行相应修改即可。下面重点介绍各个控件特有的属性及其相关应用。

8.4.1　标签(Label)控件

　　标签是用来显示文本的控件，一般显示非变量的文本信息。被显示的文本在 Caption 属性中指定，称为标题文本。标签的标题文本不能在屏幕上直接编辑修改，但可以在代码中通过重新设置 Caption 属性间接修改。标签标题文本最多可以包含 256 个字符。标签具有自己的一套属性、方法和事件，能够响应绝大多数鼠标事件。

　　标签的常用属性如表 8-5 所示。

表 8-5 标签的常用属性

属性名	说明
Caption	定义标签的显示内容
Alignment	指定标签文本在控件中的对齐方式。0-左对齐；1-右对齐；2-居中对齐
AutoSize	设置是否可自动调整标签的大小。.T.-可自动调整，.F.-不能自动调整
BackStyle	设置标签的背景是否透明。.T.-透明，.F.-不透明
BorderStyle	设置标签的边框。0-无边线，1-有单边线
Name	标签名称
WordWrap	当属性为.T.时，标签文本将换行

需要注意的是，在设计代码时，只能用 Name 属性值（对象名称）而不能用 Caption 属性值来引用对象。在同一作用域内两个对象（如一个表单内的两个命令按钮）可以有相同的 Caption 属性值，但 Name 属性的值不能相同。用户在创建表单或控件对象时，系统会自动赋予对象相同的 Caption 属性值和 Name 属性值，如 Label1、Form1、Command1 等，用户可以根据需要分别重新设置它们。

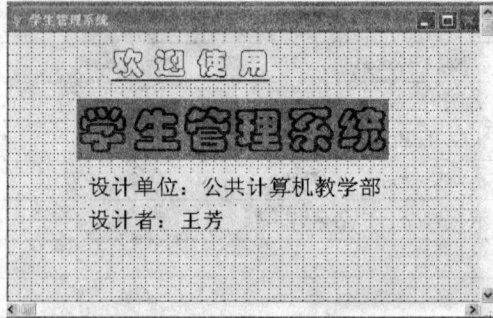

例 8.4 设计如图 8-22 所示的学生管理系统主界面表单，表单文件名为"系统界面.scx"。

表单设计操作步骤如下：

（1）在项目管理器中单击"文档"标签，选择"表单"，再单击"新建"按钮打开表单设计器，在表单的属性窗口中把"Caption"属性值设置为"学生管理系统"。

图 8-22 例 8.4 的表单界面

（2）在表单的合适位置上添加 4 个"Label（标签）"，如图 8-22 所示。

（3）单击表单的"Label1"，设定其属性值：Autosize 为.T.，Caption 为"欢迎使用"，Fontname 为"迷你简彩云"，Fontsize 为 25，Fontunderline 为.T.，Forecolor 为(255,0,128)；单击表单的"Label2"，设定其属性值：Autosize 为.T.，Caption 为"学生管理系统"，Fontname 为"华文彩云"，Fontsize 为 35，Fontbold 为.T.，Forecolor 为(255,0,0)，Backcolor 为(0,255,0)。

（4）同样，为"Label3"和"Label4"设置属性值。

（5）保存文件，运行表单文件。

8.4.2 命令按钮（CommandButton）控件

命令按钮可以用来启动某个事件代码及完成特定功能，如关闭表单、移动记录指针、打印报表等。通常要为命令按钮设置 Click 事件的方法程序。命令按钮的主要属性如表 8-6 所示。

表 8-6 命令按钮的主要属性

属性	说明
Caption	定义命令按钮的文字显示
Enabled	指定表单或控件能否响应由用户引发的事件。默认值为.T.，即对象是有效的，能被选择，能响应用户引发的事件
Default	Default 属性值为.T.的命令按钮称为"确认"按钮。命令按钮的 Default 属性默认值为.F.。一个表单内只能有一个"确认"按钮，当用户将某个命令按钮设置为"确认"按钮时，先前存在的"确认"按钮自动变为"非确认"按钮
Cancel	Cancel 属性值为.T.的命令按钮称为"取消"按钮。命令按钮的 Cancel 属性默认值为.F.。在"取消"按钮所在的表单被激活的情况下，按 Esc 键可以激活"取消"按钮，执行该按钮的 Click 事件代码
Backstyle	命令按钮是否具有透明或不透明的背景
Visible	指定对象是可见还是隐藏。在表单设计器中，默认值为.T.，即对象是可见的；在程序代码中，默认值为.F.，即对象是隐藏的。但一个对象即使是隐藏的，在代码中仍可以访问它

在设置命令按钮对象的"Caption"属性时，输入"\<"和一个访问键字符可指定其访问键。在表单上同时按 Alt 键和访问键字符可完成单击此按钮的功能。例如，将"退出"按钮

的 Caption 属性值设置为"退出(\<Q)"，在运行表单时，即可通过 Alt+Q 组合键完成单击此按钮的动作。

例 8.5 为例 8.4 建立的表单"系统界面.scx"添加 2 个命令按钮，如图 8-23 所示，表单文件名为"系统界面 1.scx"。

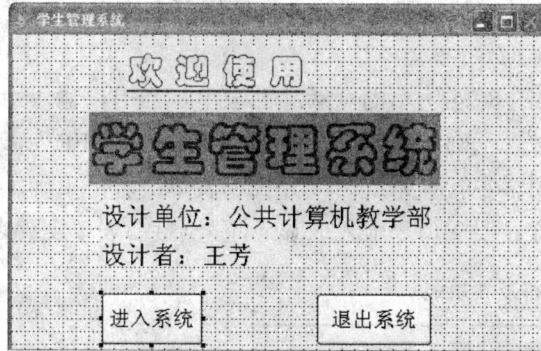

图 8-23 例 8.5 的表单界面

表单设计操作步骤如下：

（1）在项目管理器中单击"文档"标签，选择"系统界面.scx"表单文件，再单击"修改"按钮打开表单设计器，选择"文件"菜单中的"另存为"命令，在弹出的对话框中输入文件名"系统界面 1"并保存表单。

（2）在表单中的合适位置添加两个按钮。

设定第 1 个按钮的 Caption 属性值为"进入系统"；双击该按钮打开 Click 事件的代码窗口，输入命令代码：do main.prg。注意表单运行时，要求先编写好程序名为 main.prg 的主程序。

设定第 2 个按钮的 Caption 属性值为"退出系统"，并在该按钮 Click 事件的代码窗口中输入命令：thisform.release。

将两个命令按钮的 Default 属性值设置为.F.。

（3）保存文件，运行表单文件。

8.4.3 文本框(TextBox)控件

文本框是 Visual FoxPro 的一种常用的控件，用户利用它可以在内存变量、数组元素或非备注型字段中输入或编辑数据。Visual FoxPro 的剪切、复制、粘贴等编辑功能，在文本框内都可以使用。文本框中一般包含一行数据，可以编辑任何类型的数据。文本框的主要属性如表 8-7 所示。

表 8-7 文本框的主要属性

属性	说明
Name	文本框名称。第一个文本框默认为 text1，第二个默认为 text2，……
ControlSource	为文本框指定一个字段或内存变量。运行时，文本框首先显示该变量的内容。而用户对文本框的编辑结果，也会最终保存到该变量中
Readonly	属性值默认为.F.表示可以编辑；.T.表示不可以编辑
Value	返回文本框的当前内容；默认值是空串。与 ControlSource 属性指定的变量具有相同的数据和类型
PasswordChar	指定文本框控件内是显示用户输入的字符还是显示占位符；指定用作占位符的字符。该属性的默认值是空串，表示没有占位符
Inputmask	指定在一个文本框中如何输入和显示数据

一般情况下，要为文本框指定 ControlSource 对应的一个字段或内存变量。ControlSource 还适用于编辑框、命令框、选项按钮、选项组、复选框、列表框、组合框等控件。

Inputmask 属性值是一个字符串，通常由一些模式符组成，每个模式符规定了相应位置上数据的输入和显示行为。各种模式符及其功能如表 8-8 所示。

InputMask 属性值中也可包含其他字符，这些字符在文本框内将会原样显示。该属性还适用于组合框、列表框等控件。

例 8.6　设计一个如图 8-24 所示的登录界面表单，当用户输入用户名和口令，单击"确定"按钮后，检查输入是否正确，若正确(假定用户名为"USER"，口令为"123")，就在信息框中显示"欢迎使用学生管理系统！"并关闭表单；若不正确，则显示"用户名或口令不正确，请重输…"字样。要求口令输入时显示星号(*)。表单文件名为"登录.scx"。

表 8-8　模式符及其功能

模式符	功能
X	允许输入任何字符
9	允许输入数字和正负号
#	允许输入数字、空格和正负号
$	在固定位置上显示当前货币符号(由 set currency 命令指定)
$$	在数值前面相邻的位置上显示当前货币符号
*	在数值左边显示星号*
.	指定小数点的位置
,	分隔小数点左边的数字串

图 8-24　例 8.6 的表单界面

表单设计操作步骤如下：

(1) 建立一个表单，在表单上添加 2 个标签、2 个文本框和 1 个命令按钮。

(2) 按图示设置 2 个标签和 1 个命令按钮的 Caption 属性值。

(3) 设置文本框 Text1 的 InputMask 属性值为 XXXX，设置文本框 Text2 的 InputMask 属性值为 999；设置 Text2 的 PasswordChar 属性值为*，设置 Text1、Text2 的 Readonly 属性值为.F.。

(4) 设置"确定"命令按钮的 Click 事件代码如下：

```
If Thisform.Text1.Value= "USER" .and. Thisform.Text2.Value= "123"
    Messagebox( "欢迎使用学生管理系统！" )
    Thisform.Release
Else
    Messagebox("用户名或口令不正确，请重输…" )
Endif
```

(5) 保存文件并运行。

8.4.4　编辑框(EditBox)控件

与文本框一样，编辑框的主要功能也是输入、编辑文本。但它有自己的特点：编辑框实际上是一个完整的字处理器，利用它能够选择、剪切、粘贴以及复制文本；可以实现自动换

行；能够有自己的垂直滚动条；可以用箭头键在正文里面移动光标。编辑框只能输入、编辑字符型数据，包括字符型内存变量、数组元素、字段以及备注字段中的内容。

除 PasswordChar、InputMask 属性之外，前面介绍的有关文本框的属性对编辑框同样适用。编辑框的主要属性如表 8-9 所示。

表 8-9 编辑框的主要属性

属性	说明
Readonly	指定用户能否编辑编辑框中的内容
ScrollBars	指定编辑框是否具有滚动条。当属性值为 0 时，编辑框没有滚动条；当属性值为 2(默认值)时，编辑框包含垂直滚动条
AllowTabs	指定编辑框控件中能否使用 Tab 键
HideSelection	指定当编辑框失去焦点时，编辑框中选定的文本是否仍显示为选定状态
SelStart	返回用户在编辑框中所选文本的起始点位置或插入点位置(没有文本选定时)。也可用以指定要选文本的起始位置或插入点位置。属性的有效取值范围在 0 与编辑区中的字符总数之间
SelLength	返回用户在控件的文本输入区中所选定字符的数目，或指定要选定的字符数目。属性的有效取值范围在 0 与编辑区中的字符总数之间，若小于 0，将产生一个错误。该属性在设计时不可用，在运行时可读写
SelText	返回用户编辑区内选定的文本，如果没有选定任何文本，则返回空串

例 8.7 设计如图 8-25 所示的表单，包含 1 个编辑框 Edit1 和 2 个命令按钮 Command1(查找)、Command2(替换)，要求在编辑框中输入文本内容，单击"查找"按钮时，选择编辑框中的单词"book"；单击"替换"按钮时，用单词"pencil"替换已选的单词"book"。

表单设计操作步骤如下：

(1) 创建表单，在表单上添加 1 个编辑框和 2 个命令按钮。

图 8-25 例 8.7 的表单界面

(2) 如图设置 2 个按钮的 Caption 值；设置编辑框的 HideSelection 属性值为.F.，这样找到的字符串就会显示成选定状态。

(3) 设置"查找"命令按钮(Command1)的 Click 事件代码为：

```
n=at("book",thisform.edit1.value)
If n<>0
  Thisform.edit1.selstart=n-1
  Thisform.edit1.sellength=len("book")
Else
  Messagebox( "没有相匹配的单词！")
Endif
```

(4) 设置"替换"命令按钮(Command2)的 Click 事件代码为：

```
If thisform.edit1.seltext="book"
  Thisform.edit1.seltext="pencil"
Else
  Messagebox( "没有选择需要替换的单词！" )
Endif
```

(5) 保存并运行表单。

8.4.5　命令组(CommandGroup)控件

命令组是包含一组命令按钮的容器控件，用户可以单个或作为一组来操作其中的按钮。在表单设计器中，为了选择命令组中的某个按钮，以便为其单独设置属性、方法或事件，可采用以下两种方法：一种方法是右击命令组，然后从弹出的快捷菜单中选择"编辑"命令，这样命令组就进入了编辑状态，用户可以单击来选择某个具体的命令按钮；另一种方法是从属性窗口的对象下拉式组合框中选择所需的命令按钮。这种编辑操作方法对其他容器类控件(如选项组控件、表格控件)同样适用。命令按钮组的主要属性如表 8-10 所示。

表 8-10　命令按钮组的主要属性

属性	说明
ButtonCount	指定命令组中命令按钮的数目。在表单中创建一个命令组时，ButtonCount 属性的默认值是 2。可以通过改变 ButtonCount 属性的值来重新设置命令组中包含的命令按钮数目
Buttons	用于存取命令组中各按钮的数组，如 thisform.commandgroup1.buttons(2).visible=.F.
Value	指定命令组当前的状态。该属性的类型可以是数值型的(这是默认的情况)，也可以是字符型的
Backstyle	命令按钮组是否具有透明或不透明的背景。一个透明的背景与组下面的对象颜色相同，通常是表单或页面的颜色
Width	命令按钮组的宽度
Height	命令按钮组的高度

Value 属性指定命令组当前的状态。该属性的类型可以是数值型的，也可以是字符型的。若为数值型，单击某命令按钮时，Value 将获得此命令按钮的顺序号；若为字符型，单击某命令按钮时，Value 将获得此命令按钮的 Caption 属性值。

于是通过命令按钮组的 Value 值，在命令按钮组的 Click 事件代码中，便可判别出单击的是哪一个命令按钮，并决定执行的动作。一般处理格式如下(假设 Value 为数据值型)：

```
Do case
    Case  this.value=1
        *执行动作 1
    Case  this.value=2
        *执行动作 2
    Case  this.value=3
        *执行动作 3
Endcase
```

可以为命令按钮组设置 Click 事件代码，也可以为组内的某个按钮设置 Click 事件代码。如果命令组内的某个按钮有自己的 Click 事件代码，那么一旦单击该按钮，就会优先执行为它单独设置的代码，而不会执行命令组的 Click 事件代码。

例 8.8　设计一个如图 8-26 所示的表单(含有一个图像控件和一个命令组控件)，要求当用户单击"小鸟"按钮后显示小鸟图片，单击"小兔"按钮后显示小兔图片。

表单设计操作步骤如下：

(1) 单击项目管理器中"文档"标签，选择"表单"，再单击"新建"按钮，然后添加一个图像控件。

(a)　　　　　　　　　(b)

图 8-26　例 8.8 表单界面

（2）在表单中的合适位置添加一个命令按钮组。右击命令组控件，选择快捷菜单中的"编辑"命令，然后单击 Command1 按钮，修改 Caption 属性值为"小鸟"，同样修改 Command2 的 Caption 属性值为"小兔"，并修改 Fontsize 属性值至合适的字体大小。

（3）双击命令组控件，在其 Click 事件中添加如下代码：

```
Do case
    Case this.value=1
        this.parent.image1.Picture ="小鸟.jpg"
    Case this.value=2
        this.parent.image1.Picture="小兔.jpg"
Endcase
Thisform.refresh
```

（4）保存文件，运行表单文件，查看效果。

例 8.9　设计如图 8-27 所示的数字输入窗口，要求当表单执行时，用户单击哪个数字按钮，哪一个数字就在文本框中显示。

表单设计操作步骤如下：

（1）在 Visual FoxPro 中新建一个表单。

（2）按图 8-27 所示，在该表单窗口中分别创建一个文本框对象、10 个命令按钮对象和一个形状对象。调整它们的大小并摆放到相应的位置。

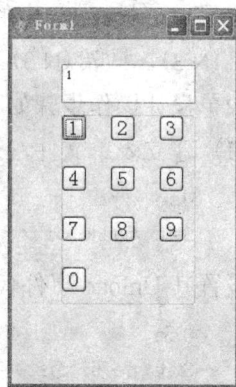

图 8-27　计算器表单执行外观

（3）设置各个按钮的 Caption 属性值，Width 属性值均为 25。

（4）在每一个命令按钮的 Click 事件中输入下列代码：

```
Thisform.text1.value=this.caption
```

（5）保存当前的设计结果并运行，看是否获得预期的结果。

说明：以上表单只允许用户输入一个数字，如果用户单击了另一个数字按钮，前一个数字就被取消。一般在实际的应用中，用的更多的是输入一个数字串，如一个电话号码，请读者思考怎么样实现上述功能。

8.4.6 选项组(OptionGroup)控件

选项组又称选项按钮组，是包含选项按钮的一种容器。一个选项组中往往包含若干个选项按钮，但用户只能从中选择一个按钮。当用户选择某个选项按钮时，该按钮即成为被选中状态，而选项组中的其他选项按钮，不管原来是什么状态，都变为未选中状态。被选中的选项按钮中会显示一个圆点。选项组的主要属性如表 8-11 所示。

表 8-11 选项组的主要属性

属性	说明
Enabled	属性值设置为.T.时，选项组为可选
ButtonCount	指定选项组中选项按钮的数目。默认值是 2
ControlSource	指明与选项组或选项建立联系的数据源。作为选项组数据源的字段变量或内存变量，其类型可以是数值型或字符型。选项组和选项可以分别建立不同的变量与其对应
Value	用于指定选项组中哪个选项按钮被选中。该属性值的类型可以是数值型的，也可以是字符型的。若为数值型，值为 N，则表示选项组中第 N 个选项按钮被选中；若为字符型，值为 C，则表示选项组中 Caption 属性值为 C 的选项按钮被选中
Buttons	用于存取选项组中每个按钮的数组。用户可以利用该属性为选项组中的按钮设置属性或调用其方法

与命令按钮组相似，通过选项组的 Value 值，便可判别出单击的是哪一个选项，并决定执行的动作。

例 8.10 设计如图 8-28 所示的能统计表 cj.dbf 的平均分的表单，表单文件名为"统计平均分.scx"。其中 cj.dbf 中的字段有学号(C,9)、姓名(C,8)、语文(N,3)、数学(N,3)、英语(N,3)、计算机(N,3)、政治(N,3)。

表单设计操作步骤如下：

(1) 建立表单文件，设置其 Load 事件代码如下：

```
Use cj                    &&注意文件地址
Set talk off
```

设置其 Unload 事件代码如下：

```
Use
Set talk on
```

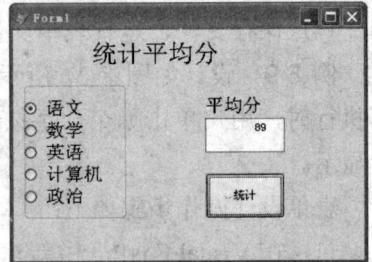

图 8-28 例 8.10 的表单界面

(2) 在表单的合适位置添加选项组。按图示设置选项组中各个选项的 Caption 属性。

(3) 在表单中添加 2 个标签和 1 个文本框。分别设置标签的 Caption 属性；文本框的 readonly 的属性值设置为.T.。

(4) 在表单中添加 1 个命令按钮。按钮的 Caption 属性设置为"统计"，设置其 Click 事件代码为：

```
Do case
    Case thisform.optiongroup1.value=1
        aver 语文 to pjf
    Case thisform.optiongroup1.value=2
        aver 数学 to pjf
    Case thisform.optiongroup1.value=3
        aver 英语 to pjf
```

```
    Case thisform.optiongroup1.value=4
        aver 计算机 to pjf
    Case thisform.optiongroup1.value=5
        aver 政治 to pjf
Endcase
Thisform.text1.value=pjf
Thisform.refresh
```

（5）保存并运行表单。

8.4.7　复选框（CheckBox）控件

一个复选框用于标记一个两值状态，真(.T.)或假(.F.)。当处于"真"状态时复选框内显示一个勾（√）；否则，复选框内为空白。复选框的主要属性如表 8-12 所示。

表 8-12　复选框的主要属性

属性	说明
Caption	指定显示在复选框旁边的文字
Alignment	复选框旁边的文字的对齐方式。默认为 0，表示文字在复选框旁边的右边；1 表示文字在复选框旁边的左边
Enabled	默认属性值为.T.，表示可选
ControlSource	指明与复选框建立联系的数据源。作为数据源的字段变量或内存变量，其类型可以是逻辑型或数值型。对于逻辑型变量，值.F.、.T.和.null.分别对应复选框未被选中、被选中和不确定。对于数值型变量，值 0、1 和 2(或.null.)分别对应复选框未被选中、被选中和不确定
Value	指明复选框的当前状态。值为 0 或.F.表示未被选中；值为 1 或.T.表示被选中；值为 2 或.null.表示不确定，只在代码中有效

复选框的不确定状态与不可选状态（Enabled 属性值为.F.）不同，不确定状态只表明复选框的当前状态值不属于两个正常状态值中的一个，但用户仍能对其进行选择操作，并使其变为确定状态；而不可选状态则表明用户现在不适合针对它做出某种选择。在屏幕上，不确定状态复选框以灰色显示，标题文字正常显示。而不可选状态复选框标题文字的显示颜色由 DisabledBackColor 和 DisabledForeColor 属性值决定，通常是浅色。

例 8.11　设计一个如图 8-29 所示的多选题表单，要求当用户选择答案后，单击"确定"按钮，可以判断回答正确与否，如果回答正确，显示"回答正确"，否则显示"回答错误，请再试试！"。

表单设计操作步骤如下：

（1）在 Visual FoxPro 中新建一个表单窗口。

（2）向表单添加 2 个标签控件、1 个命令按钮控件、6 个复选框控件，调整它们的大小并摆放到相应的位置。

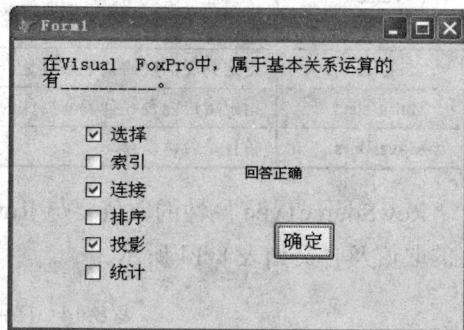

图 8-29　例 8.11 表单界面

（3）修改各个对象的属性值：

标签 Label1 的 Caption 属性值为"在 Visual FoxPro 6.0 中，属于基本关系运算的有_____。"，Wordwrap 属性值为.T.，FontBold 值为.T.，FontName 值为楷体-GB2312，

FontSize 为 12；命令按钮 Command1 的 Caption 值为"确定"；复选框 Check1 的 Caption 值为"选择"；复选框 Check2 的 Caption 值为"索引"；复选框 Check3 的 Caption 值为"联接"；复选框 Check4 的 Caption 值为"排序"；复选框 Check5 的 Caption 值为"投影"；复选框 Check6 的 Caption 值为"统计"。

(4) 在命令按钮 Command1 的 Click 事件中添加下列代码：

```
If  this.parent.check1.value=1 and this.parent.check2.value=0 and ;
    This.parent.check3.value=1 and this.parent.check4.value=0 and ;
    This.parent.check5.value=1 and this.parent.check6.value=0
    This.parent.label2.caption="回答正确"
Else
    This.parent.label2.caption="回答错误，请再试试！"
Endif
```

(5) 保存当前的设计结果并运行，看是否获得预期的结果。

8.4.8 列表框（ListBox）控件

列表框提供一组条目（数据项），用户可以从中选择一个或多个条目。一般情况下，列表框只显示其中的若干条目，用户可以通过滚动条浏览其他条目。列表框的主要属性如表 8-13 所示。

表 8-13　列表框的主要属性

属性	说明
ColumnCount	指定列表框的列数
RowSourceType	指明列表框中条目数据源的类型
RowSource	指定列表框的条目数据源
ControlSource	指定一个字段或变量用以保存用户从列表框中选择的结果
List（i）	第 i 行的值。例如，列表框 List1 中第 3 个条目第 1 列上的数据项可以表示为：Thisform.List1.List(3,1)
ListCount	指明列表框中数据条目的数目。该属性在设计时不可用，在运行时只读
Value	返回列表框中被选中的条目。该属性可以是数值型，也可以是字符型。若为数值型，返回的是被选条目在列表框中的次序号；若为字符型，返回的是被选条目的本身内容。对于列表框和组合框，该属性只读，该属性的取值及类型总是与 ControlSource 属性所指定的字段或内存变量的取值及类型保持一致
Selected	指定列表框内的某个条目是否处于选定状态
MultiSelect	指定用户能否在列表框控件内进行多重选定。1 或.T.表示允许。默认值为 0，表示不允许
MoverBars	条目是否可以移动

RowSourceType 属性的取值要与 RowSource 属性指定的数据源对应。RowSourceType 属性的取值及含义如表 8-14 所示。

表 8-14　RowSourceType 属性的取值

属性值	说明
0-无	默认值。在程序运行时，通过 AddItem 方法添加列表框条目，通过 RemoveItem 方法移去列表框条目
1-值	通过 RowSource 属性手工指定具体的列表框条目，如 RowSource="one,two,three,four"
2-别名	将表中的字段值作为列表框的条目。ColumnCount 属性指定要取的字段数目，也就是列表框的列数

属性值	说明
3-SQL 语句	将 SQL-select 语句的执行结果作为列表框条目的数据源，如 RowSource="select * from student into cursor stu"
4-查询(.QPR)	将.qpr 文件执行产生的结果作为列表框条目的数据源，如 RowSource="myQuery.qpr"
5-数组	将数组中的内容作为列表框条目的来源
6-字段	将表中的一个或几个字段作为列表框条目的数据源，如 RowSource="student.姓名"
7-文件	将某个驱动器和目录下的文件名作为列表框的条目。如要在列表框中显示当前目录下 Visual FoxPro 表文件清单，可将 RowSource 属性设置为.dbf
8-结构	将表中的字段名作为列表框的条目，由 RowSource 属性指定表。若 RowSource 属性值为空，则列表框显示当前表中的字段名清单
9-弹出式菜单	将弹出式菜单作为列表框条目的数据源

列表框常用的方法如表 8-15 所示。

表 8-15　列表框常用的方法

方法	作用
Additem	增加列表项
RemoveItem	移去列表项
Clear	移去所有列表项
Requery	当 RowSourceType 为 3 和 4 时，根据 RowSource 中的最新数据重新刷新列表项

例 8.12　创建如图 8-30 所示的表单，实现向列表框内加入数据和移出数据。

表单设计操作步骤如下：

（1）新建表单，添加 1 个文本框 Text1，3 个命令按钮 Command1、Command2、Command3，3 个命令按钮的 Caption 属性依次设为"加入"、"移出"、"全部移出"，1 个列表框 list1。

（2）设置属性：将表单的 Autocenter 属性设为.T.，将列表框 List1 的 MoverBars 属性设为.T.，multiselect 属性设为.T.。

（3）编写代码：

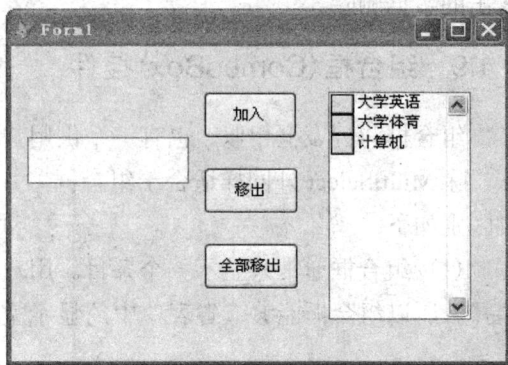

图 8-30　例 8.12 表单界面

"加入"命令按钮 Command1 的 Click 事件代码如下：

```
qm=thisform.text1.value
If !empty(qm)
 no=.t.
 For i=1 to thisform.list1.listcount
   If thisform.list1.list(i)=qm &&如果输入内容和列表框中已有内容相同，则不添加
     no=.f.
   Endif
 Next
If no
  Thisform.list1.additem(qm)
  Thisform.refresh
```

```
        Endif
    Endif
```

"移出"命令按钮 Command2 的 Click 事件代码如下：

```
IF thisform.list1.listindex>0
    Thisform.list1.removeitem(thisform.list1.listindex)
Endif
```

"全部移出"按钮 Command3 的 Click 事件代码如下：

```
Thisform.list1.clear
```

列表框 List1 的 Init 事件代码如下：

```
Thisform.list1.additem("大学英语")
Thisform.list1.additem("大学体育")
Thisform.list1.additem("计算机")
```

列表框 List1 的 Dbclick 事件代码如下：

```
Thisform.command2.click()   &&调用 Command2("移出"按钮)的 Click 事件代码
```

说明：运行后，列表框中自动添加了 3 条记录。这是在表单的 Init 代码中添加的；在文本框中输入任意文本，如果和列表框中的内容不同，单击"加入"按钮，该内容会加入到列表框，否则不添加；在列表框中选中一条数据，单击"移出"按钮，该数据被删除；在列表框中直接双击某条数据，则列表框的 Dbclick 事件中调用"移出"按钮的 Click 事件代码，将双击的数据删除。

8.4.9　组合框(ComboBox)控件

组合框与列表框相似，也有一个供用户选择的列表。上面介绍的有关列表框的属性、方法，除 MultiSelect 外同样适合于组合框，并且具有相似的含义和用法。组合框和列表框的主要区别如下：

(1) 组合框通常只显示一个条目。用户单击它的下箭头按钮后才能打开条目列表，从中选择。所以组合框能够节省表单中的显示空间。

(2) 组合框不提供多重选择的功能，没有 MultiSelect 属性。

(3) 组合框又分为下拉组合框和下拉列表框两类。Style 属性值为 0，为下拉组合框；Style 属性值为 2，为下拉列表框。

例 8.13　设计如图 8-31 所示的查询表单，其功能是：用户可在组合框中选择性别，然后查询出 student 表中相应性别的所有人的姓名，并在列表框中显示出来。

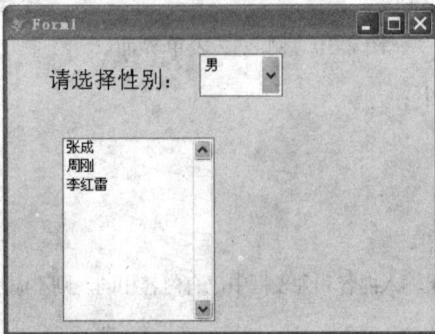

图 8-31　例 8.13 的表单界面

表单设计操作步骤如下：

(1) 建立表单文件，并在表单中分别创建一个标签对象、一个组合框对象、一个列表框对象，调整它们的大小并摆放到相应的位置。

（2）设置标签对象的 Caption 属性为"请选择性别："，Autosize 属性值为.T.；组合框的 RowSourceType 属性值为"1-值"，RowRource 属性值为"男,女"；列表框的 RowSourceType 属性值为"3-SQL 语句"。

（3）为组合框的 Click 事件编写代码：

```
Thisform.list1.rowsource="select 姓名 from student where 性别=alltrim
                        (this.value) into cursor tmp"
```

（4）保存并运行表单。

8.4.10　表格（Grid）控件

表格是一种容器对象，可以设置在表单或页面中，按行和列的形式显示数据，用于显示表中的字段。一个表格对象由若干列对象（Column）组成，每个列对象包含一个标头对象（Header）和若干控件。表格、列、标头和控件都有自己的属性、事件和方法。表格的主要属性如表 8-16 所示。

表 8-16　表格的主要属性

属性	说明
RecordSourceType	指明表格数据源的类型：0-表；1-别名(默认值)；2-提示；3-查询；4-SQL 语句
RecordSource	指定表格数据源
ColumnCount	指定表格的列数，也即一个表格对象所包含的列对象的数目。该属性的默认值为-1，此时表格将创建足够多的列来显示数据源中的所有字段
HeaderHeight	表格头高。通过鼠标拖动操作也可以调整表格的行高
RowHeight	行高。通过鼠标拖动操作也可以调整表格的行高
LinkMaster	用于指定表格控件中所显示的子表的父表名称
ChildOrder	用于指定为建立一对多的关联关系，子表所要用到的索引。该属性的作用类似于 set order 命令
RelationalExpr	确定基于主表(由 LinkMaster 属性指定)字段的关联表达式。当主表中的记录指针移至新位置时，系统首先会计算出关联表达式的结果，然后再从子表中找出在索引表达式(当前索引可由 ChildOrder 属性指定)上的取值与该结果相匹配的所有记录，并将它们显示于表格中

表格的列对象也有其属性，列对象的主要属性如表 8-17 所示。

表 8-17　列对象的主要属性

属性	说明
ControlSource	指定要在列中显示的数据源，常见的是表中的一个字段
CurrentControl	指定列对象中的一个控件，该控件用以显示和接收列中活动单元格的数据。列中非活动单元格的数据将在缺省的 TextBox 中显示
Width	列宽
Sparse	用于确定 CurrentControl 属性是影响列中的所有单元格还是只影响活动单元格

一旦指定了表格的列的具体数目（表格的 ColumnCount 属性值不是–1），就可以有两种方法来调整表格的行高和列宽：一种方法是通过设置表格的 HeaderHeight 和 RowHeight 属性调整行高，通过设置列对象的 Width 属性调整列宽；第二种方法是让表格处于编辑状态下，然后通过鼠标拖动操作可视化地调整表格的行高和列宽。

要切换到表格编辑状态，可选择表格快捷菜单中的"编辑"命令，或在属性窗口的对象框中选择表格的一列。在表格编辑状态下，将鼠标指针置于两表格列的表头之间，鼠标指针变成水平双向箭头，拖动鼠标可调整列宽；将鼠标指针置于表格左侧的第 1 个按钮和第 2 个按钮之间，鼠标指针变成垂直双向箭头，拖动鼠标可调整行高。

表格设计也可以调用表格生成器来进行。通过表格生成器能够交互式地快速设置表格的有关属性，创建所需要的表格。使用生成器生成表格的步骤如下：

(1) 在表单上添加一个表格，右击表格，在弹出的快捷菜单中选择"生成器"命令，打开"表格生成器"对话框，如图 8-32 所示。

(2) 在对话框内选择要在表格中输出的表并设置输出字段，设置其他有关选项参数。设置完后单击"确定"按钮，系统就会根据指定的选项参数设置表格的属性。

"表格项"选项卡用于指明要在表格内显示的字段；"样式"选项卡用于指定表格的样式；"布局"选项卡用于指明各列的标题和控件类型、调整各列列宽；"关系"选项卡用于设置一个一对多关系，指明父表中的关键字段与子表中的相关索引。

除了表格之外，其他控件大部分也有自己的生成器。利用这些生成器，可以方便地设置控件的一些主要属性。对需要设置较多属性的控件，如列表框、表格等，使用生成器更加方便。各种控件的生成器对话框中的内容有所差异，但它们的操作过程大致相同。

例 8.14 设计一个如图 8-33 所示的查询表单，要求当用户单击"查询"按钮时将在表格中显示出"张成"同学的"学号"、"姓名"、"课程代码"和"成绩"。

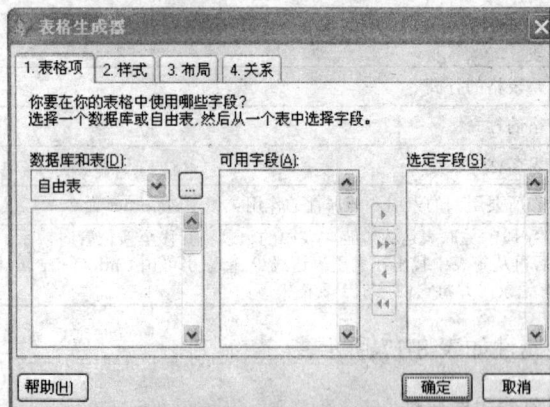

图 8-32 "表格生成器"对话框　　图 8-33 查询表单效果图

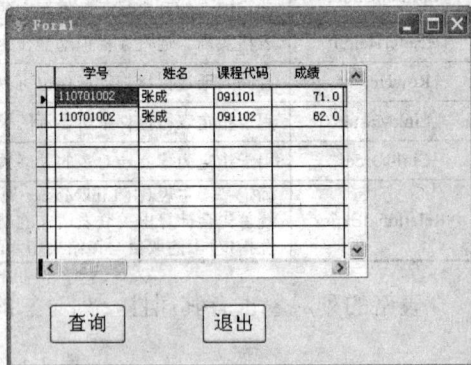

表单设计操作步骤如下：

(1) 建立一个表单文件，在表单上添加 1 个表格控件和 2 个命令按钮控件。

(2) 设置 2 个按钮的 Caption 属性值分别为"查询"和"退出"，表格控件的 Recordsourcetype 属性值为"4-SQL 说明"。

(3) 编写"查询"按钮的 Click 事件代码如下：

```
Thisform.grid1.recordsource="select student.学号,姓名,课程代码,成绩 from
student,score where student.学号=score.学号 and 姓名=[张成] into cursor tmp"
    Thisform.refresh
```

编写"退出"按钮的代码如下：

```
thisform.release
```

(4) 保存并运行表单。

8.4.11 页框(PageFrame)控件

页框是包含页面(Page)的容器对象,而页面本身也是一种容器,它可以包含其他控件。利用页框、页面和相应的控件可以构建选项卡对话框。页框对象的主要属性如表 8-18 所示。

表 8-18 页框对象的主要属性

属性	说明
PageCount	指明一个页框对象所包含的页对象的数量,最小值是 0,最大值是 99
Tabs	指定页框中是否显示页面标签栏
Pages	Pages 属性是一个数组,用于存取页框中的某个页对象。例如,要将页框 PageFrame1 中的第 1 页的页面标签设置为"成绩",可用代码为 ThisForm.PageFrame1.Pages(1).Caption="成绩"
TabStretch	设置是否多行显示标签文本。值为 0 时可以多行显示标签文本;为 1 时仅可单行显示。默认为 1。该属性仅在 Tabs 属性值为.T.时有效
ActivePage	返回页框中活动页的页号,或使页框中的指定页成为活动的

在表单设计器环境下,添加页框的方法与添加其他控件的方法相同。在默认情况下,添加的页框包含两个页面,它们的标签文本分别是 Page1 和 Page2(与它们的对象名称相同),用户可以通过设置页框的 PageCount 属性重新指定页面数目,通过设置页面的 Caption 属性重新指定页面的标签文本。

如果要往某页面中添加控件,要使该页面成为活动页面。设置活动页面的方法是:右击页框,在弹出的快捷菜单中选择"编辑"命令,再单击相应页面的标签,该页面就成为活动页面。也可以从属性窗口的对象框中直接选择相应的页面,这时页框四周出现粗框。

例 8.15 设计如图 8-34 所示的含有页框的表单。表单文件名为"学生成绩信息.scx"。每页有一个表格控件,页面 1 的表格显示 student 表的数据;页面 2 表格显示 score 表的数据;页面 3 表格显示"查询"的结果,单击查询按钮查询"王美丽"的所有考试成绩。

表单设计操作步骤如下:

(1) 建立表单文件,向表单添加一个页框控件。

(2) 设置页框的 PageCount 属性值为 3,右击页

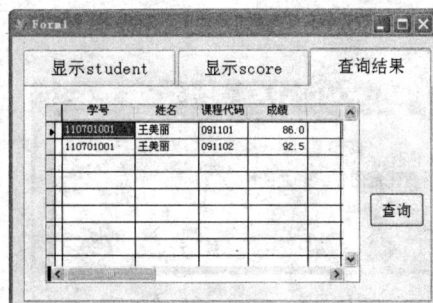

图 8-34 例 8.15 表单界面

框控件,在弹出的快捷菜单中选择"编辑"命令,然后修改每页的 Caption 属性值。

(3) 设置页面 1 的表格控件 grid1 的 RecordSourceType 值为 0-表,RecordSource 值为 student。

(4) 设置页面 2 的表格控件 grid1 的 RecordSourceType 属性值为 0-表,RecordSource 属性值为 score。

(5) 设置页面 3 中"查询"按钮的 Click 事件代码如下:

```
Thisform.pageframe1.page3.grid1.RecordSourceType=4
Thisform.pageframe1.page3.grid1.RecordSource="select student.学号,姓名,
课程代码,成绩;
```

```
      from student,score where student.学号=score.学号 and 姓名='王美丽' into
cursor tmp"
      Thisform.Refresh
```

（6）保存表单，运行调试。

8.4.12　微调控件

微调控件可以让用户在一个范围内对数值进行微调。所谓微调，就是将数值一点点地增加或减少，而增加减少的方法就是按向上或向下的箭头，每按一下加 1 或减 1，用户还可以直接将数值通过键盘输入进去。

微调控件中，KeyBoardHighValue 属性限制键盘输入的最大值；KeyBoardLowValue 属性限制键盘输入的最小值。对鼠标输入自然也有上、下限制，属性分别是 SpinnerHighValue 和 SpinnerLowValue。微调控件的常用属性如表 8-19 所示。

表 8-19　微调控件常用属性

属性	说明
SpinnerHighValue	设置微调按钮能调节的最大值
SpinnerLowValue	设置微调按钮能调节的最小值
Increment	设置微调按钮向上或向下按钮的微调量(默认值为 1.00)
KeyBoardHighValue	设置输入的最大值
KeyBoardLowValue	设置输入的最小值
Value	微调按钮的当前值
ControlSource	确定微调按钮的数据源

例 8.16　设计一个如图 8-35 所示的表单，使微调控件值变化的范围为 0～99。

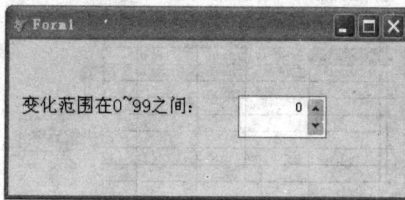

图 8-35　例 8.16 表单界面

表单设计操作步骤如下：

（1）建立表单，在表单上添加 1 个标签控件，1 个微调控件。

（2）按图 8-35 所示设置标签的 Caption 值，设置微调控件的 SpinnerHighValue 属性值为 99，SpinnerLowValue 属性值为 0。

（3）保存并运行表单。

8.4.13　计时器

计时器控件在表单设计器中显示为一个时钟图标，运行时不可见。计时器的功能是每隔设定的时间间隔，会自动在后台执行 Timer 事件代码，常用来实现时钟控制效果。生成的计时器控件的名字依次是 Timer1、Timer2、Timer3、…。

计时器的常用属性如下：

（1）Enabled：是否启动计时器。当为.T.(默认值)时，启动计时器；为.F.时，终止计时器。

（2）Interval：设置计时器的时间间隔(以 1/1000 秒，即毫秒为单位)。

计时器的常用事件是 Timer 事件，计时器重复执行的动作，每隔 Interval 指定的时间间隔触发。

例8.17 利用计时器设计一个从左向右移动的动态字幕，如图 8-36 所示。

表单设计操作步骤如下：

（1）创建表单，添加一个标签（Label1）和一个计时器（Timer1）。

（2）设置属性。

```
Label1.Caption="好好学习,天天向上"
Label1.FontSize=20
Timer1.Interval=200
```

（3）编写事件代码。Timer1 的 Timer 事件代码如下：

```
If thisform.label1.left>thisform.width          &&字幕左端从表单上消失
    thisform.label1.left=-thisform.label1.width  &&字幕右端设在表单左端
Else
    thisform.label1.left=thisform.label1.left+10 &&每次右移 10 像素
Endif
```

（4）保存并运行表单。

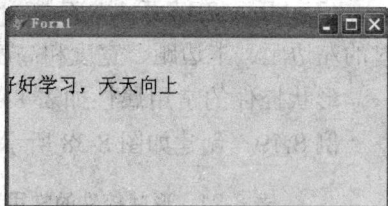

图 8-36　例 8.17 表单界面

8.4.14　图像

图像控件的功能是在表单上显示图像文件（.BMP、.ICO、.GIP、.JPG、.DIB、.ANI 等图形格式）。图像控件的类型名为 Image，用户在表单中添加图像控件后，缺省名称为 Image1，Image2，…。图像控件的常用属性如表 8-20 所示。

例8.18 设计如图 8-37 所示的表单，表单运行时显示一幅图片。

表 8-20　图像控件的常用属性

属性	说明
Picture	设置显示的图像文件名
BorderStyle	边框样式：0-(默认值)无边框，1-固定边框
Stretch	图像填充方式：0-(默)剪裁，1-等比填充，2-变比填充
Height	图像控件的高度
Width	图像控件的宽度

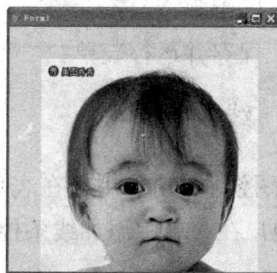

图 8-37　例 8.18 图像控件效果图

操作步骤为：新建一个表单，添加图像控件，设置其 Picture 属性为一个图片文件。保存并运行即可看到效果。

8.4.15　形状

形状控件用于设计时在表单上画出各种类型的形状，可以画矩形、圆角矩形、正方形、圆角正方形、椭圆或圆。形状控件（Shape）的类名为 Shape，用户在表单中添加形状控件后，缺省名称为 Shape1、Shape2、…。

形状控件的常用方法如下：

（1）Move 方法：将对象移动到新位置。

（2）Move 方法有 4 个参数：nLeft、nTop、nWidth、nHeight，分别表示对象移到新位置时的左边距、上边距、宽度和高度。

形状控件的常用属性如表 8-21 所示。

例 8.19　创建如图 8-38 所示的表单，运行时圆球能每隔 0.2 秒下降 10 个像素。

表 8-21　形状控件的常用属性

属性	说明
Curvature	指定形状类型：0-矩形，99-圆
Height	高度
Width	宽度
BackColor	设置背景颜色
SpecialEffect	特殊效果，形状是平面还是三维的：0-三维，1-(默)平面
FillStyle	填充类型
FillColor	设置填充图案的颜色

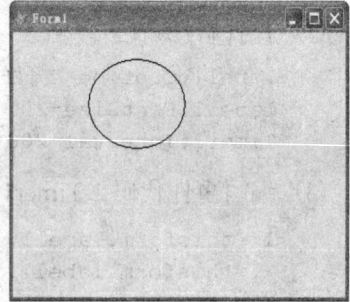

图 8-38　例 8.19 形状控件效果图

表单设计操作步骤如下：

（1）创建表单，添加一个形状控件(Shape1)和一个计时器控件(Timer1)。

（2）设置形状控件的 Curvature 属性值为 99，计时器控件的 Interval 属性值为 200。

Timer1 控件的 Timer 事件代码如下：

```
If  thisform.shape1.top<thisform.height
    thisform.shape1.move (thisform.shape1.left, thisform.shape1.top+10, ;
    thisform.shape1.width, thisform.shape1.height)
Endif
```

（3）保存并运行表单。

8.4.16　线条

线条控件的功能用于在表单上画出各种类型的线条，以修饰表单。线条控件的类名为 Line，用户在表单中添加线条控件后，缺省名称为 Line1，Line2，…。 线条控件的常用属性如表 8-22 所示。

表 8-22　线条控件的常用属性

属性	说明
BorderStyle	设置线条线型：0-透明，1-实线，2-虚线，3-点线…
BorderWidth	设置线条宽度
LineSlant	线条倾斜方向，"/"-正斜，"\"-反斜

例 8.20　设计如图 8-39 所示的表单，单击"等号"按钮后将两个字符串连接起来。

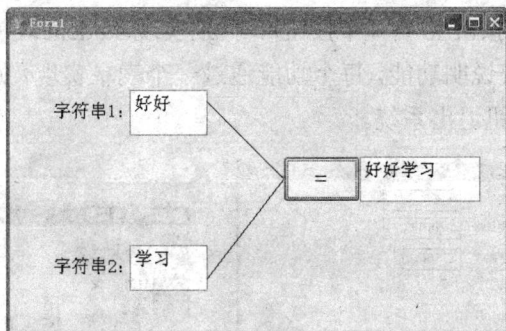

图 8-39 例 8.20 表单效果图

表单操作步骤如下：

(1) 创建表单，添加 2 个标签控件、3 个文本框、2 个线条和 1 个命令按钮控件，并分别设置它们各自的属性。

(2) 修改下面的线条控件的 LineSlant 属性值为 "/"，调整两个线条控件到合适的位置。

(3) 更改命令按钮的 Caption 属性值为全角的等号 "＝"。

(4) 输入命令按钮的 Click 事件代码如下：

```
Thisform.text3.value=alltrim(thisform.text1.value)+alltrim(thisform.te
xt2.value)
```

(5) 保存并运行表单。

练习：用线条控件画水平线、垂直线、正斜线、反斜线。

8.5 表单应用实例

通过前面对表单的学习，我们已经掌握了制作表单、表单控件的基本知识。本节将通过一个综合实例来加强对表单的学习。

设计一组表单，实现对 student.dbf、score.dbf 和 course.dbf 表文件进行操作。假设所有表文件和表单文件均存放在 e:\xuesheng 目录中。要求如下：

(1) 有"登录"表单(见图 8-40)，实现用户名、密码的输入。用户名为 abcdef，密码为 123456，最多允许用户输入 3 次。

(2) 用户单击"登录"表单中的"确定"按钮后，进入一个"学生表操作"表单(见图 8-41)。

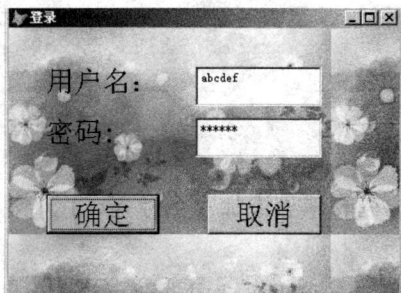

图 8-40 "登录"表单

图 8-41 "学生表操作"表单

在这个表单上，有 1 个命令按钮组(含 4 个按钮)，分别实现 student 表中数据维护、按学号查询各科成绩、统计人数、系统说明功能，每个功能通过一个表单实现，如图 8-42～图 8-45 所示。通过单击"退出系统"按钮退出系统。

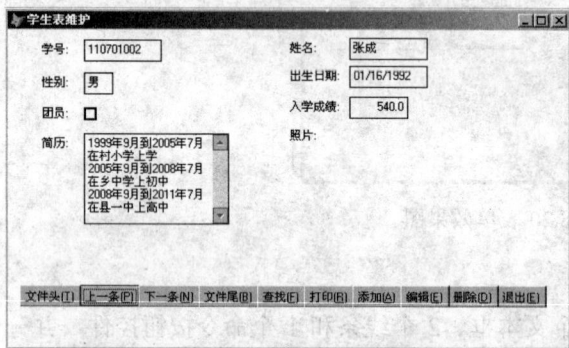

图 8-42　"学生表维护"表单

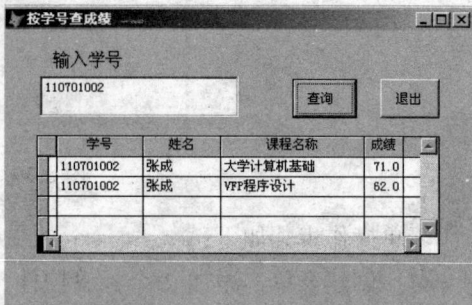

图 8-43　查询表单

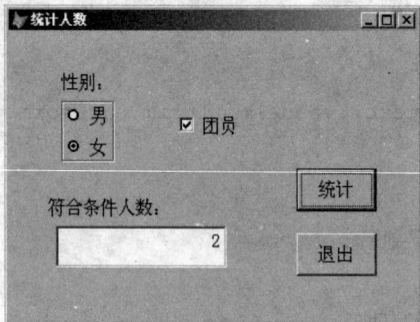

图 8-44　统计表单

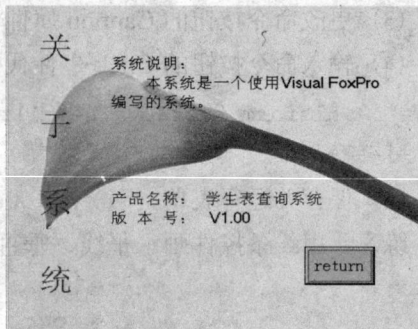

图 8-45　关于系统表单

1. 学生表维护表单设计

操作步骤如下：

(1) 选择"文件"菜单中的"新建"命令，在"新建"对话框中选择"表单"，单击"向导"按钮。

(2) 在"向导选取"对话框中，选择"表单向导"，单击"确定"按钮。

(3) 根据表单向导提示操作，设置表单文件名为"表维护.scx"。

(4) 打开表单文件，适当调整控件位置。

(5) 运行表单文件。

2. 查询表单设计

操作步骤如下：

(1) 建立表单文件，表单文件名为"查询.scx"。在表单上添加 1 个标签、1 个文本框、1 个表格、2 个命令按钮。

(2) 设置控件属性。标签、文本框、命令按钮的 Caption 属性根据图示设置。表格的 RecordSourceType 属性设置为"4-SQL 说明"。

(3) 编写事件代码。

表单的 Load 事件设置代码如下：

```
use e:\xuesheng\student in 1    &&地址要根据表文件的具体位置来定
use e:\xuesheng\score in 2
use e:\xuesheng\course in 3
```

表单的 Unload 事件设置代码如下：

```
close database all    &&表文件和 temp 临时文件都关闭
```

"查询"按钮(Command1)Click 事件代码如下：

```
a=thisform.text1.value
thisform.grid1.recordsource="select student.学号,姓名,课程名称,成绩;
from student,score,course;
where student.学号=score.学号 and score.课程代码=course.课程代码;
 and student.学号=alltrim(a);
 into cursor temp"
```

"退出"按钮(Command2)Click 事件代码如下：

```
thisform.release
```

(4) 保存表单文件并运行表单。

3. 统计表单设计

操作步骤如下：

(1) 建立表单文件，表单文件名为"统计.scx"。在表单上添加 2 个标签、1 个选项组、1 个复选框、1 个文本框、2 个命令按钮。

(2) 设置控件属性。按图示设置各控件的 Caption 属性，选项组的 ButtonCount 属性设置为 2。

(3) 编写事件代码：

表单的 Load 事件设置代码如下：

```
use e:\xuesheng\student
```

表单的 Unload 事件设置代码如下：

```
close database all
```

"统计"按钮(Command1)Click 事件代码如下：

```
*用 ty 存放"团员"复选框的返回值，用 xb 存放"性别"选项组的返回值
*对"团员"复选框进行处理
ty=thisform.check1.value
ty1=iif(ty=0,.f.,.t.)    &&调用 iif 函数
*对"性别"选项组进行处理
if  thisform.optiongroup1.value=1
   xb="男"
else
   xb="女"
endif
```

```
*将查询结果存入在临时表 temp 中
select count(*) from student where 团员=ty1 and 性别=xb into cursor temp
select temp
go top
n=cnt
thisform.text1.value=n
```

"退出"按钮（Command2）Click 事件代码如下：

```
thisform.release
```

（4）保存表单文件并运行表单。

4. 系统说明表单设计

操作步骤如下：

（1）建立表单文件，文件名为"系统说明.scx"，在表单上添加 3 个标签、1 个按钮。

（2）属性设置。设置表单的属性 AutoCenter 值为.T.-真；Picture 值为一个图片文件；TitleBar 的值为 0-关闭。设置显示有"关于系统"这个标签的 caption 值时，4 个字中间加 2 个空格，然后再拖成适当的宽度即可。

上面标签的 Caption 值设置如下：

='系统说明：'+chr(13)+'   本系统是一个使用 Visual FoxPro 编写的系统。'

下面标签的 Caption 值设置如下：

='产品名称：学生表查询系统'+chr(13)+'版　本　号：V1.00'

（3）设置事件代码：

"return"按钮的 Click 事件代码如下：

```
thisform.release
```

（4）保存表单文件并运行表单。

5. 学生表操作表单设计

操作步骤如下：

（1）建立一个表单文件，文件名为"主界面.scx"，添加 1 个命令按钮组、1 个命令按钮。

（2）属性设置。设置表单和控件的 Caption 属性，设置表单的 Picture 属性。命令按钮组的 BackStyle 属性设置为 0-透明。

（3）编写事件代码：

命令按钮组的 Click 事件如下：

```
do case
  case this.value=1
      do form e:\xuesheng\表维护.scx  &&文件地址根据实际地址写
  case this.value=2
      do form e:\xuesheng\查询.scx
  case this.value=3
      do form e:\xuesheng\统计.scx
  case this.value=4
```

```
            do form e:\xuesheng\系统说明.scx
        endcase
```

"退出系统"命令按钮的 Click 事件如下：

```
thisform.release
```

（4）保存表单文件并运行表单。

6. 登录表单的设计

操作步骤如下：

（1）建立表单文件，文件名为"登录.scx"，添加 2 个标签、2 个文本框、2 个命令按钮。

（2）设置属性。如图所示设置表单和控件的 Caption 属性，表单的 Picture 属性设置为一个图片。两个标签的 BackStyle 属性设置为：0-透明，第二个文本框的 PasswordChar 属性设置为：*。

（3）编写事件代码：

表单的 Load 事件代码为如下：

```
public n     && n 用于存放输入的次数
n=0
```

表单的 Unload 事件代码如下：

```
clear memory
```

"确定"按钮的 Click 事件代码如下：

```
n=n+1
if thisform.text1.value="abcdef" and thisform.text2.value="123456"
    wait "欢迎使用..." windows timeout 5
    do form e:\xuesheng\主界面.scx
    thisform.release
else
    if n<3
        wait "用户名和密码不对,请重新输入!" windows timeout 5
        thisform.text1.value=""
        thisform.text2.value=""
        thisform.text1.setfocus
    else
        messagebox("非法用户,禁止进入!")
        thisform.release
    endif
endif
```

"取消"按钮的 Click 事件如下：

```
thisform.release
```

（4）保存表单文件并运行表单。

思考：如果有多套用户名和密码该如何实现？如果用户名和密码是保存在一个表文件中该如何实现？

习　题

1．选择题

(1) 对于表单及控件的绝大多数属性，通常 Caption 属性只用来接收(　　)。

  A．数值型数据 B．字符型数据   C．逻辑型数据 D．以上数据类型都可以

(2) 以下四个选项中不可作为文本框控件数据来源的是(　　)。

  A．数值型字段 B．内存变量   C．字符型字段 D．备注型字段

(3) 将文本框的 PasswordChar 属性值设置为星号(*)，当在文本框中输入"电脑 2004"时，文本框中显示的是(　　)。

  A．电脑 2004 B．*****   C．******** D．错误设置，无法输入

(4) 形状控件的 Curvature 属性值为 99 时，表示它是(　　)。

  A．圆角矩形 B．直线   C．椭圆或圆 D．正方形或长方形

(5) 假设一个表单里有一个文本框 Text1 和一个命令按钮组 CommandGroup1，命令按钮组中包含 Command1 和 Command2 两个命令按钮。如果要在 Command1 命令按钮的某个方法中访问文本框的 Value 属性值，下列引用对象的式子中，正确的是(　　)。

  A．ThisForm.Text1.Value   B．ThisForm.Parent.Value

  C．Parent.Text1.Value   D．This.Parent.Text1.Value

(6) 在表单中有命令按钮 Command1 和文本框 Text1，将文本框的 InputMask 属性值设置为$9,999.9，然后在命令按钮的 Click 事件中输入代码：ThisForm.Text1.Value=1234.5678，当运行表单时，单击命令按钮，此时文本框中显示的内容为(　　)。

  A．$1,234.5 B．$1234.5678 C．123 4.5678 D．****.*

(7) 将编辑框的 ReadOnly 属性值设置为.T.，则运行时此编辑框中的内容(　　)。

  A．只能读   B．只能用来编辑 C．可以读也可以编辑 D．对编辑框设置无效

(8) 在表单中，有关列表框和组合框内选项的选择，正确的叙述是(　　)。

  A．列表框和组合框都可以设置成多重选择

  B．列表框和组合框都不可以设置成多重选择

  C．列表框可以设置多重选择，而组合框不可以

  D．组合框可以设置多重选择，而列表框不可以

(9) 下列关于表格的说法中，正确的是(　　)。

  A．表格是一种容器对象

  B．表格对象由若干列对象组成，每个列对象包含一个标头对象和若干个控件

  C．表格、列、标头和控件有自己的属性、方法和事件

  D．以上说法均正确

(10) 决定微调控件最大值的属性是(　　)。

  A．Value   B．Keyboardhighvalue   C．Interval   D．Keyboardlowvalue

(11) 下列关于组合框的说法中，正确的是(　　)。

　　A．组合框中，只有一个条目是可见的　　　B．组合框不提供多重选定的功能

　　C．组合框没有 MultiSelect 属性的设置　　　D．以上说法均正确

(12) 在表单控件中，不能作为接收输入数据用，只用于显示数据的控件为(　　)。

　　A．标签　　　　　　B．复选框　　　　　　C．列表框　　　　　　D．文本框

(13) 下面的(　　)控件在运行时不可见，用于后台运行。

　　A．表格　　　　　　B．形状　　　　　　C．计时器　　　　　　D．列表框

(14) 在表单控件中，既可作为接收输入数据又可作为编辑现有数据用的控件是(　　)。

　　A．标签　　　　　　B．复选框　　　　　　C．列表框　　　　　　D．文本框

(15) 假设有表单对象"MyForm1"及其上面的按钮"MyButton1"，在引用"Caption"属性时下面的(　　)是绝对引用。

　　A．MyForm1.MyButton1.Caption　　　　　　B．This.MyButton1.Caption

　　C．This.Parent.MyButton1.Caption　　　　　　D．Caption

2．填空题

(1) 在表单中要使控件成为可见的，应设置控件的_____属性。

(2) 确定列表框内的某个条目是否被选定，应使用的属性是_____。

(3) 在文本框中，_____属性指定在一个文本框中如何输入和显示数据，利用_____属性指定文本框内显示占位符。

(4) 设计表单时，要确定表单中是否有"最大化"按钮，可通过表单_____属性进行设置。

(5) 要返回页框中的活动页号，应设置页框的_____属性。

(6) 为表格控件指定数据源的属性是_____。

(7) 将设计好的表单存盘时，系统将生成扩展名分别是 scx 和_____的两个文件。

(8) 要定义标签控件的 Caption 属性值的字体大小，就要定义标签的_____属性。

(9) 表单运行时，如复选框变为不可用，则其 Value 属性值为_____。

(10) 计时器(Timer)控件中设置时间间隔的属性为 Interval 和定时发生的事件为_____。

3．操作题

(1) 建立表单 enterf，表单中有 2 个命令按钮，按钮的 Name 属性值分别为 cmdin 和 cmdout，标题分别为"进入"和"退出"。

(2) 设计一个表单 myf，该表单为表文件 book.dbf 的输入界面，表单上还有一个标题为"关闭"的按钮，单击该按钮，则退出表单。

(3) 使用"一对多表单向导"生成一个名为 rele 的表单。要求从父表 reader 中选择所有字段，从子表 lending 表中选择所有字段，使用"读者编号"建立两表之间的关系，样式为"阴影式"；按钮类型为"图片按钮"；排序字段为读者编号(升序)；表单标题为"数据维护"。

(4) 建立如图 8-46 所示的表单，其功能为：当选中"选取或替换"复选框并单击"确定"按钮时，文本框的内容为编辑框中被选中的文本；不选中复选框，单击"确定"按钮，编辑框中被选中的文本将被文本框中的内容替换。

(5) 设计如图 8-47 所示的表单，可以在列表框中显示籍贯列表，在文本框中显示列表框中所列出的籍贯数。

图 8-46　第(4)题表单　　　　　　　　图 8-47　第(5)题表单

(6) 设计如图 8-48 所示的表单，可以通过下拉列表框选择加、减、乘、除 4 种运算符中的一种，进行相应运算后显示相应的提示信息及运算结果。

(7) 设计如图 8-49 所示的电子时钟表单，运行时显示当前系统时间。

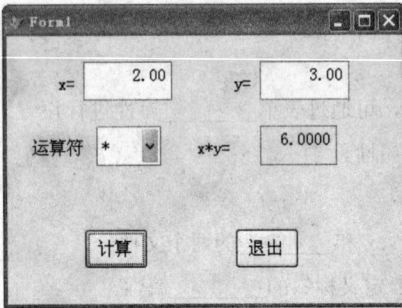 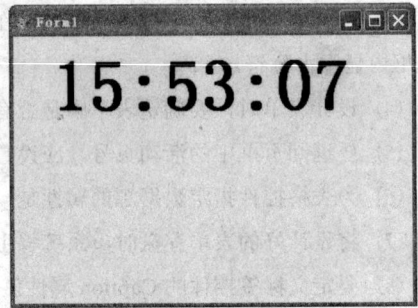

图 8-48　第(6)题表单　　　　　　　　图 8-49　第(7)题表单

(8) 设计一个含有页框的表单，用页框的 3 个页面分别显示长方形、椭圆和三角形，如图 8-50 所示。

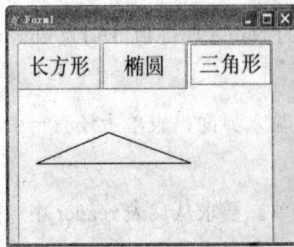 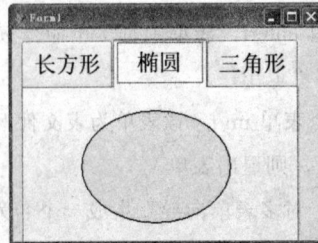

(a)　　　　　　　　　　　　　(b)

图 8-50　第(8)题表单

(9) 设计一组表单，实现对 reader.dbf、lenging.dbf 和 book.dbf 表文件的维护、数据浏览、借书还书和查询操作，如图 8-51 所示。

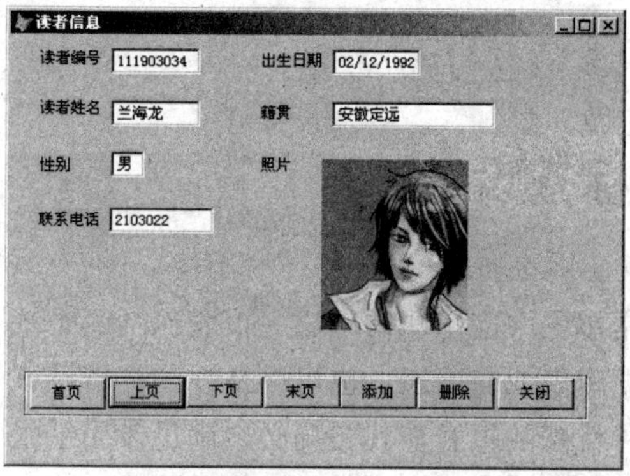

(a)

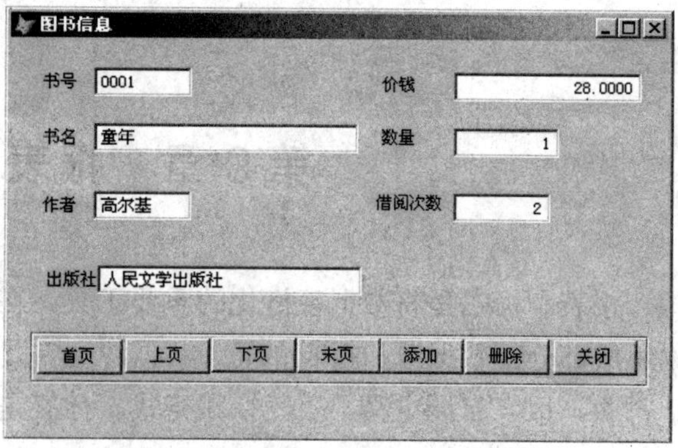

(b)

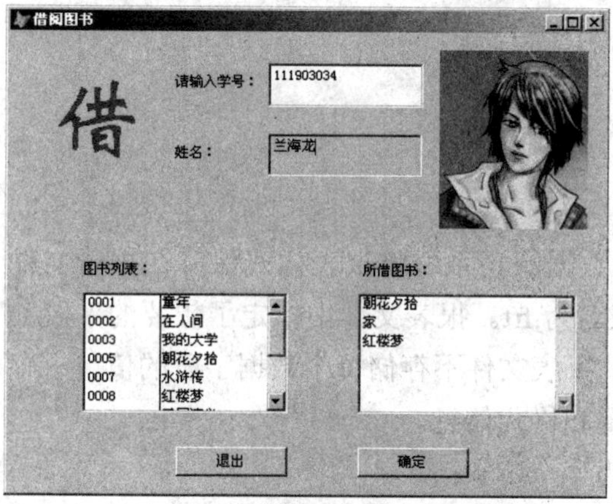

(c)

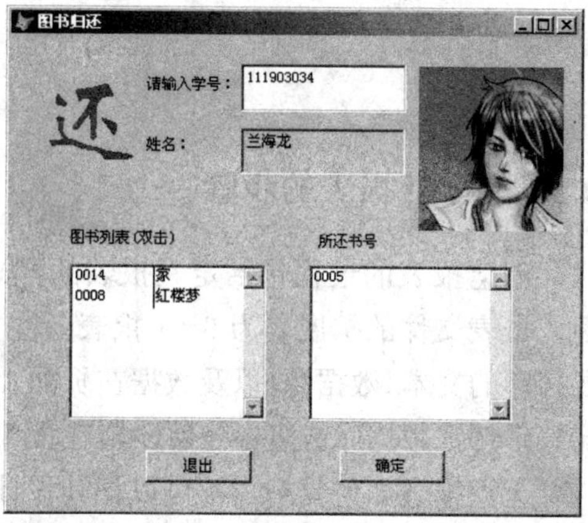

(d)

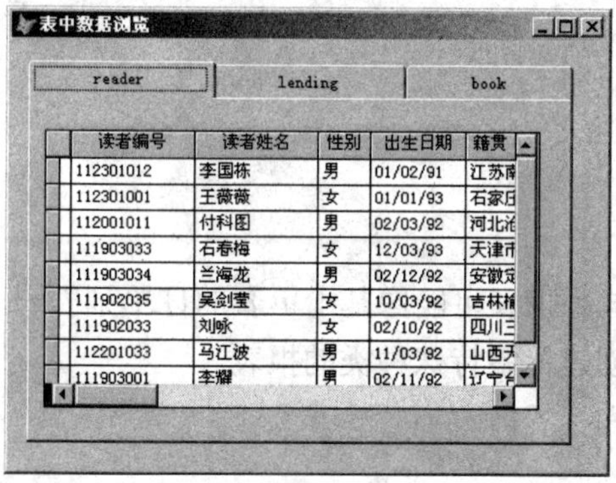

(e)

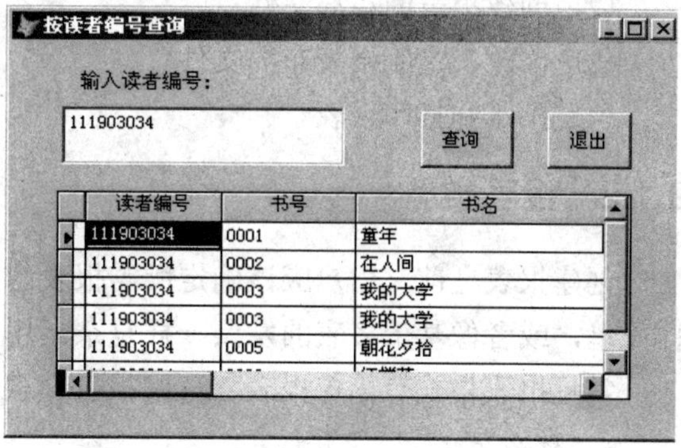

(f)

图 8-51　第(9)题表单

第9章 报表与标签设计

报表和标签是将数据表格化的重要工具,在日常事务中应用非常广泛。报表包括两个基本组成部分:数据源和报表布局。数据源通常是数据库表或自由表,也可以是视图、查询或临时表。报表布局定义了报表打印格式。标签是一种特殊的报表,其布局必须满足专用纸张的要求。

9.1 设 计 报 表

9.1.1 设计报表的步骤

创建报表的过程包括定义报表的样式和指定数据源。系统将报表样式保持在报表文件中,报表文件的扩展名为.frx,报表备注文件扩展名为.frt。报表文件中指定了想要的字段、要打印的文本(数据源)以及数据在页面上的位置。报表文件不存储每个数据字段的值,只存储一个特定数据库或表中各字段值在报表中的位置和格式信息。

无论报表如何复杂,都可以把其设计过程分为 4 个步骤:

(1) 确定创建报表的类型。

(2) 创建报表的布局文件。

(3) 修改、定制报表布局文件。

(4) 预览和打印报表。

9.1.2 报表类型

创建报表之前,用户应该确定所需报表的常规格式。报表可能像基于单表的订单列表一样简单,或者像基于多表的发票一样复杂。用户也可创建标签特殊种类的报表。

常见报表格式有简单报表、分组报表、多栏报表和标签。

1. 简单报表

简单报表的主要特征是报表的每行只有一个记录,记录字段水平放置。这种报表布局较常见,各种分组、汇总报表、财务报表等都可以使用这种布局形式。

2. 分组报表

在报表设计过程中数据通常是按它们在数据源中存放顺序排列的。在实际应用当中,经常需要将具有某种相同信息的数据打印在一起,以便于对数据进行比较分析。为此,Visual FoxPro 提供了分组报表功能,利用该功能可按某个字段将相同值(如性别相同)的记录打印在一起。

3. 多栏报表

多栏报表拥有多栏记录，适用于字段数较少、字段长度较短的一些简单报表。

4. 标签

标签是一种特殊的报表，这类布局一般拥有多列记录，字段一般沿左边对齐向下排列，通常在专用标签纸上打印。多用于商品标价牌和名字标签等的布局。

在设计报表时，从简单的基于单表的订单列表清单到复杂的基于多表的货运清单，都可以从这 4 种类型格式中找到一种合适的报表格式来使用。选择好合适的报表的总体布局后，用户就可以用"报表向导"、"报表设计器"或"项目管理器"来创建报表文件。

9.2 创 建 报 表

9.2.1 利用向导创建报表

利用报表向导可以创建两种报表，一种是数据来源于一个表的"报表向导"；另一种是数据来源于多个相关表的"一对多报表向导"，下面将分别介绍。

1. 单表报表向导

创建单表报表的步骤如下：

（1）启动报表向导。选择"文件"菜单中的"新建"命令，在弹出的"新建"对话框中选择"报表"，然后单击"向导"按钮，弹出如图 9-1 所示的"向导选取"对话框；或者选择"工具"菜单中"向导"子菜单中的"报表"命令，也可以弹出"向导选取"对话框。

（2）在"向导选取"对话框中，选择"报表向导"，单击"确定"按钮，弹出如图 9-2 所示的"报表向导"的"第一步-字段选取"对话框。

（3）在图 9-2 的"数据库和表"下拉列表中选择要导入的数据是自由表还是数据库表。在这里选择自由表，然后单击其后的 按钮，在弹出的"打开"对话框中选择 student 表，单击"确定"按钮。打开后该表的所有字段会

图 9-1 "向导选取"对话框

显示在"可用字段"列表框中。利用"可用字段"列表框和"选定字段"列表框之间的 4 个移动按钮，在"可用字段"列表框中选择需要在报表中显示的字段，并添加到"选定字段"列表框中。然后单击"下一步"按钮，进入"报表向导"的"第二步-分组记录"，如图 9-3 所示。

（4）在图 9-3 中，可以确定记录的分组方式，最多可以选择三层分组方式。当选择一种分组方式以后，后面的"分组选项"按钮就被激活，单击即弹出"分组间隔"对话框，在此可以对分组条件设置，可以选择按整个字段进行分组，也可以按字段的前几个字母进行分组。单击"总结选项"按钮，弹出"总结选项"对话框，在此可以根据分组对组中的字段进行求

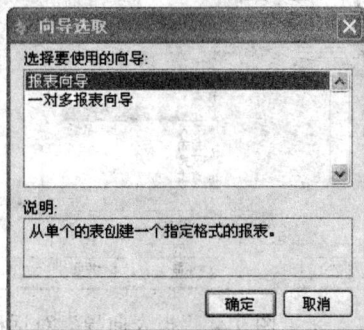

和、求平均值、计数、求最大值和求最小值等操作，还可以计算求和占总计的百分比及指定报表中包含的数据形式等。这里不设置分组，单击"下一步"按钮，进入如图 9-4 所示的"报表向导"的"第三步-选择报表样式"。

图 9-2　"报表向导"对话框 1　　　　　图 9-3　"报表向导"对话框 2

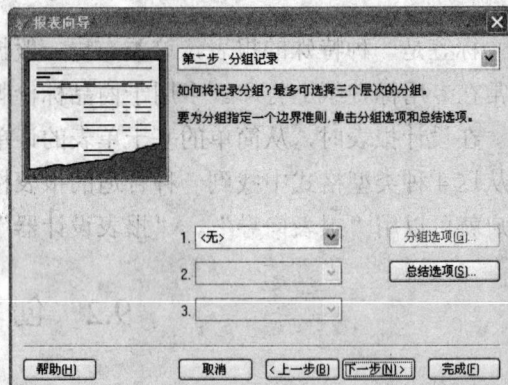

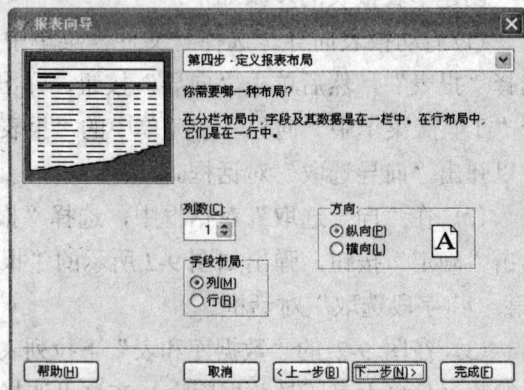

（5）在图 9-4 中，Visual FoxPro 提供了 5 种报表样式供选择，分别是经营式、账务式、简报式、带区式和随意式。图左上角的图片区域是一个预览区域，当选择某种样式后，预览区域就会显示该样式的简单外观。这里选择默认的"经营式"，然后单击"下一步"按钮，进入"报表向导"的"第四步-定义报表布局"，如图 9-5 所示。

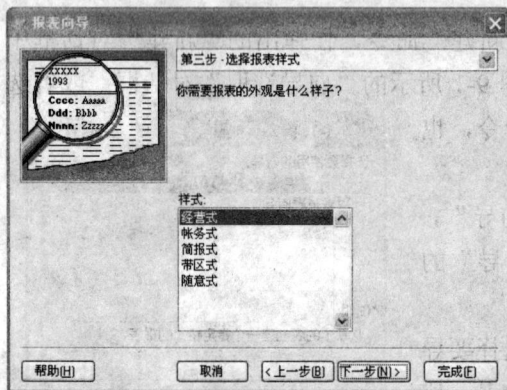

图 9-4　"报表向导"对话框 3　　　　　图 9-5　"报表向导"对话框 4

（6）在图 9-5 中，可以设置 3 个部分：

①"方向"区域：设置报表页面显示是横向还是纵向。

②"列数"：确定页面分为几栏，默认为 1，当报表中字段较少时，可将报表设置成多列。

③"字段布局"区域："列"单选按钮表示报表中字段名和数据输出在一列中，即一行中有多个字段；"行"单选按钮表示报表中字段名和数据输出在同一行中，即一行只显示一个字段。定义好报表布局后，单击"下一步"按钮，进入如图 9-6 所示"报表向导"的"第五步-排序记录"。

（7）在图 9-6 中，从"可用字段或索引标识"列表框中通过"添加"按钮，至多可以选择 3 个字段添加到右侧的"选定字段"列表框中，并通过选定"升序"或"降序"单选按钮，用来作为报表输出时记录的排序依据，也可以不选。单击"下一步"按钮，进入"报表向导"的"第六步-完成"对话框，如图 9-7 所示。

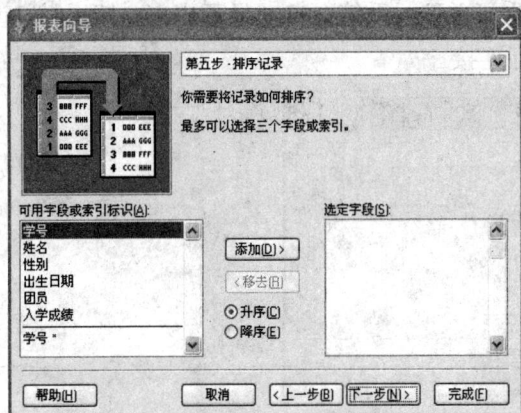

图 9-6　"报表向导"对话框 5　　　　　　图 9-7　"报表向导"对话框 6

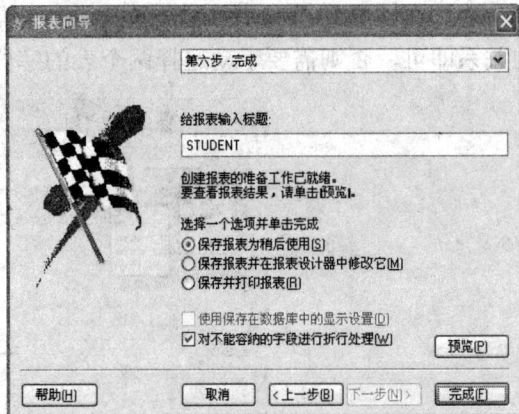

（8）在图 9-7 中，在"报表标题"文本框中可以指定报表的标题，默认为表文件名，单击"预览"按钮，就可以在打印预览窗口看到报表的最终设计结果。若报表样式需要修改，可以单击"上一步"按钮，修改前面的设置。

在图 9-7 中，根据需要选择其中一个单选项，单击"完成"按钮，保存报表文件，即完成了报表的设计。需要注意的是，报表文件的扩展名为.frx。

2. 一对多报表向导

和单表报表不同的是，一对多报表向导中报表的数据源来自于两个表或视图。其中"一"方为父表，"多"方为子表。该向导操作和单表向导的操作类似，只是多了选取数据源时的选择父表和子表字段步骤和为两表建立关系的步骤。具体步骤如下：

（1）在图 9-1 所示的"向导选取"对话框中选择"一对多报表向导"，然后单击"确定"按钮，进入一对多报表向导，如图 9-8 所示。

（2）在图 9-8 中，选择父表中需要使用的字段，单击"下一步"按钮，进入"一对多报表向导"的"第二步-选择子表字段"，如图 9-9 所示。

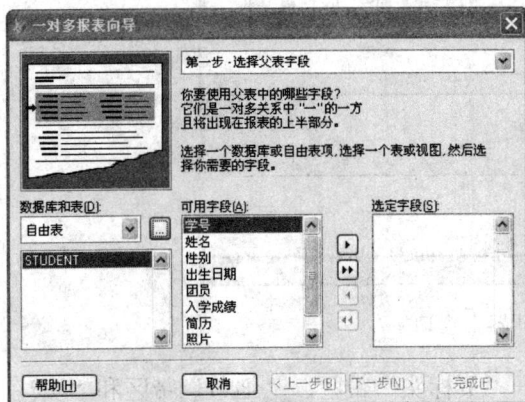

图 9-8　"一对多报表向导"对话框 1　　　　图 9-9　"一对多报表向导"对话框 2

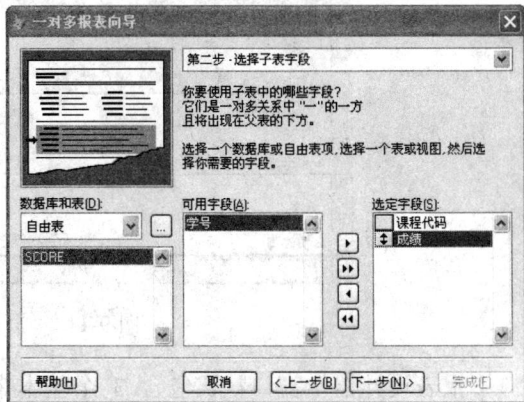

（3）在图 9-9 中，从子表中选择所需要的字段，这些字段将在报表中父表字段的下方显示，单击"下一步"按钮，进入"一对多报表向导"的"第三步-关联表"，如图 9-10 所示。

（4）在图 9-10 中，若在数据库中已经为表建立了关联，系统会自动显示出来，接受默认的关系即可，否则需要手动选择两个表的字段进行连接。

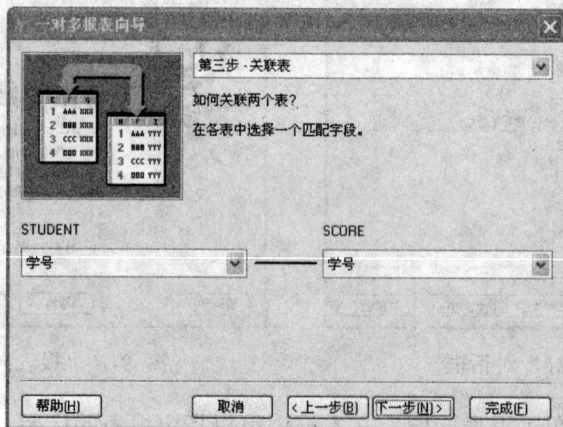

图 9-10　"一对多报表向导"对话框 3

（5）设置父表中的排序字段，与图 9-6 相同。

（6）设置报表样式，与图 9-4 相同。

（7）完成，对报表进行相应保存设置，与图 9-7 相同。

9.2.2　利用报表设计器创建报表

1. 打开报表设计器

建立、修改报表主要使用报表设计器实现，它是操作报表文件的基本工具。选择"文件"菜单中的"新建"命令，在弹出的对话框中选择"报表"单选按钮，单击"新建"按钮，打开"报表设计器"窗口，如图 9-11 所示，也可以在命令窗口中输入命令"Create report <报表文件名>"来实现。

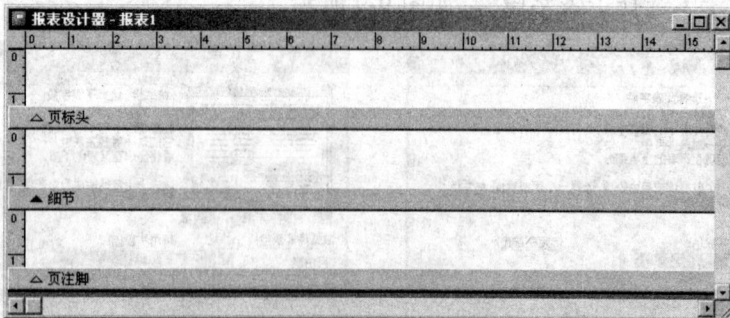

图 9-11　"报表设计器"窗口

"报表设计器"窗口默认包含 3 个基本带区："页标头"带区、"细节"带区和"页注脚"带区。带区的作用主要是控制数据在页面上的打印位置。"页标头"带区中的内容可以在每一页上都打印一次，例如列报表的字段名称(列标题)；"细节"带区中的内容是各条记录的字段值，每条记录打印一次；"页注脚"带区中的内容一般是页码或日期等页脚信息，在每一页的下面都打印一次。

除了默认的 3 个基本带区之外，还可以根据需要向报表设计器中添加标题、总结等带区。标题带区中的内容在每张报表开头打印一次(注意不是每页都打印)，例如报表的名称可以放置在标题带区。总结带区中的内容在每张报表的最后一页打印一次，一般是输出汇总的数据结果。添加带区可以通过"报表属性"对话框中的"可选带区"选项卡来实现，如图 9-12 所示。

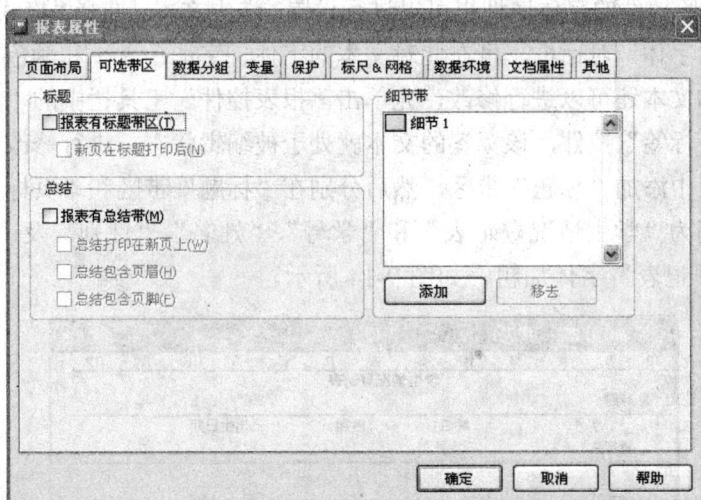

图 9-12　"报表属性"对话框

调整带区高度的方法与调整窗口大小类似，首先把鼠标指向某一带区的标识栏，指针由空心箭头变成双向箭头，单击并上下拖动进行调整。若要精确调整带区高度，可以双击带区标识栏，在弹出的对话框中进行设置。

2. 设置数据源

报表主要是用来输出数据的，因此设计报表时确定报表的数据来源很重要。报表的数据源可以是自由表、数据库表或视图。

设置数据源，要先打开"数据环境设计器"窗口，然后添加数据。

打开"数据环境设计器"窗口的方法有：单击"报表"工具栏中的"数据环境" 🔡 按钮；或在"报表设计器"窗口中右击，在弹出的快捷菜单中选择"数据环境"命令；或选择"显示"菜单中的"数据环境"命令。

添加数据的方法：在打开的"数据环境设计器"窗口中右击，在弹出的快捷菜单中选择"添加"命令，在弹出的窗口中选择需要的表或视图添加到数据环境中。

3. 创建报表控件对象

用"报表设计器"创建新报表后，带区是空白的。要使数据元素以一定的格式显示出来，就必须在带区中设置报表控件。打开"报表设计器"窗口后，会自动打开"报表控件"工具

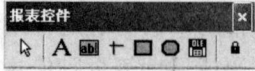

图 9-13 "报表控件"工具栏

栏，也可以通过"显示"菜单中的"报表控件工具栏"命令打开"报表控件"工具栏。"报表控件"工具栏如图 9-13 所示。"报表控件"工具栏中的各控件功能如下。

1）"标签" A 控件

"标签"控件的功能是给带区添加任意文本内容，添加的内容能原样显示出来。通常用来显示报表的标题和页标头等说明性文字。

在报表的各个带区中都可以添加标签控件。添加时首先单击"报表控件"工具栏中的"标签"按钮，然后在报表的指定位置单击，便在该位置出现一个闪烁的光标，即可在该位置输入文本内容。对标签控件的字体属性也可以进行设置。选中文本，选择"格式"菜单中的"字体"命令，弹出"字体"对话框，可在此对文本的字体、字形、大小和颜色等进行设置。

对于添加后的文本还可以进行修改，先单击"报表控件"工具栏中的"标签"按钮，然后单击要修改的"标签"控件，该标签的文本就处于被编辑状态，进行修改即可。

例如，在报表中添加"标题"带区，然后分别在"标题"带区和"页标头"带区添加标签控件，内容分别为"学生情况登记表"和"学号"、"姓名"、"性别"及"出生日期"。并设置"学生情况登记表"字体加粗，如图 9-14 所示。

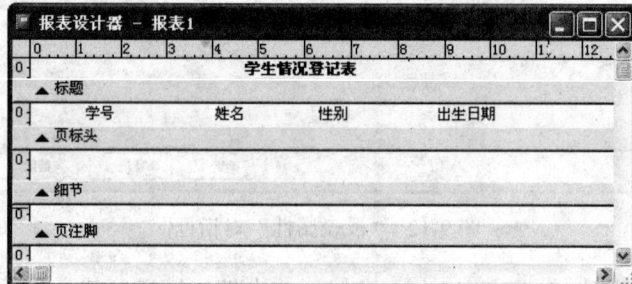

图 9-14 添加标签控件

2）"线条" ┼、"矩形" ■ 和"圆角矩形" ● 控件

在报表适当位置添加线条、矩形和圆角矩形等控件，可增加报表的美观性。

（1）添加控件：若需要插入这些控件，只需在"报表控件"工具栏中单击相应的控件图标，然后在报表的相应位置拖动即可画出相应的图形。

（2）编辑控件：在"格式"菜单中的"绘图笔"级联菜单中，选择适当的磅值和样式，可以调整这些控件的线条或边框的粗细和样式。在"格式"菜单中的"填充"的级联菜单中，可以为矩形、圆角矩形选择填充图案。

3）"字段" abl 控件

"字段"控件用来显示表或视图中的字段值。相对前面的控件，"字段"控件的值是可以改变的。

在报表中添加"字段"控件有两种方法：一种是利用"数据环境设计器"窗口添加；另一种是利用"报表控件"工具栏中的"字段"控件按钮添加。

（1）利用"数据环境设计器"窗口添加。这种方法比较简单，打开"数据环境设计器"窗口，在其中选择一个表或者视图，然后选定其中的字段并拖拽到指定带区即可。例如，在

图 9-14 的基础上，打开"数据环境设计器"窗口，选中 student 表，将其中的"学号"、"姓名"、"性别"和"出生日期"字段分别拖拽到报表中的"细节"带区的相应位置，如图 9-15 所示。为了增加在打印时的可读性，可以在带区间添加一些直线控件。

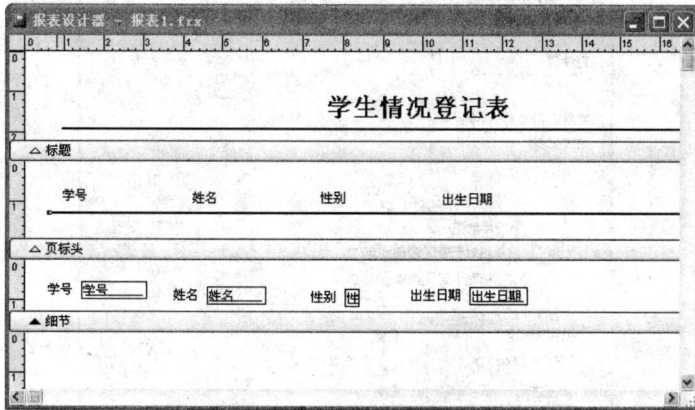

图 9-15 添加字段控件

（2）利用"报表控件"工具栏中的"字段"控件按钮添加。单击"报表工具栏"中的"字段"控件按钮，然后单击报表中要添加域控件的带区位置，弹出如图 9-16 所示的"字段 属性"对话框。

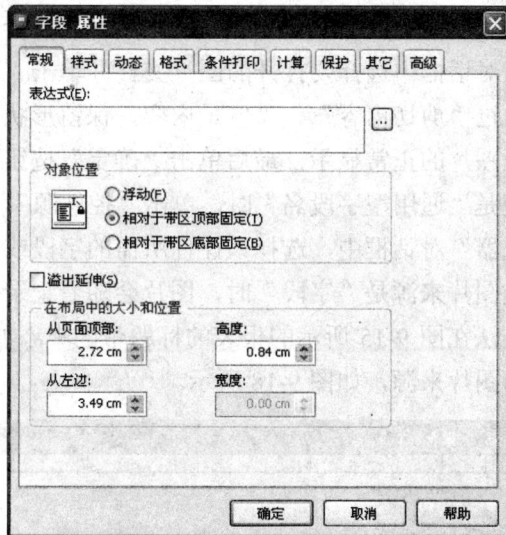

图 9-16 "字段 属性"对话框

在此对话框中可以设置字段控件对应的字段，还可以对格式、字段计算值进行设置。

4）"图片/OLE 绑定" 控件

通过"字段"控件是不能插入通用型字段的。而通过"图片/OLE 绑定"控件，可以在报表中插入包含 OLE 对象的通用型字段。例如，在报表中可以包含学生的照片等图片信息。

要插入该控件，只需要单击"图片/OLE 绑定"控件按钮，然后在报表的相应位置单击并拖动画出一个适当大小的图文框，这时系统会弹出"图形/OLE 绑定属性"对话框，如图 9-17 所示，在该对话框中可以选择图片的来源方式。

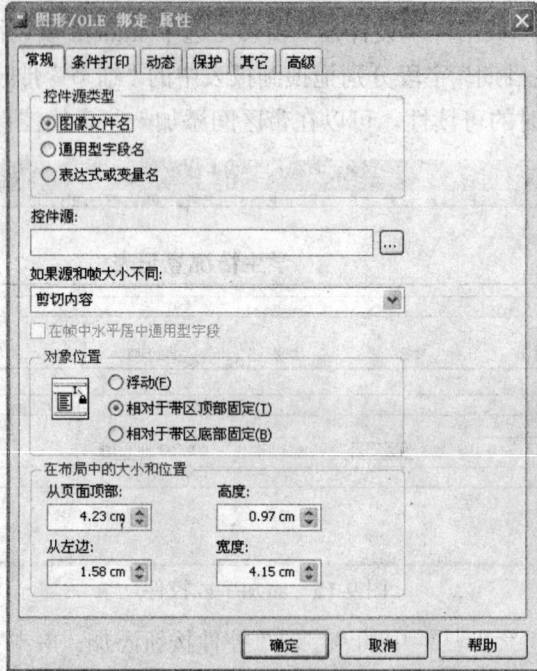

图 9-17 "图形/OLE 绑定属性"对话框

当选择控件源类型为"图像文件名"时，单击"控件源"下面文本框右侧的 … 按钮，在弹出的"打开图片"对话框中选择要打开的图片文件并单击"确定"按钮。若图片大小和图文框不一致，可以通过"剪切内容"、"度量内容，保留形状"或"度量内容，填充帧"选项进行调整，以保证图片的正常显示，最后单击"确定"按钮即可。

当选择控件源类型是"通用型字段名"时，单击"控件源"下面文本框右侧的 … 按钮，在弹出的"表达式生成器"对话框中，选择该控件所需的字段或变量，然后单击"确定"按钮。需要注意的是，当图片来源是"字段"时，图片会随着记录中图片的改变而改变。

例如，按照以上方法在图 9-15 所示的报表的标题带区中添加"图片/OLE 绑定"控件，并给该控件选择适当的图片来源，如图 9-18 所示。

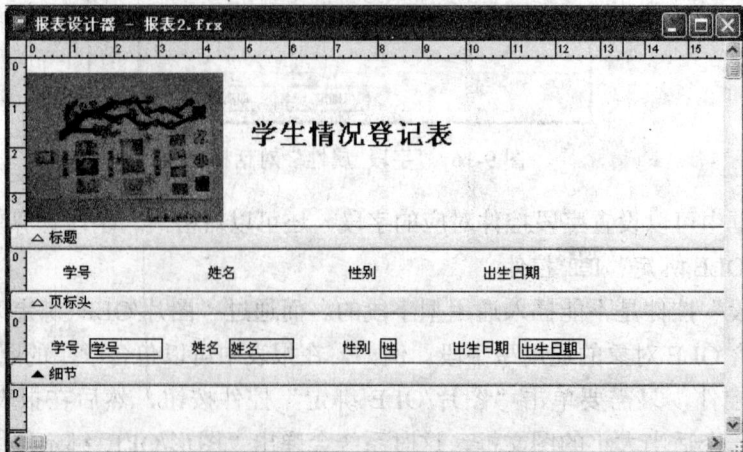

图 9-18 添加"图片/OLE 绑定"控件

4. 美化报表

美化报表主要是使用布局工具对报表控件对象进行布局。报表的布局与表单的布局操作基本相同。其主要操作有调整对象的大小、左对齐、上对齐、表格线对齐、调整带区高度等。

5. 属性设置

在属性设置中主要是对标签字体、线条和字段变量对象设置等。

在"报表设计器"窗口中对报表文件创建、修改完成后，可以将其保存到磁盘上。选择"文件"菜单中的"保存"命令，在"另存为"对话框中进行操作。也可通过"常用"工具栏中的"保存"按钮完成。

9.3　预览与打印报表

在报表设计、编辑过程中，经常需要预览报表输出效果，制作完成后，根据需求可以进行打印。

9.3.1　预览报表

在"报表设计器"窗口中，随时可以预览报表的打印效果。单击"常用"工具栏中的"打印预览"按钮可以显示预览页面，也可以在"报表设计器"窗口中右击，在弹出的快捷菜单选择"预览"命令进行预览。对于图 9-18 所示的报表，单击工具栏中的"预览" 按钮，即可看到其结果，如图 9-19 所示。

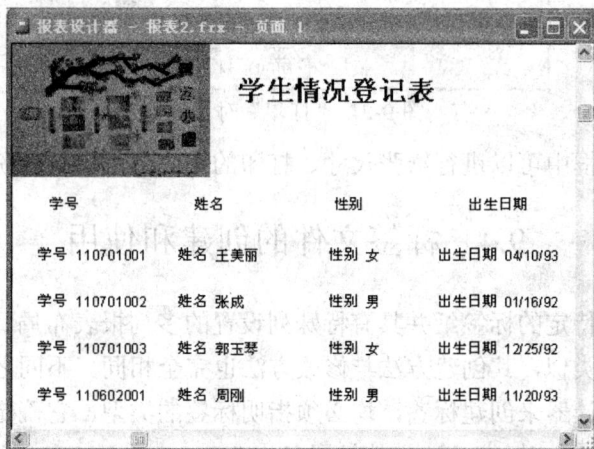

图 9-19　预览窗口

预览的同时屏幕上会出现"打印预览"工具栏，如图 9-20 所示。

图 9-20　"打印预览"工具栏

"打印预览"工具栏中有 8 个工具按钮，左边的 5 个按钮用于切换不同的页面，"缩放"下拉列表用于调整页面显示的缩放比例，最后的两个按钮一个是"关闭浏览"按钮，另一个是"打印"按钮。

在预览状态下，可以单击"关闭预览"按钮或预览窗口的"关闭"按钮来关闭预览页面返回报表设计器的设计状态。

也可以使用命令预览报表，命令格式如下：

`Report form 报表文件名 preview`

9.3.2 打印报表

在打印输出报表之前，通常先打开要打印的报表，如果直接在打印机上打印，则单击"常用"工具栏中的"打印"按钮；若先在"打印"对话框中进行简单设置后再打印，则可以选择"文件"菜单中的"打印"命令，在"打印"对话框中进行设置，如图 9-21 所示。

图 9-21 "打印"对话框

在"打印"对话框中可以进行纸张尺寸、打印的页码范围、打印份数等设置。

9.4 标签文件的创建和使用

标签是为了适应特定的标签纸并具有特殊列设置的多列报表布局。

标签与报表极为类似，其创建方法与修改方法也完全相同。不同之处在于用户无论使用标签向导还是标签设计器来创建标签，均必须指明标签的类型，它确定了细节区中的尺寸。标签文件的扩展名为.lbx，标签备注文件扩展名为.lbt。

9.4.1 利用向导创建标签

标签向导是一种建立标签的快速而且简单的方法，具体分以下几步完成：

（1）启动标签向导。选择"文件"菜单中的"新建"命令，选择"标签"类型，单击"向导"按钮；或在项目管理器中选择"标签"，单击"新建"按钮，在"新建"对话框中选择"标签向导"，均可启动标签向导。

（2）选择表。启动向导后进入"第一步-选择表"，如图 9-22 所示，选择表或视图后，单击"下一步"按钮，进入"第二步-选择标签类型"，如图 9-23 所示。

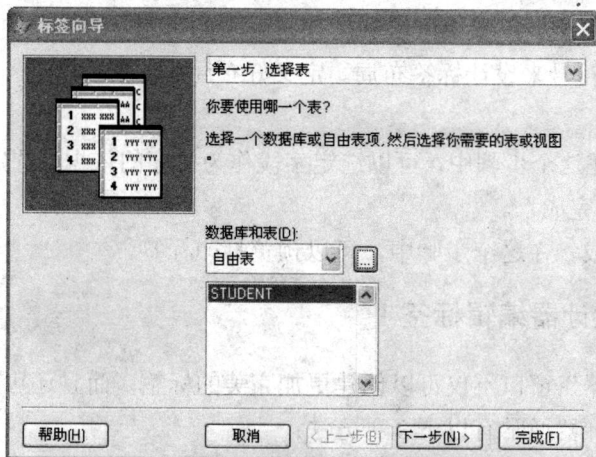

图 9-22　"标签向导"对话框 1

（3）选择标签类型。"第二步-选择标签类型"是用来从给定的标签类型中选取标签的类型或利用"新建标签"按钮来选定标签类型的，可以在英制和公制之间转换，如图 9-23 所示。选择尺寸后单击"下一步"按钮，进入"第三步-定义布局"，如图 9-24 所示。

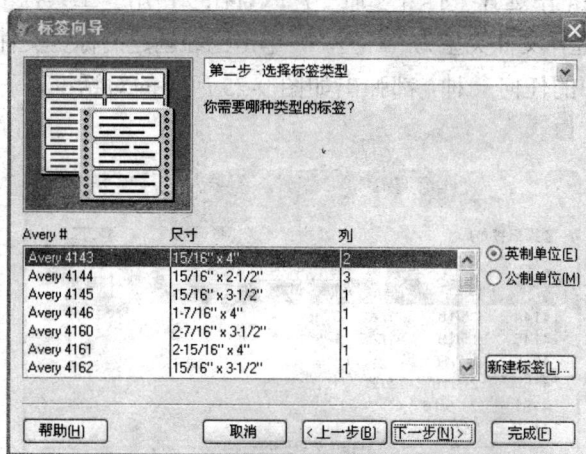

图 9-23　"标签向导"对话框 2

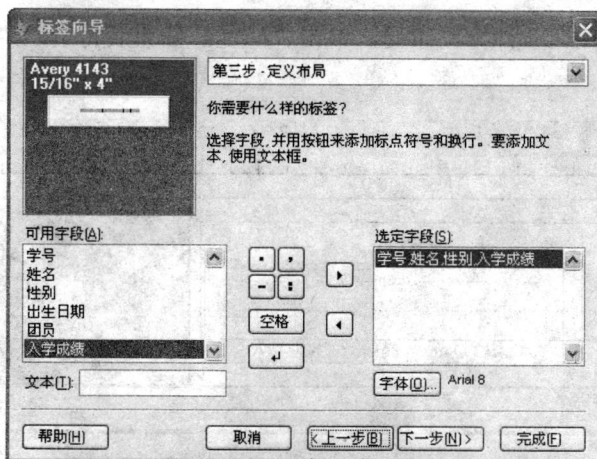

图 9-24　"标签向导"对话框 3

（4）定义布局。在这个步骤中可以利用选定表中的可用字段和"，"、"。"、"-"、"："、回车、空格等符号来设计标签布局。定义好布局后，单击"下一步"按钮，进入"第四步-排序记录"。

（5）排序记录。在这个步骤中，可以选定字段作为排序的依据。选定后，单击"下一步"按钮，进入"第五步 完成"。

（6）标签设计完成。在这个步骤中，可以预览打印标签。

9.4.2　利用标签设计器编辑标签

利用"标签设计器"窗口不仅可以创建更加完美的标签，而且还可以对已创建的标签进行修改。进入标签设计器通常有以下 3 种方法：

（1）在"文件"菜单中选择"新建"命令，或在"常用"工具栏中单击"新建"按钮，弹出"新建"对话框，选择"标签"单选按钮，单击"新建文件"按钮。

（2）在项目管理器中选择"文档"选项卡，选中"标签"，单击"新建"按钮，弹出"新建"对话框，单击"新建标签"按钮。

（3）在"文件"菜单中选择"打开"命令，或者在"常用"工具栏中单击"打开"图标，弹出"打开"对话框，选择文件类型为"标签"，单击已经创建的标签文件，单击"确定"按钮。

采用前两种方法中的任何一种，都弹出如图 9-25 所示的对话框。采用第 3 种方法则直接进入"标签设计器"窗口。

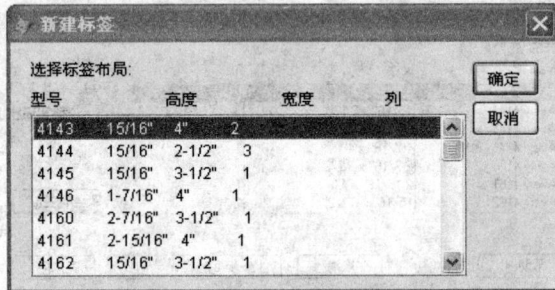

图 9-25　"新建标签"对话框

在图 9-25 中可以任选一种标签布局，单击"确定"按钮后将进入"标签设计器"窗口，如图 9-26 所示。

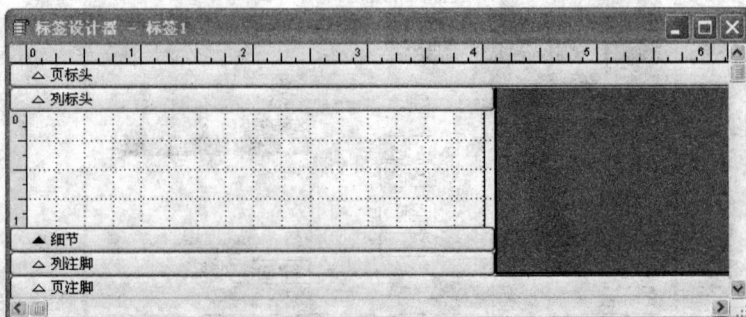

图 9-26　标签设计器

在图 9-26 中，标签中的内容只能出现在"细节"带区中。"标签设计器"窗口中的其他操作和"报表设计器"窗口中的操作完全相同，在此不再详述。

9.4.3 预览与打印标签

在设计好标签后，就可以预览其结果，并进行打印。

在"标签设计器"窗口中，选择"文件"菜单中的"打印预览"命令或选择"显示"菜单中的"预览"命令，均可进入预览页面，如图 9-27 所示。

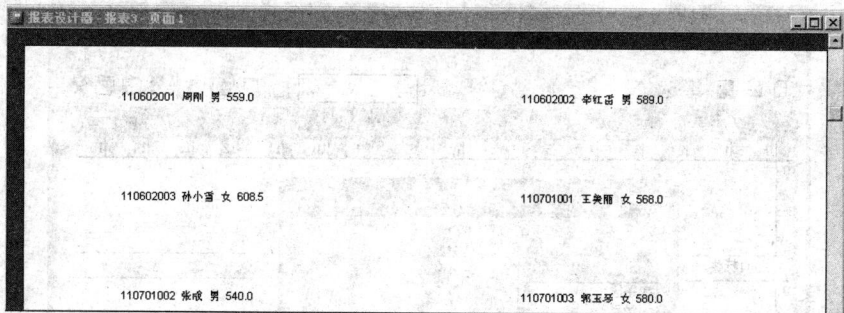

图 9-27 标签预览效果

如果对标签的预览结果满意，就可以在指定的打印机上打印输出标签。其操作步骤和报表打印一样，在此不再赘述。

9.5 报表应用实例

经过前面报表的学习，掌握了制作报表的基本方法。本节将通过一个例子来加强对报表的认识。

要求：利用 student 表，给每个同学制作一份学校通行证，证件内容包括学生的学号、姓名、性别、出生日期和照片字段。预览效果如图 9-28 所示。

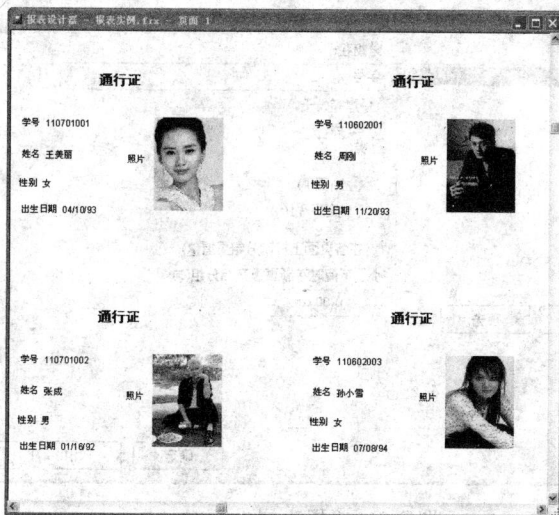

图 9-28 报表预览窗口

具体操作步骤如下：

（1）选择"文件"菜单中的"新建"命令，在弹出的对话框中选择"报表"，然后单击"新建"按钮，新建一个报表文件。

（2）设置报表数据源。在报表中右击，在弹出的快捷菜单中选择"数据环境"命令，打开"数据环境设计器"窗口。在"数据环境设计器"窗口中右击，在弹出的快捷菜单中选择"添加"命令，在弹出的"打开"对话框中打开要添加到数据环境中的 student 表。然后单击"确定"按钮。添加 student 表后的"数据环境设计器"窗口如图 9-29 所示。

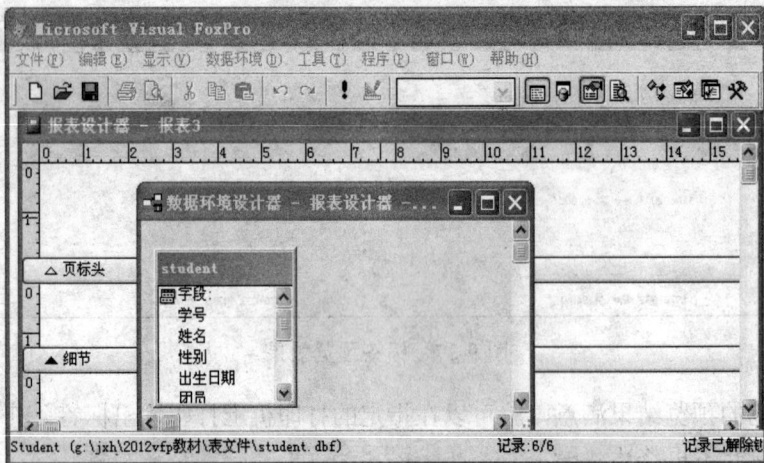

图 9-29　添加表后的"数据环境设计器"窗口

（3）将报表按"学号"进行分组。单击报表窗口，选择"报表"菜单中的"数据分组"命令，弹出"报表属性"对话框，如图 9-30 所示。单击"添加"按钮，弹出"表达式生成器"对话框，如图 9-31 所示。在"字段"列表框中选择"学号"，报表中就增加了"组标头 1：学号"和"组注脚 1：学号"两个带区，如图 9-32 所示。

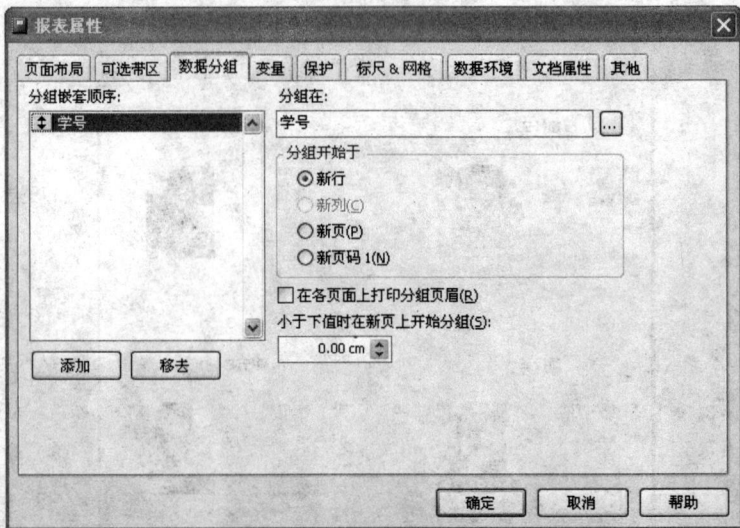

图 9-30　"报表属性"对话框

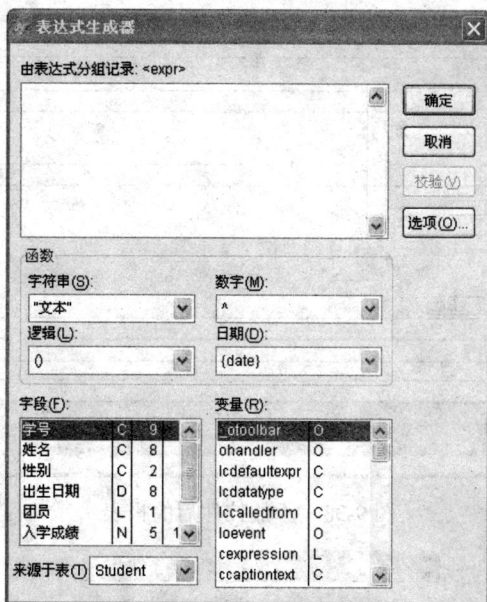

图 9-31　"表达式生成器"对话框

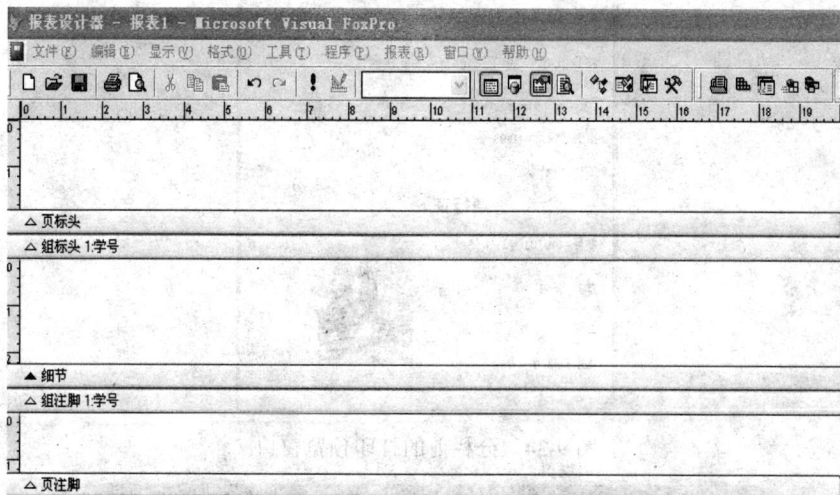

图 9-32　分组后的报表

　　（4）添加报表控件。在"组标头 1：学号"带区，添加标签控件，输入文字"通行证"。并选中该控件，选择"格式"菜单中的"字体"命令，弹出"字体"对话框，对文字设置为黑体、粗体、四号，然后单击"确定"按钮。然后打开"数据环境设计器"窗口，分别拖拽"学号"、"姓名"、"性别"、"出生日期"和"照片"5 个字段到"细节"带区，如图 9-33 所示。经过前面的步骤，报表即可打印。打印预览如图 9-34 所示。

　　（5）分栏报表。通过图 9-34 可以看出，有效内容仅占用了左边一部分，右边部分的空间显得浪费，如果这样打印，会浪费大量的纸张。因此需要设置分栏。

　　选择"文件"菜单中的"页面设置"命令，弹出"页面设置"对话框。设置"列数"为 2，并设置"列间隔"，设置"列打印顺序"为"顶到底"，如图 9-35 所示，设置好后，单击"确定"按钮。

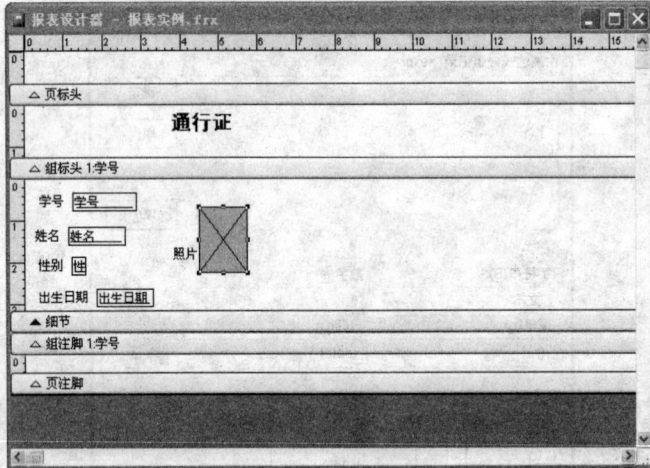

图 9-33　添加控件后的报表

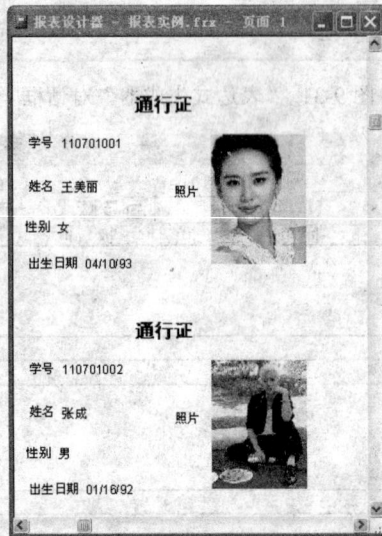

图 9-34　分栏前的打印预览窗口

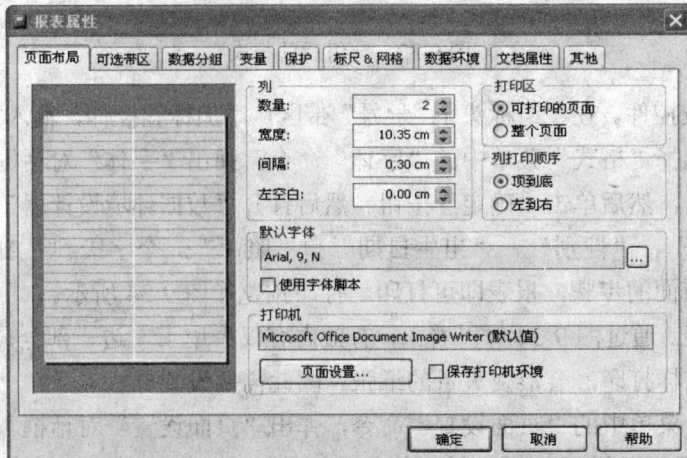

图 9-35　在"页面设置"对话框中设置分栏

（6）保存报表文件并打印预览。设置好后的报表如图 9-36 所示，选择"文件"菜单中的"保存"命令，保存报表为"报表练习.frx"。选择"文件"菜单中的"打印预览"命令，即可预览设计好的报表。

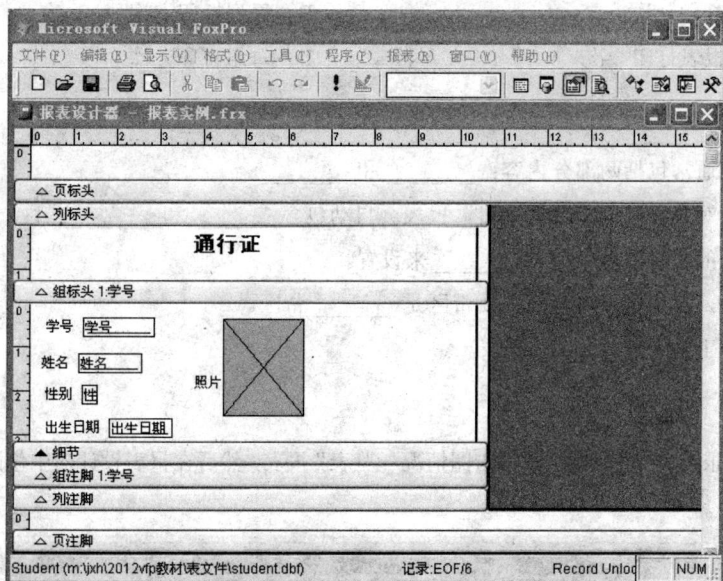

图 9-36　设置好的报表窗口

习　　题

1. 选择题

（1）在"报表设计器"中可以使用的控件是（　　）。

    A. 标签、字段控件和线条   B. 标签、字段控件和列表框

    C. 标签、文本框和列表框   D. 布局和数据源

（2）报表的数据源可以是（　　）。

    A. 自由表或其他报表   B. 数据库表、自由表或视图

    C. 数据库表、自由表或内存变量   D. 表、表单或视图

（3）Visual FoxPro 的报表文件.frx 中保存的是（　　）。

    A. 打印报表的预览格式   B. 打印报表本身

    C. 报表的格式和数据   D. 报表设计格式的定义

（4）在"报表设计器"中，任何时候都可以使用"预览"功能查看报表的打印效果，以下 4 种操作中不能实现预览功能的是（　　）。

    A. 直接单击"常用"工具栏中的"打印预览"按钮

    B. 在"报表设计器"中右击，从弹出的快捷菜单中选择"预览"命令

    C. 打开"显示"菜单，选择"预览"命令

    D. 打开"报表"菜单，选择"运行报表"命令

(5) 在报表设计器中打印每条记录的带区是(　　)。

　　A. 标题　　　　　　　B. 页标头　　　　　　C. 细节　　　　　　　D. 总结

(6) 报表的标题打印方式是(　　)。

　　A. 每页打印一次　　　　　　　　　　B. 每列打印一次

　　C. 每个报表打印一次　　　　　　　　D. 每组打印一次

2．填空题

(1) 设计报表通常包括两部分内容：_____和_____。

(2) 如果已经对报表进行了数据分组，报表会自动包含_____和_____带区。

(3) 多栏报表的栏目数可以通过_____来设置。

(4) 在报表中，打印输出内容的主要带区是_____带区。

(5) 标签实际上是一种_____报表。

3．操作题

使用"一对多报表向导"创建"图书借阅情况一览表"报表，然后在报表设计器中修改，达到如图 9-37 所示的效果。

图 9-37　图书借阅情况一览表

第 10 章 菜 单 设 计

菜单是常用的可视化交互界面,它具有组织和协调数据库应用系统中各个功能的模块,给用户提供友好、方便、快捷的操作环境的作用。本章主要讲述在 Visual FoxPro 中如何设计下拉式菜单及快捷菜单。

10.1 菜单设计基础

了解菜单的结构、特点和创建菜单的步骤是用户设计菜单的基础。Visual FoxPro 中的菜单包括两种:下拉式菜单和快捷菜单。

10.1.1 菜单设计方法

在 Visual FoxPro 中创建菜单有两种方法:利用菜单设计器和利用命令。

利用菜单设计器创建的菜单分两种:下拉式菜单和快捷菜单。典型的菜单系统一般都是下拉式菜单。

利用命令直接创建的菜单分为条形菜单和弹出式菜单。利用这两种菜单也可以组合成下拉式菜单和快捷菜单。利用一个或一组上下级的弹出式菜单可组成快捷菜单;利用一个条形菜单和一组弹出式菜单可组成下拉菜单,其中条形菜单是主菜单,弹出式菜单是子菜单。

10.1.2 菜单设计步骤

用户可以使用菜单设计器来设计自己的菜单系统。无论要设计的菜单多么复杂,其创建菜单程序都需要以下步骤。

1. 规划菜单系统

确定应用程序的设计目标、对菜单的样式有什么要求、菜单中的哪一部分还需要子菜单以及菜单出现在界面中的什么位置等。规划时应该注意以下几条原则:

(1) 应该按照用户所要执行的任务合理地组织菜单系统。

(2) 为每一个菜单和菜单选项设计一个较明确、有意义、对应功能的菜单标题和简短提示。描述菜单及菜单选项功能的词汇应尽可能通用。

(3) 按照估计的菜单项使用频率、逻辑顺序或字母顺序组织菜单项。

(4) 在菜单项的逻辑组之间放置分割线,使菜单项逻辑更清晰。进行菜单选项分组时,可以按功能相近的原则进行分组。

(5) 如果菜单上菜单项的数目超过了一屏,则应为其中的一些菜单项创建子菜单。

（6）　对于一些常用的菜单或菜单选项，最好设置一些快速访问键和快捷键。使用这些快捷键和快速访问键能快速选择菜单选项。

2. 创建菜单和子菜单

设计菜单系统的大量工作是在菜单设计器中完成的。可以通过菜单操作方式或命令方式打开菜单设计器。菜单、各级子菜单及菜单项就是在菜单设计器中完成的。

各菜单项的任务可以是显示一个表单、执行一个应用程序，也可以显示一个对话框等。如果需要，还可以建立初始化代码和清理代码。

3. 预览、保存菜单文件

在菜单设计过程中可随时单击"预览"按钮查看菜单的现实情况，以便及时修改。选择"文件"菜单的"保存"命令或者单击"常用"工具栏中的"保存"按钮或者按 Ctrl+W 组合键，都可以将设计好的菜单保存到菜单文件中。保存后的文件有两个：一个是菜单文件(扩展名为.mnx)；另一个是菜单备注文件(扩展名为.mnt)。

4. 生成菜单程序

保存的菜单文件不能运行，必须根据菜单文件生成菜单程序文件。菜单程序文件能够运行，其扩展名为.mpr。方法是：将菜单文件在"菜单设计器"中打开，这时系统菜单栏中多了"菜单"菜单，通过"菜单"菜单中的"生成"命令，可以生成菜单程序文件。

5. 运行菜单程序

运行菜单程序有多种方式，常用的方式有两种：可以用命令 do <文件名>。需要注意的是，文件名后的扩展名.mpr 不能省略。如 do d:\vfp\菜单 1.mpr。也可以选择"程序"菜单中的"运行"命令，在弹出的"运行"对话框中选择要运行的菜单程序，然后单击"运行"按钮即可。

菜单程序运行后，原来的系统菜单被隐藏，系统菜单位置变成了新生成的菜单。若要恢复到原来状态，需要在命令窗口中执行命令：set sysmenu to default。

10.2　创建下拉式菜单

Visual FoxPro 提供了创建应用系统菜单的工具——菜单设计器，用户利用菜单设计器可以设计出与 Visual FoxPro 系统菜单相媲美的面向具体问题的应用系统菜单。

10.2.1　菜单设计器简介

Visual FoxPro 中有很多设计器，如类设计器、数据库设计器、报表设计器等，菜单设计器也是其中之一。使用菜单设计器可以完成用户菜单界面的设计。

1. 打开菜单设计器

1）利用 Visual FoxPro 的系统菜单

选择"文件"菜单中的"新建"命令，在弹出的"新建"对话框中选择"菜单"，单击

"新建文件"按钮,弹出"新建菜单"对话框,如图 10-1 所示。单击"菜单"按钮,打开"菜单设计器"窗口,如图 10-2 所示,建立下拉菜单。单击"快捷菜单"按钮,打开"快捷菜单设计器"窗口,如图 10-3 所示,建立快捷菜单。

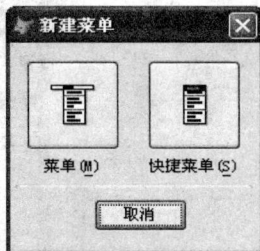

图 10-1 "新建菜单"对话框

利用系统菜单打开已存在的菜单文件方法是:选择"文件"菜单中的"打开"命令,在弹出的"打开"对话框中选择文件类型:菜单(*.mnx),然后选中要打开的菜单文件,单击"确定"按钮即可。

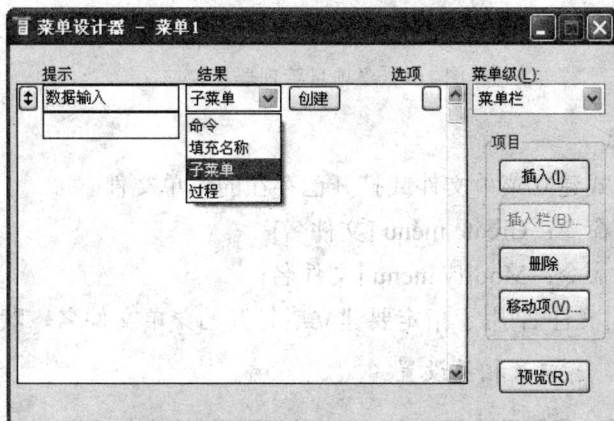

图 10-2 "菜单设计器"窗口

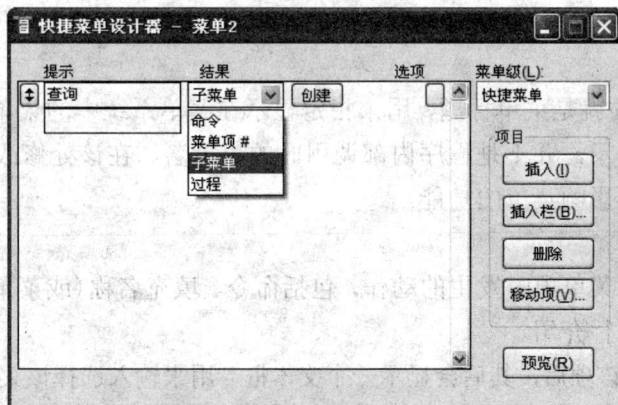

图 10-3 "快捷菜单设计器"窗口

2) 利用项目管理器

打开"项目管理器"窗口,单击"其他"标签,选择其中的"菜单"选项,如图 10-4 所示,单击右侧的"新建"按钮,即可弹出"新建菜单"对话框,从而打开"菜单设计器"窗口。

对于已经存在于项目管理器中的菜单文件,选中菜单文件后,单击右侧的"修改"按钮即可对该菜单文件进行修改。

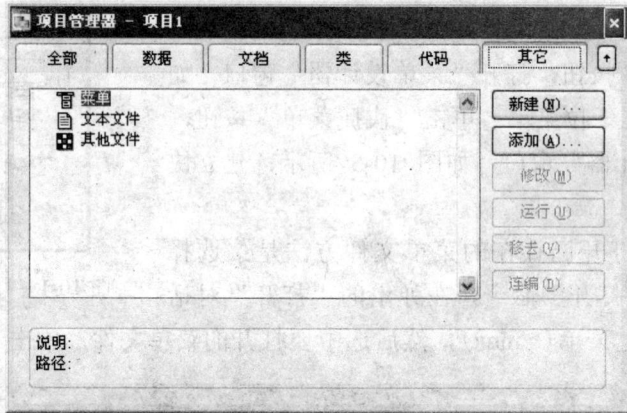

图 10-4 "项目管理器"窗口

3）利用命令方式

可以通过命令方式建立菜单文件或打开已存在的菜单文件。

建立菜单文件的命令：Create menu [文件名]

打开菜单文件的命令：Modify menu [文件名]

说明：命令中的[文件名]用于指定要建立或打开的菜单文件名，默认扩展名为.mnx。

2. "菜单设计器"窗口及相关设置

在图 10-2 所示的"菜单设计器"窗口中可以看到，该窗口左侧主要由"提示"、"结果"和"选项"构成，其中每一行可定义一个菜单项；右侧包括"菜单级"下拉列表、"项目"按钮组和"预览"按钮。下面分别介绍它们的作用。

1）"提示"选项

"提示"中输入的就是菜单标题，用来指定显示在菜单系统中的菜单项的菜单标题，该标题仅仅为了屏幕显示，并不是程序内部调用时的菜单名。在该处修改菜单名称，仅仅影响屏幕显示效果，不影响菜单的功能。

2）"结果"选项

用于指定在选择菜单项时发生的动作，包括命令、填充名称（或菜单项#）、子菜单和过程 4 种，下面具体进行介绍。

（1）命令：选择该项后，其后会显示一个文本框，用来输入选择该菜单时要执行的命令。注意：此选项仅对应执行一条命令的情况。

（2）填充名称（或菜单项#）：用来设定第一级菜单的菜单名或子菜单的菜单项序号，即菜单的内部名称，是系统调用时的菜单名或菜单项序号。当前若是一级菜单，则显示"填充名称"，在此可以设置菜单名；若是子菜单项则显示"菜单项#"，则用来设置菜单项序号，定义时将名称或序号输入到右侧的文本框内即可。需要注意的是：若该选项不进行设置，系统会自动给出菜单名或菜单项序号，只不过系统给出的不适合记忆，也不利于在程序中引用。

（3）子菜单：设置当前菜单的子菜单。当选择该项后，右侧会出现一个"创建"或"编辑"按钮（创建子菜单时显示"创建"，修改子菜单时显示"编辑"），单击该按钮，"菜单编辑器"窗口就切换到子菜单级，可以创建或修改子菜单。编辑完子菜单后，可通过菜单设计器右侧的"菜单级"下拉列表重新返回到上级菜单。

(4) 过程：用于为菜单定义一个过程。在程序运行时，单击该菜单命令，就执行该过程。若选中该项，在其右侧会出现一个"创建"或"编辑"按钮(新建菜单项时为"创建"，修改菜单项时为"编辑")，单击该按钮，就会弹出一个"文本编辑"窗口，供用户编辑过程。

3) "选项"

每个菜单后面都有一个小方块无符号按钮，单击该按钮就会弹出"提示选项"对话框，如图 10-5 所示，可以在该对话框中定义菜单项的附加属性。一旦设置了属性，对应的小方块无符号按钮就会显示"√"。

下面对"提示选项"对话框的主要功能进行说明：

(1) 键标签：用来给菜单项设置快捷键。

(2) 键说明：该文本框内容通常显示在菜单名的

图 10-5 "提示选项"对话框

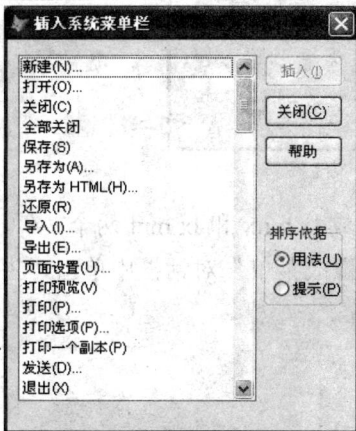

右侧，是对快捷键的一个说明。当设置键标签的同时，键说明文本框中会自动填入和键标签相同的内容，当然该内容也可以根据需要修改。

(3) 跳过：此文本框用来设置该菜单或菜单项不可用的条件表达式。在菜单程序运行时，若条件表达式的值为.T.，则该菜单项呈灰色不可用状态。

(4) 信息：此文本框用来输入菜单的说明信息，当鼠标指向菜单项时，该菜单的说明信息就会显示在状态栏内。需要注意的是，说明信息必须是字符串或字符表达式。

(5) 主菜单名(或菜单项#)：若是一级菜单则显示"主菜单名"，否则显示的是"菜单项#"。该文本框用于设置菜单项内部名称或序号。若不设置，系统会自动给出。当菜单项中选择"填充名称(或菜单项#)"时该文本框无效。

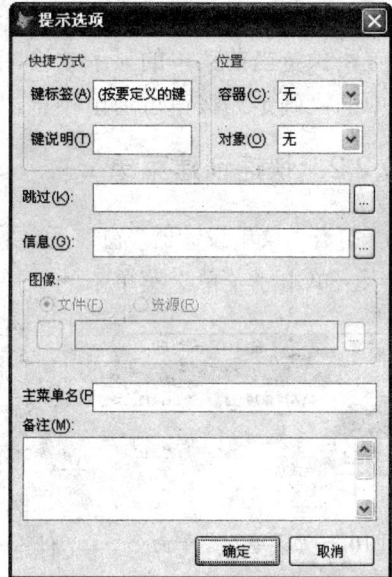

图 10-6 "插入系统菜单栏"对话框

4) "菜单级"下拉列表

"菜单设计器"中的"菜单级"下拉列表是为了方便菜单设计器中不同级别间窗口的切换。通过单击"菜单级"下拉列表中的某项，可以从子菜单返回到上一级菜单。

5) "项目"按钮组

(1) "插入"按钮：单击此按钮，可在当前菜单行前插入一新菜单行。

(2) "插入栏"按钮：单击此按钮，会弹出"插入系统菜单栏"对话框，如图 10-6 所示。通过该对话框，可以在当前菜单行之前插入一个 Visual FoxPro 系统菜单项。方法是选中该窗口中的某一个菜单选项，然后单击"插入"按钮即可。插入的系统菜单项功能和 Visual FoxPro 中的完全相同。此按钮只在设计子菜单的窗口中有用。

（3）"删除"按钮：单击此按钮，将删除当前选中的菜单行。

6）"预览"按钮

单击该按钮，会弹出"预览"对话框，显示正在预览的菜单名称。同时在系统菜单的位置，预览当前菜单的显示效果，但这时的菜单不能执行相应的功能。单击"预览"对话框中的"确定"按钮可退出预览，并返回到"菜单设计器"窗口。

10.2.2　快速创建菜单

打开"菜单设计器"窗口后，系统菜单上会增加一个名为"菜单"的菜单命令，如图 10-7 所示。单击"菜单"菜单下的"快速菜单"命令，在"菜单设计器"窗口就会出现一个设计好的菜单，该菜单是 Visual FoxPro 系统菜单的自动复制，用户可以将该菜单修改成符合自己需要的菜单。

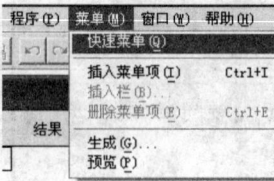

图 10-7　"菜单"菜单命令

注意：快速菜单只有在"菜单设计器"窗口为空时才能建立，否则快速菜单选项显示为灰色，为不可用状态。

例 10.1　快速建立一个下拉菜单，建立的菜单存放在 E:\中，文件名为 lx.mnx，并生成菜单程序。

操作步骤如下：

（1）在命令窗口输入"create menu E:\lx"，在弹出的如图 10-1 所示的"新建菜单"对话框中单击"菜单"按钮，打开"菜单设计器"窗口。

（2）选择如图 10-7 所示"菜单"菜单中的"快速菜单"命令。"菜单设计器"中就会出现和 Visual FoxPro 系统菜单一样的菜单，在此基础上可以进行修改，如图 10-8 所示。

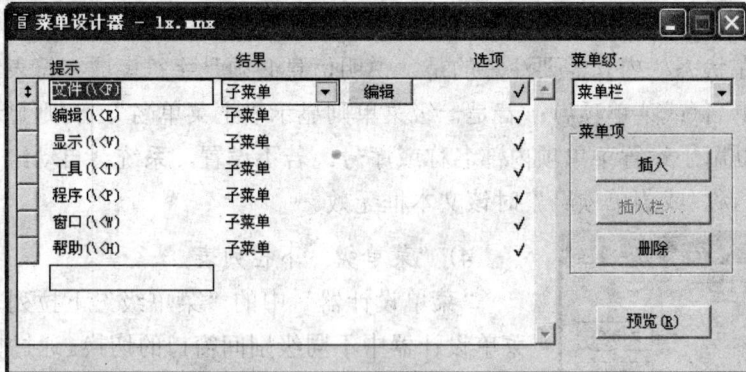

图 10-8　建立快速菜单的"菜单设计器"窗口

（3）选择"文件"菜单中的"保存"命令，会在 E:\ 中生成 lx.mnx 和 lx.mnt 两个文件。

（4）选择"菜单"菜单中的"生成"命令，在弹出的"生成菜单"对话框中单击"生成"按钮，就生成了菜单程序文件 lx.mpr，如图 10-9 所示。

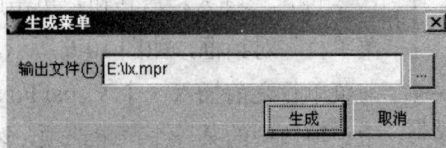

图 10-9　"生成菜单"对话框

　　(5) 在命令窗口中执行 do E:\lx.mpr 命令，就会在原系统菜单位置显示刚定义的菜单。由于快速菜单是 Visual FoxPro 系统菜单的复制，所以菜单功能和原系统菜单基本相同。若想回到原始的系统菜单状态，需要在命令窗口中执行 set sysmenu to default 命令。

10.2.3　菜单的"常规选项"和"菜单选项"

　　打开"菜单设计器"窗口后，"显示"菜单中会增加"常规选项"和"菜单选项"两个菜单项。将这两个菜单项和菜单设计器相结合，能使菜单设计更加完善。

　　1. "常规选项"命令

　　单击该选项，会弹出如图 10-10 所示的对话框。该对话框包含以下部分：

　　(1) "过程"列表框：在"菜单设计器"中的第一级菜单中，若有些菜单未设置过任何命令或过程，那么可以在此文本框中输入公共过程代码，也可以单击"编辑"按钮，在打开的"过程编辑"窗口中进行输入。

　　(2) "位置"选项组：用来设置当前设置的下拉菜单和 Visual FoxPro 系统菜单的关系。需要说明的是，其仅对下拉菜单有效。"替换"为默认的缺省选项，选择该项后，用当前的下拉菜单替换 Visual FoxPro 当前系统菜单；"追加"是将用户定义的菜单添加到 Visual FoxPro 当前系统菜单后面；"在 ⋯ 之前"是把当前菜单放置在指定的某项菜单之前，选择该项后，其后会出现一个下拉列表，可以选择某个菜单；"在 ⋯ 之后"是把当前菜单放置在指定的某项菜单之后。

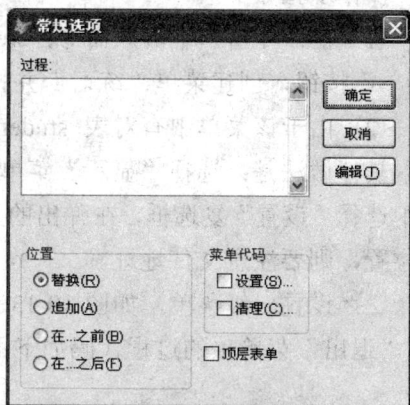

图 10-10　"常规选项"对话框

　　(3) "菜单代码"选项组：包含"设置"和"清理"两个复选框。无论选中哪项，都会弹出一个编辑窗口，在编辑窗口中可以输入程序代码。其中"设置"复选框用来设置菜单系统的初始化代码，在执行菜单程序时首先被执行，常用来进行全局变量的设置；"清理"复选框用来设置菜单的清理代码，该代码是在菜单程序的最后执行，一般包括环境的复原、变量所占空间的释放等。

　　(4) "顶层表单"复选框：若选中该复选框，该编辑的菜单就被添加到一个顶层表单中，否则表示这是一个定制的系统菜单，运行时显示在 Visual FoxPro 系统菜单位置。

　　2. "菜单选项"命令

　　打开编辑的子菜单后，选择"显示"菜单中的"菜单选项"命令，会弹出如图 10-11 所示的对话框。该对话框中有"名称"和"过程"两个文本框，"名称"文本框显示的是选中的菜单项名称，"过程"文本框用来设置当前编辑的子菜单的公共过程。若该子菜单中有些

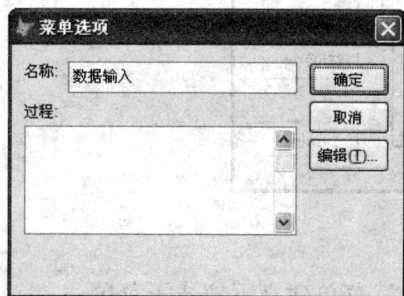

图 10-11　"菜单选项"对话框

菜单项之前既没有被设置任何命令或过程，也没有下级菜单，那么运行菜单时单击这些菜单项后，就会执行该对话框中的过程命令。

例 10.2　利用"菜单设计器"建立如图 10-12 所示的下拉菜单，并要求实现如下操作：在 student 表中实现"数据维护"和"数据查询"菜单中的子菜单功能；"文件编辑"子菜单项的功能和 Visual FoxPro 系统菜单中的相应菜单功能一致；"退出"菜单项能够退出当前的菜单，恢复为 Visual FoxPro 的系统菜单。

图 10-12　例 10.2 要求设计的下拉菜单

操作步骤如下：

(1) 在命令窗口中输入命令：create menu 练习，在弹出的"新建菜单"对话框中选择"菜单"按钮，创建菜单"练习"并打开"菜单设计器"窗口。

(2) 由于该菜单中有对表 student 进行操作的命令，所以在执行菜单命令前要先打开表。具体做法是：选择"显示"菜单中的"常规选项"命令，在弹出的"常规选项"对话框中选择"设置"复选框，在弹出的文本编辑器中输入命令：use student，如果文件不在默认位置，则要注意文件地址。

(3) 设置一级菜单，如图 10-13 所示。

"退出"菜单项的过程代码如下：

```
use                        &&关闭表
set sysmenu to default     &&恢复 Visual FoxPro 系统菜单
clear events               &&结束事件处理
```

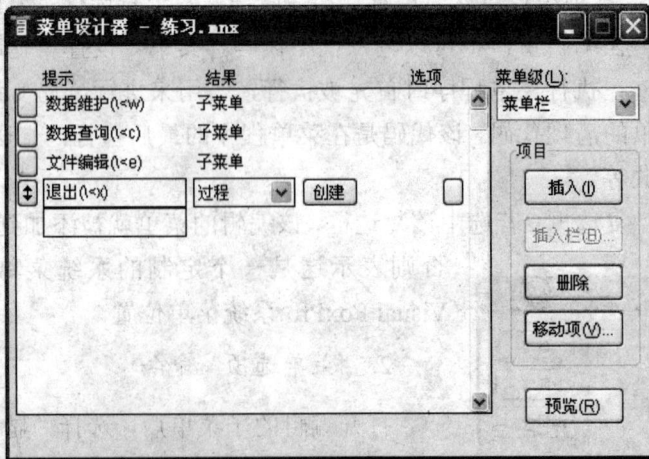

图 10-13　设置一级菜单

(4) 分别为"数据维护"、"数据查询"和"文件编辑"菜单建立下拉式子菜单。

① 为"数据维护"建立下拉式子菜单。选择"数据维护"菜单行，单击"结果"列右

侧的"创建",弹出"菜单设计器"窗口,如图 10-14 所示,进行编辑,将各菜单项的"提示"、"结果"进行编辑。

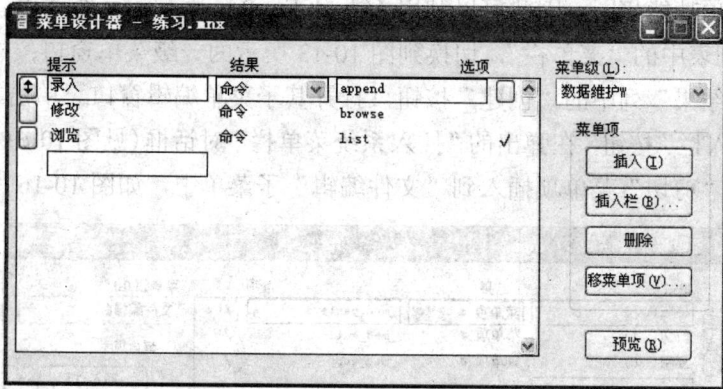

图 10-14 "数据维护"子菜单窗口

下面设置"浏览"菜单项的快捷键,选中"浏览"菜单项,单击右边"选项"列的小方形按钮,在弹出的"提示选项"对话框中,在"键标签"文本框中输入"Ctrl+L",然后单击"确定"按钮即可。在"菜单级"下拉列表中选择"菜单栏",切换到如图 10-13 所示的一级菜单窗口。

② 为"数据查询"建立下拉式菜单。单击"数据查询"右侧"结果"列的"创建"按钮,打开如图 10-15 所示的窗口。单击"查询学号"行的"结果"列中的"过程",在弹出的编辑文本框中输入如下代码:

```
clear
accept  "请输入您要查询的学号: " to xh
locate for 学号=xh
if found()
    display
else
?"查无此人! "
endif
```

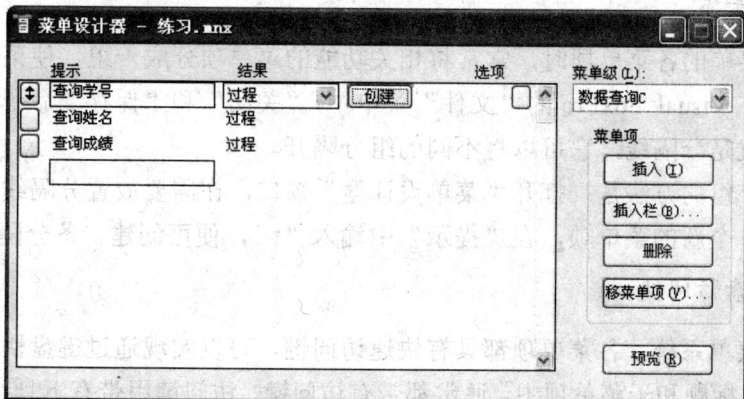

图 10-15 "数据查询"子菜单窗口

　　"查询姓名"和"查询成绩"过程与"查询学号"中的过程基本相同，不再赘述。

　　③ 为"文件编辑"创建下拉子菜单。由于要求其中的子菜单的功能与 Visual FoxPro 系统菜单中的菜单项功能相同，因此可以利用 Visual FoxPro 原有的系统菜单。方法是：单击"菜单级"下拉列表中的"菜单栏"，切换到图 10-13 所示的一级菜单窗口；然后单击"文件编辑"菜单项"结果"列中的"创建"按钮，打开其子菜单编辑窗口。单击右侧"菜单项"选项组中的"插入栏"按钮，在弹出的"插入系统菜单栏"对话框（见图 10-6）中，分别将"粘贴"、"复制"和"剪切"菜单项插入到"文件编辑"子菜单中，如图 10-16 所示。

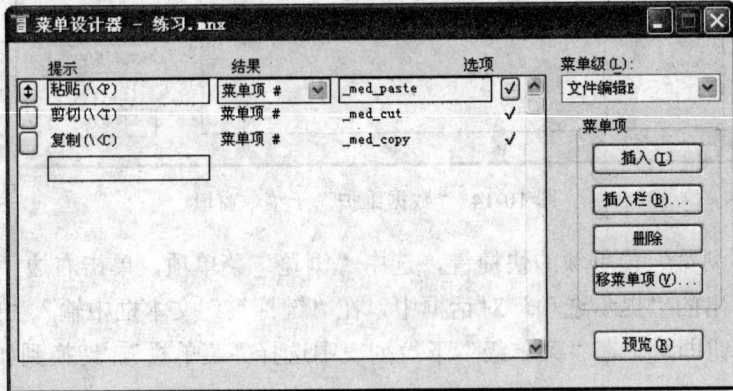

图 10-16　"文件编辑"子菜单窗口

　　(5) 保存菜单文件。选择"文件"菜单中的"保存"命令，保存建立的菜单文件。生成"练习.mnx"和"练习.mnt"文件。

　　(6) 生成菜单程序。选择"菜单"菜单中的"生成"命令，在弹出的"生成菜单"对话框中单击"生成"按钮，就生成了菜单程序文件"练习.mpr"。

　　(7) 运行菜单程序。在命令窗口中执行命令：do 练习.mpr。此时新生成的菜单会代替 Visual FoxPro 原来的系统菜单，即可按照菜单进行操作。

10.2.4　菜单分组和快捷键设置

1. 分组菜单项

　　在定义子菜单的各菜单项时，常常将相关功能的菜单项分成一组，使菜单的界面更加清晰。例如，在 Visual FoxPro 的"文件"菜单中，"关闭"和"保存"命令之间有一条直线，这条直线就是分隔线，它可以将不同的组分隔开。

　　将菜单项分组的方法是：打开"菜单设计器"窗口，在需要放置分隔线的位置用"插入"按钮插入一个新的菜单项，在"提示"中输入"\-"，便可创建一条分隔线。

2. 设置键盘访问键

　　一个好的菜单系统，各菜单项都具有快速访问键，可以实现通过键盘快速访问菜单的功能。在主菜单标题和子菜单项中，通常都带有访问键，访问键用带有下划线的字母表示。可以在自己所设计的菜单系统中加入键盘访问键。

设置访问键的方法是：在"菜单设计器"窗口中，在提示项后加上"(\<访问键的字母)"，例如，提示"粘贴(\<P)"，就表示该菜单的访问键是 P，菜单程序运行时，显示效果是"粘贴(P)"，注意要用英文小括号。如图 10-16 所示，每个菜单项都有快速访问键。

3. 设置键盘快捷键

除了指定键盘快速访问键以外，还可以为菜单或菜单项指定键盘快捷键。Visual FoxPro 菜单项的快捷键一般采用 Ctrl 与另一个键组合的形式。

为菜单或菜单项指定快捷键的操作步骤如下：

(1) 打开"菜单设计器"窗口，在"提示"栏中选择相应的菜单标题或菜单项。

(2) 单击"选项"栏中的按钮，弹出"提示选项"对话框(见图 10-5)。

(3) 在"键标签"文本框中，如输入"Ctrl+R"，可创建快捷键。如果一个菜单项没有快捷键，系统将在"键标签"框中显示"按下要定义的键"。

(4) 在"键说明"文本框中，添加希望在菜单项旁边出现的文本。在默认情况下，在"键说明"文本框中重复"键标签"文本框的快捷键标记。不过，如果希望在应用程序中显示其他内容，也可以更改"键说明"文本框中的文本。

设置好快捷键后，就可以直接按下快捷键来执行相应菜单项的功能，而不必通过菜单来选取。

10.2.5 菜单程序的生成和运行

用菜单设计器设计好菜单文件，不能直接运行，需要生成菜单程序文件。

1. 生成菜单程序文件

用菜单设计器设计好菜单后，保存后生成两个文件：一个是菜单文件(菜单名.mnx)，另一个是菜单备注文件(菜单名.mnt)。菜单文件不能直接运行，必须生成菜单程序文件(菜单名.mpr)。

生成菜单程序文件的过程是：打开设计好的菜单的"菜单设计器"窗口；选择系统菜单"菜单"中的"生成"命令，会弹出图 10-9 所示的"生成"对话框，单击"生成"按钮，即可生成菜单程序文件(菜单名.mpr)。

注意：对菜单设计器中的菜单项进行每一次改动，都需要重新生成菜单程序。

2. 运行菜单程序

菜单程序文件生成以后，就可以运行菜单程序，对设计菜单的功能进行测试并进行必要的修改。

由于创建菜单有两种不同的方式：菜单设计器方式和程序方式，从而对应了两种不同的菜单程序文件，即扩展名为.mpr 的程序文件和扩展名为.prg 的程序文件。虽然文件类型不同，但运行方式基本相同。

运行命令格式如下：

```
do  菜单程序文件名.mpr        &&菜单设计器方式生成的菜单程序文件
do  菜单程序文件名.prg        &&程序方式建立的菜单程序文件
```

说明：可以在命令窗口执行这两个命令，也可以在其他的程序或过程中使用这两个命令。若调用的是程序方式建立的.prg 文件，扩展名.prg 可以省略；但若调用的是菜单设计器方式生成的菜单程序.mpr 文件，扩展名.mpr 必须带上，不能省略。

10.3　使用菜单设计器创建快捷菜单

在某个对象上右击，会出现一个菜单，这个菜单就是快捷菜单。建立快捷菜单也有两种方法，即使用菜单设计器方式和命令方式。用菜单设计器创建快捷菜单的过程与创建下拉式菜单类似，只是在运行时有所不同。

1. 创建快捷菜单

打开如图 10-1 所示的"新建菜单"对话框，单击"快捷菜单"按钮，打开"快捷菜单设计器"窗口，如图 10-3 所示，与"菜单设计器"窗口基本相同，只有"菜单级"下拉列表中显示为"快捷菜单"。基本的设计过程和下拉式菜单相同，可以利用前面学习的方法创建快捷菜单。

2. 运行快捷菜单

和下拉菜单一样，快捷菜单在设计好后，要保存文件，生成菜单程序文件后才能运行。

快捷菜单必须依附于一定的对象。所以要在某个对象的 RightClick 事件中编写执行快捷菜单程序的代码。例如，快捷菜单程序文件为 kjcd.mpr，要放置在当前表单中，则需要在当前表单的 RightClick 事件中编写代码：do kjcd.mpr。

例 10.3　利用菜单设计器设计一个快捷菜单，将该菜单加入名为"学生成绩查询"的表单中。要求如图 10-17 所示，快捷菜单的一级菜单有"查询"和"浏览"两项，每个一级菜单后又有二级菜单。选择不同的菜单项，可以实现表单中资料的更新显示。

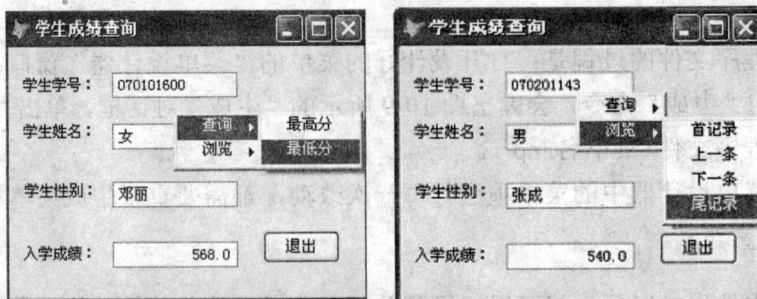

图 10-17　创建"快捷菜单"演示窗口

操作步骤如下：

（1）新建一个表单，保存为"学生成绩查询.scx"。利用前面学过的表单知识建立如图 10-17 所示的表单，并将 student 表和表单联系起来。

（2）创建快捷菜单。在命令窗口中执行命令：create menu kjcd，在弹出的"新建菜单"对话框中单击"快捷菜单"按钮，打开"快捷菜单设计器"窗口，在窗口中按照图 10-18 所示进行设置。

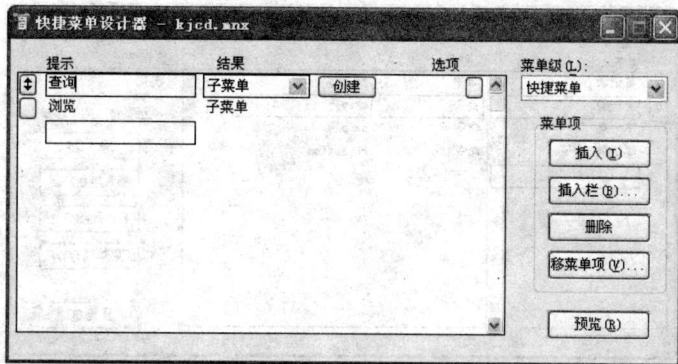

图 10-18 快捷菜单的一级菜单

① 设置"查询"子菜单。选择"查询"菜单行，单击"结果"列的"创建"按钮，按图 10-19 所示进行设置。

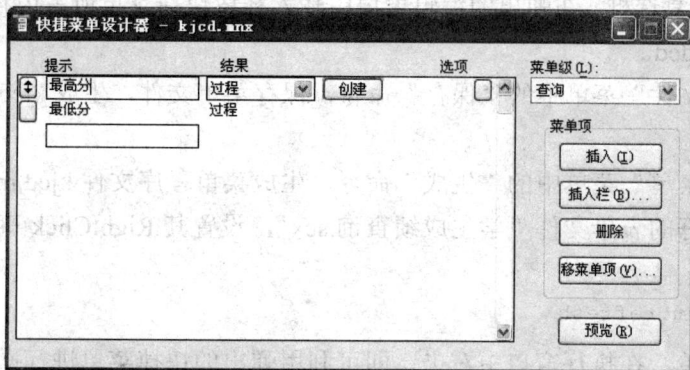

图 10-19 "查询"子菜单

下面给"最高分"创建"过程"。选择"最高分"菜单项，单击"结果"列的"创建"按钮，打开其过程文本编辑器，在编辑器中输入下列代码：

```
calculate max(入学成绩)to zgf      &&统计入学成绩字段的最高分
clear                             &&清理屏幕
locate for 入学成绩=zgf           &&将指针定位于 student 表中最高分的记录上
```

"最低分"菜单项的过程代码和"最高分"相似，不再赘述。

② 设置"浏览"子菜单。

"菜单级"下拉列表中选择"快捷菜单"，返回图 10-18 所示的窗口中，选择"浏览"菜单项，单击"结果"列的"创建"按钮，打开"浏览"子菜单设计器窗口，按图 10-20 所示进行设置。

若当前指针定位在表中第一条记录，则其"上一条"记录是不存在的，因此要进行如下设置：单击"上一条"菜单项后面的"选项"按钮，弹出如图 10-5 所示的"提示选项"对话框，在"跳过"文本框中输入"Recno()=1"，单击"确定"按钮。同样，最后一条记录的"下一条"记录是不存在的，按照上面步骤设置"下一条"的"选项"列中的"跳过"文本框，输入"Recno()>=Reccount()"。

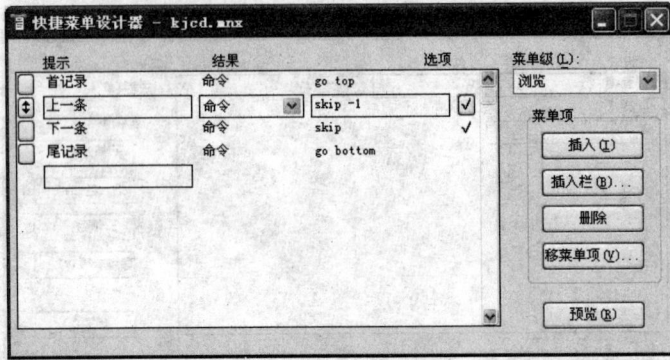

图 10-20 "浏览"子菜单

（3）进行"清理"设置。在执行快捷菜单时，会占用内存空间，执行完后需要及时释放。具体设置方法是：选择"显示"菜单中的"常规选项"命令，弹出"常规选项"对话框，选择"清理"复选框，在弹出的编辑窗口中输入释放快捷菜单所占内存的命令：release popups kjcd extended。

（4）选择"文件"菜单中的"保存"命令，保存菜单文件，生成 kjcd.mnx 和 kjcd.mnt 文件。

（5）选择"菜单"菜单中的"生成"命令，生成菜单程序文件 kjcd.mpr。

（6）打开建好的表单文件"学生成绩查询.scx"，设置其 RightClick 事件代码如下：

```
do kjcd.mpr
thisform.refresh
```

（7）执行表单，在执行窗口中右击，即可利用弹出的快捷菜单进行操作。

10.4 调 用 菜 单

在 Visual FoxPro 中，创建好的菜单需要和对应的表单或对象联系起来。在调用时要注意区别不同类型菜单的调用方法。

10.4.1 下拉式菜单的调用

在前面的例子中，下拉式菜单调试运行时都显示在系统菜单位置。在实际应用中，我们也希望在顶层表单中能有下拉菜单。下面将分别介绍系统下拉菜单和顶层表单的下拉菜单的调用。

1. 系统下拉菜单

Visual FoxPro 系统菜单是一个典型的下拉式菜单，在实际应用中，可以对其进行修改，作为我们自己的菜单。运行时，创建的下拉式菜单会将原来的系统菜单隐藏起来，新菜单出现在系统菜单栏位置。

系统下拉菜单调用比较简单，直接输入如下命令：

```
do 菜单名.mpr
```

或者

    do 菜单名.prg

2. 顶层表单的下拉菜单

相比较系统下拉菜单的调用，顶层表单的下拉菜单调用就比较复杂。要将设计好的顶层表单和下拉菜单联系起来，具体步骤如下：

1）设置下拉菜单

打开下拉菜单的"菜单设计器"窗口，选择"显示"菜单中的"常规选项"命令，在弹出的"常规选项"对话框中选择"顶层表单"复选框，然后单击"确定"按钮。需要注意的是，修改后的菜单需要重新执行"菜单"菜单中的"生成"命令，以重新生成菜单程序。

2）设置表单

（1）需将表单设置为"顶层表单"。设置方法是：打开表单的属性对话框，设置 ShowWindow 属性值为 2。

（2）打开表单的 Init 事件编辑窗口，输入"do <菜单程序文件名> with this [,"<菜单名>"]"来调用下拉菜单。其中<菜单程序文件名>为菜单程序文件，<菜单名>是为添加到表单的下拉菜单定义一个内部名称。

（3）在表单的 Destroy 事件编辑窗口中输入"release menu <菜单名> [extended]"，用来释放菜单运行时占用的内存空间。<菜单名>是 Init 事件中指定的条形菜单的内部名称，加上 extended 则是在释放下拉菜单内存时将其下属子菜单一起释放。

3）保存表单并执行。

10.4.2 快捷菜单的调用

快捷菜单是右击时弹出的菜单，无论在任何位置调用，操作的效果都相同。相对下拉式菜单的调用，其调用方法比较简单。

若要给某对象或表单添加快捷菜单，仅仅需要在其 RightClick 事件窗口中输入如下命令：

    do 菜单名.mpr

或者

    do 菜单名.prg

10.5 用类设计器创建自定义工具栏

在前面的章节中，工具栏在操作中起着较为关键的作用。如果在应用程序中经常重复执行某些任务，就可以把这些任务做成对应的工具按钮添加到自定义工具栏，既可简化操作，又可加速任务的执行。

自定义工具栏实际上是一种用户自定义类，由于自定义工具栏本身是一种表单，因此其定义必须在表单集中创建。

创建自定义工具栏可以按以下 3 个步骤来进行：

（1）从 Toolbar 基类创建一个自定义工具栏类，并为其设置功能。

（2）在"表单控件"工具栏中添加一个代表该自定义工具栏的按钮。

（3）在表单集中创建该工具栏。

例 10.4　设计一个能够移动指针的工具栏 mytool，要求包括"红"、"绿"、"蓝" 3 个按钮。

操作过程如下：

（1）从 Toolbar 基类创建新类。选择"文件"菜单中的"新建"命令，在"新建"对话框中选定"类"选项，再单击"新建文件"按钮，弹出"新建类"对话框，如图 10-21 所示。在"新建类"对话框的"类名"文本框中输入"mytool"，在"派生类"下拉列表中选择"Toolbar"选项，在"存储于"文本框中输入"myclass"，单击"确定"按钮后出现"类设计器"窗口。

（2）运用表单控件的知识在"mytool"工具栏对象中建立 3 个按钮，如图 10-22 所示。并将 3 个按钮的 ForeColor 设置为对应的颜色。

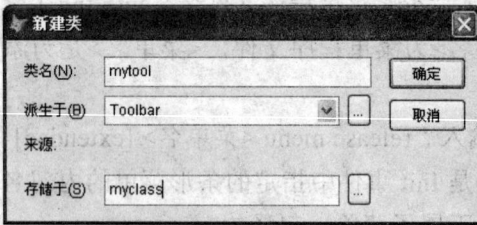

图 10-21　"新建类"对话框

图 10-22　自定义工具栏

（3）3 个按钮的 Click 事件代码相同，事件代码如下：

```
_screen.ActiveForm.ActiveControl.ForeColor=this.ForeColor
```

图 10-23　程序运行效果

（4）打开"表单控件"工具栏，单击"查看类"按钮，在弹出的列表中选择"添加"，在弹出的对话框中选择类库文件"myclass.vcx"，单击"打开"按钮。然后关闭类设计器并保存上述设置，这样在"表单控件"工具栏中就出现了"mytool"工具栏的按钮。

（5）新建如图 10-23 所示的表单文件 myform.scx，其 Name 和 Caption 属性为"myform"，选择"表单"菜单中的"创建表单集"命令，选择该工具栏类添加到表单集中。运行效果如图 10-23 所示。

10.6　菜单应用实例

通过前面对菜单的学习，我们已经掌握了制作菜单的基本知识。如何将设计的菜单与前面设计的表单、报表联系起来，形成一个相对完整的系统呢？本节将通过一个综合的菜单实例来加强对菜单的学习。

　　要求设计一个如图 10-24 所示的菜单，菜单中包含的菜单项及子菜单项的部分功能如表 10-1 所示。表维护.scx、按学号查询.scx 和系统说明.scx 这 3 个表单文件见第 8 章，其他表单文件根据第 8 章所学知识进行设计。报表文件的建立参见第 9 章。

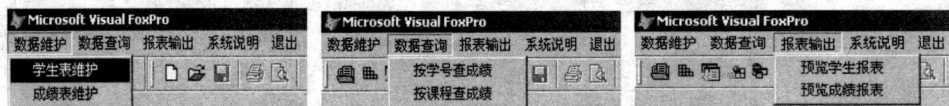

图 10-24　菜单实例

表 10-1　菜单项及子菜单项的部分功能

菜单项	子菜单项	子菜单项功能
数据维护	学生表维护	do form 表维护.scx
	学生表浏览	do form 数据浏览.scx
数据查询	按学号查成绩	do form 学号查询.scx
	按课程查成绩	
报表输出	预览学生报表	report form student.frx preview
	预览成绩报表	
系统说明	关于系统	do form 系统说明.scx
退出	退出系统	

　　操作步骤如下：

　　(1) 在命令窗口中输入：create menu e:\xuesheng\菜单实例，打开"菜单设计器"窗口，按如 10-25 图所示建立一级菜单。

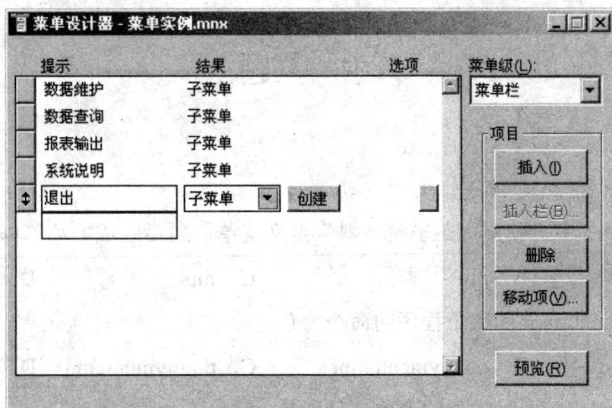

图 10-25　菜单栏设计

　　(2) 选择"数据维护"菜单项，在"结果"列中选择"子菜单"，单击"创建"按钮，为"数据维护"创建子菜单，如图 10-26 所示。要想让子菜单中的第一个菜单项运行第 8 章设计好的"表维护"表单，在"结果"列中选择"命令"，在后面的文本框中输入运行表单命令：do form e:\xuesheng\表维护.scx，注意命令中的地址要与文件的实际地址一致。用同样的方法对另一个菜单项进行设置。

　　(3) "数据维护"子菜单设计完成后，在"菜单级"下拉列表中框选择"菜单栏"，返回图 10-25，重复步骤(2)，按表 10-1 所示为其他菜单项设计子菜单。

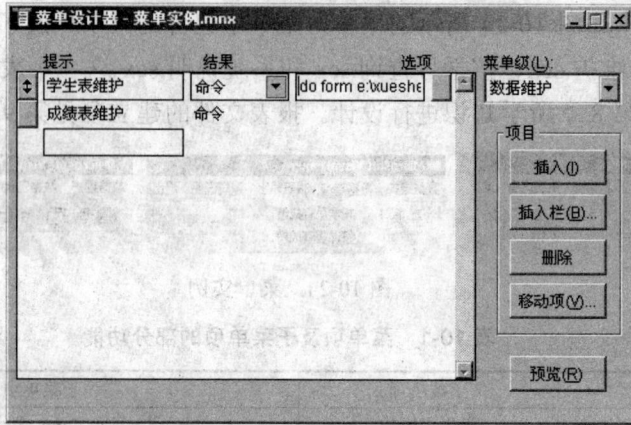

图 10-26　子菜单设计

（4）"退出"系统菜单项设置的代码如下：

```
set sysmenu to default          &&恢复 Visual FoxPro 系统菜单
clear events                    &&结束事件处理
```

（5）保存菜单文件。

（6）生成菜单程序。选择"菜单"菜单中的"生成"命令，在弹出的"生成菜单"对话框中单击"生成"按钮，即生成菜单程序文件"菜单实例.mpr"。

（7）运行菜单程序。此时新生成的菜单会代替 Visual FoxPro 原来的系统菜单，选择菜单项即可实现相应的操作。

习　　题

1．选择题

（1）在 Visual FoxPro 中，使用"菜单设计器"定义菜单，最后生成的菜单程序的扩展名为（　　）。

　　A．mnx　　　　　　　B．prg　　　　　　　C．mpr　　　　　　　D．spr

（2）运行名为 mymenu.mpr 的菜单程序的命令为（　　）。

　　A．do mymenu　　　B．do mymenu.mpr　　C．do mymenu.mnx　D．do mymenu.pjx

（3）Visual FoxPro 中支持两种类型的菜单，分别是（　　）。

　　A．条形菜单和弹出式菜单　　　　　　　　B．条形菜单和下拉式菜单

　　C．弹出式菜单和下拉式菜单　　　　　　　D．复杂菜单和简单菜单

（4）在菜单设计中，可以在定义提示时为菜单项指定一个访问键。指定访问键为"X"的菜单项提示定义是（　　）。

　　A．综合查询(\>X)　　B．综合查询(/>X)　　C．综合查询(\<X)　　D．综合查询(/<X)

（5）在菜单中选择任何一个选项时都执行一定的动作，这个动作可以是（　　）。

　　A．一条命令　　　　B．一个过程　　　　C．激活另一个菜单　D．以上三种均可

（6）以下关于菜单的叙述正确的是（　　）。

　　A．菜单设计器完成后必须生成程序代码

B．菜单设计器完成后不必生成程序代码，可直接使用

C．菜单项的快速访问键和快捷键功能相同

D．为表单建立快捷菜单时，调用快捷菜单的命令代码应写在表单的 Init 事件中

2．填空题

（1）在命令窗口输入_____命令可以启动菜单设计器。

（2）将 Visual FoxPro 系统菜单设置为默认菜单的命令是_____。

（3）要将创建好的快捷菜单添加到控件上，必须在控件的_____事件中添加执行菜单程序的代码。

（4）要将菜单设计成顶层表单菜单，首先要在设计菜单时在"常规选项"对话框中选择_____复选框，其次要将表单的 ShowWindow 属性设置为_____，使其成为顶层表单，最后需要在表单的_____事件代码中添加调用菜单程序的命令。

3．操作题

（1）为图书借阅管理数据库，设计如图 10-27 所示的菜单，其中的一些菜单项调用第 8 章课后作业中建立的图书表文件的维护、数据浏览、借书、还书和查询表单。

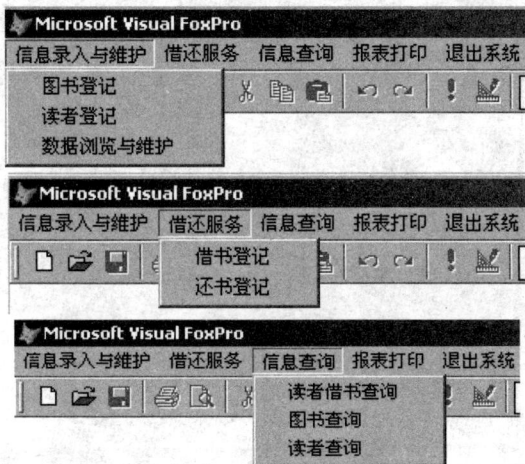

图 10-27 第（1）题图示

（2）设计一个快捷菜单 mymenu2，包括"剪切"、"复制"、"粘贴"和"清除"选项，供在系统登录表单中输入密码的文本框使用，如图 10-28 所示。

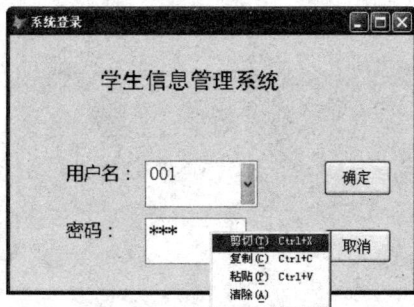

图 10-28 第（2）题的表单

(3) 在读者档案浏览表单中，增加菜单cd3，实现按读者编号、姓名、出生日期排序，如图10-29 所示。假设已经对 read.dbf 按读者编号、姓名、出生日期分别建立结构化复合索引，索引标识分别为“读者编号”、“姓名”和“出生日期”。

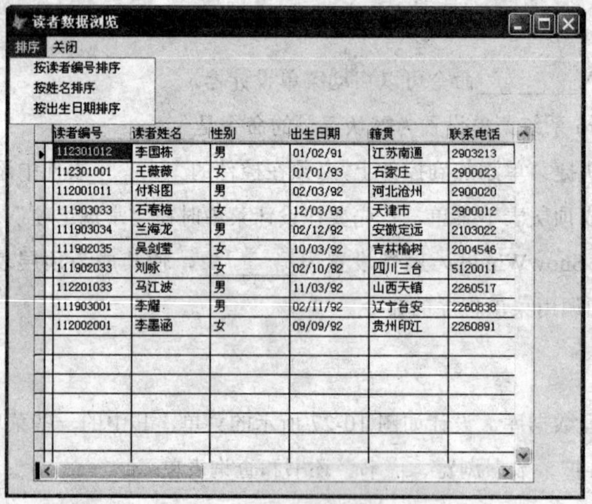
读者数据浏览
排序
关闭
按读者编号排序
按姓名排序
按出生日期排序
读者编号 读者姓名 性别 出生日期 籍贯 联系电话
112301012 李国栋 男 01/02/91 江苏南通 2903213
112301001 王薇薇 女 01/01/93 石家庄 2900023
112001011 付科图 男 02/03/92 河北沧州 2900020
111903033 石春梅 女 12/03/93 天津市 2900012
111903034 兰海龙 男 02/12/92 安徽定远 2103022
111902035 吴剑莹 女 10/03/92 吉林榆树 2004546
111902033 刘咏 女 02/10/92 四川三台 5120011
112201033 马江波 男 11/03/92 山西天镇 2260517
111903001 李耀 男 02/11/92 辽宁台安 2260838
112002001 李墨涵 女 09/09/92 贵州印江 2260891

图 10-29　第(3)题的表单

第 11 章　应用程序开发

在前面的章节中，我们已经学习了程序设计、表单、报表、菜单等知识，如何将它们结合起来，生成应用程序，以方便、快捷地对数据库进行管理和操作，则需要进一步学习软件开发的方法。本章将通过一个学生信息管理系统实例，来介绍数据库应用系统的开发过程。

11.1　开发数据库应用系统的一般步骤

数据库应用系统分为两类：一类是以数据为中心，以提供数据为目的，重点是在数据采集、建模及数据库维护等方面的工作；另一类是以处理为中心，虽然也包括第一类的内容，但重点是使用数据，即进行查询、统计、打印报表等工作，其数据量比前者小得多。这一章主要介绍以处理为中心的系统开发方法。

从软件工程的角度讲，开发数据库应用系统一般分为以下 6 个阶段：

（1）需求分析阶段。这个阶段的主要任务是确定目标系统必须具备哪些功能。系统分析员在这个阶段必须与用户密切配合，充分交流信息，以得出经过用户确认的正式文档，准确地记录对目标系统的需求，这份文档通常称为规格说明书。

（2）数据库设计。在设计应用程序之前，应先组织数据。Visual FoxPro 通过设计数据库来统一管理数据。

（3）系统设计。Visual FoxPro 的系统设计主要有创建子类、用户界面设计与编码、数据输出设计、数据库的维护、构造 Visual FoxPro 应用程序等。

（4）软件测试。在程序设计过程中，要对表单、菜单、报表等程序模块进行测试和调试。通过测试发现错误，再通过调试修改错误。测试一般分为模块测试和综合测试。

（5）应用程序发布。应用程序要想脱离 Visual FoxPro 环境，在 Windows 环境中独立运行，就要将应用程序"连编"为.exe 程序。如果需要，还可以创建一个安装包。

（6）系统运行与维护。在软件开发与维护阶段，要经常修正系统程序的缺陷，增加新的性能。

11.2　需　求　分　析

整个系统的需求包括数据需求和应用功能需求两方面的内容。数据需求是指归纳出整个系统应该包含和处理的数据，以便进行数据库设计；应用功能需求是明确程序设计的目标，从而进行程序模块的设计。需要注意的是：需求分析建立在调研基础上，必须多次访问最终用户，熟悉整个工作环境，收集各类资料；开发过程都应有最终用户参与。

学生信息管理涉及大量的学生信息及其他相关信息的管理，包括学籍管理、成绩管理等。本章为了方便教学对问题进行了简化。简化后的目标系统的数据需求以及功能需求如下：

1. 数据需求

通过对学校学生信息管理工作的调查和分析，一个初步的学生信息管理系统应该包括学生基本信息、课程信息、课程成绩等相关数据。

学生信息要包括学生的学号、姓名、性别、出生日期、团员否、入学成绩、简历、照片等。

课程信息需要包括课程的课程代码、课程名称、学分等。

课程成绩需要包括学号、课程代码、成绩。

2. 功能需求

一个初步的学生信息管理系统应该实现如下功能：能够输入、修改、查询与学生信息管理有关的信息；能打印学生信息、各科成绩。要求实现的功能如下：

(1) 学生情况管理：要求实现学生信息的输入、浏览、修改。

(2) 学生成绩管理：要求实现学生成绩的输入、浏览、修改。

(3) 学生信息查询：要求实现学生信息查询、学生成绩查询和课程查询。

(4) 报表输出：能输出学生基本情况和学生成绩单。

11.3　数据库设计

在明确了系统需求和功能之后，接下来就要进行数据库设计。数据库应用系统与其他应用系统相比，一般具有数据量大、数据保存时间长、数据关联比较复杂等特点。设计数据库的目的实质上是设计出满足实际应用需求的实际关系模型。在 Visual FoxPro 中表现为数据库和表的结构合理，不仅存储所需要的实体信息，并反映出实体间的联系。

11.3.1　数据库的设计原则

为了合理组织数据，设计数据库时应遵循以下基本设计原则：

(1) 关系数据库的设计应遵从概念单一化的原则。一个表描述一个实体或实体间的一种联系。首先分离出那些需要作为单个主题而独立保存的信息，然后确定这些主题间有何联系。不要设计大而杂的表，将不同的信息分散在不同的表中，能使数据的组织、维护工作更加简单、方便。

(2) 避免在表之间出现重复字段。除了用来反映与其他表之间存在联系的外部关键字外，尽量避免在表之间出现重复字段。这样，不仅使数据冗余度小，也可以防止在插入、更新、删除数据时造成数据不一致。

(3) 表中字段必须是原始数据和基本数据元素。表中不能包括通过计算得到的数据或多项数据的组合，从其他字段值可以推出的字段也要尽量不使用。

（4）通过外部关键字保证有关联的表之间的联系。表间联系是通过外部关键字来实现的，通过外部关键字保证有关联的表之间的联系。

11.3.2 数据库的逻辑设计和物理设计

数据库设计主要有逻辑设计和物理设计。

1. 逻辑设计

在关系数据库系统中，数据库的逻辑设计的任务主要有：按一定的原则将数据组织成一个或多个数据库，指明数据库中包含的表及表中包含的字段（即表的关系模式），以及表和表之间的关联。

在学生信息管理系统中，有以下几个数据表，它们的关系模式如下：

（1）学生情况表：（学号，姓名，性别，出生日期，团员，入学成绩）。

（2）选修课程表：（课程代码，课程名，学分）。

（3）学生成绩表：（学号，课程代码，成绩）。

其中加有下划线的字段为主关键字段。在这 3 个表中，学生情况表通过学号与学生成绩表之间建立了关联，学生成绩表通过课程代码与选修课程表建立了关联。

2. 物理设计

数据库的物理设计就是用指定的软件来创建数据库，定义数据库表，以及表之间的关联。在 Visual FoxPro 中，通过数据库设计器可以创建数据库和数据库表，还可建立表间的永久关系。

在学生信息管理系统中，用到一个数据库文件，在这个数据库中有 3 个数据库表，分别是 student 表、course 表和 score 表。数据库文件的建立、表的建立、数据输入、数据修改和永久关系建立见第 3 章。

11.4 系 统 设 计

系统设计阶段一般可分为总体设计、模块设计和编写代码这 3 个步骤。根据"自顶向下，逐步细分"的原则，对整个系统所需的各个功能模块进行合理的划分和设计。典型的数据库应用系统大都包括以下几个功能模块：数据维护模块、查询检索模块、统计计算模块、打印输出模块。

11.4.1 总体设计

在总体设计中，可采用层次结构图的方法，按功能要求自顶向下划分成若干个子系统，子系统再分为若干个模块。划分模块的原则是模块独立性，尽可能使每个模块完成一个独立的功能。

学生信息管理系统的功能模块及组织结构层次如图 11-1 所示。

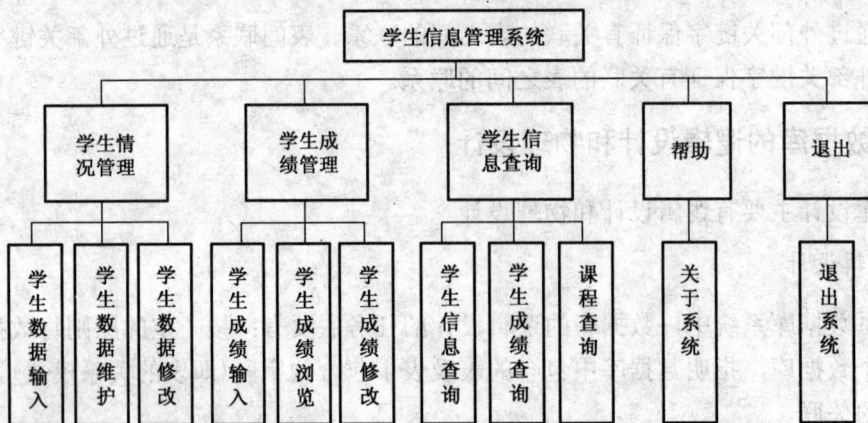

图 11-1　总体结构图

11.4.2　模块设计

Visual FoxPro 的功能模块设计主要有用户界面设计与编码、数据输出设计、数据库的维护、构造 Visual FoxPro 应用程序等。数据输出可包括查询、报表、标签等；数据库的维护主要是对数据库表或自由表中的数据进行添加、删除、修改。这里主要讲主控文件设计。

1. Visual FoxPro 应用程序

Visual FoxPro 将具有.app 扩展名的文件称为应用程序。通过连编生成的以.exe 为扩展名的可执行程序也是一种应用程序。

Visual FoxPro 应用程序的运行环境有两种，一种是 Visual FoxPro 的开发环境，各种程序都可在这种环境中用 do 命令运行。例如：

```
do main            &&运行扩展名为.prg 的命令文件
do main.mpr        &&运行扩展名为.mpr 的菜单程序文件
do form main.scx   &&运行扩展名为.scx 的表单文件
do main.app        &&运行扩展名为.app 的应用程序
do main.exe        &&运行经过 Visual FoxPro 连编生成的.exe 可执行程序
```

另一种环境是 Visual FoxPro 之外的 Windows 环境，上面提到的各种程序中，只有.exe程序能脱离 Visual FoxPro 独立运行。

2. 主控文件设计

主控文件就是应用程序的主文件，主控文件可以是.prg文件、菜单程序文件(.mpr)或表单文件(.scx)。主文件的作用有：对应用程序的环境进行初始化；作为应用程序执行的起始点，由此启动程序的逐级调用；在项目管理器中，主文件也可作为应用程序的“连编”起始点；控制事件循环；恢复先前的环境。

1) 应用程序环境初始化

应用程序环境初始化主要包括以下几个方面：设置状态，包括 set 命令状态、窗口状态；变量初始化，如建立公共变量；建立应用程序的一条默认路径；打开需要的数据库、表及索引。可以将环境初始化所用的命令放到一个程序文件中。

2）作为起始点，引出初始用户界面

初始用户界面可以是菜单，也可以是表单。在初始用户界面之前还可以显示应用系统的封面或登录对话框。如果主文件是.prg文件，可在其中使用 do 命令运行一个菜单程序文件，或使用 do form 命令运行一个表单，来显示初始用户界面。

3）控制事件循环

控制事件循环命令为 read events，功能是开始事件循环，等待用户操作。仅.exe 文件需要建立事件循环，在 Visual FoxPro 的开发环境中运行的应用程序则不必使用该命令。这个命令通常用在主文件中。

例如：

```
do form main.scx          &&调用表单文件
read events               &&显示 main.scx 表单，开始处理单击、按键盘键等用户事件
```

如果不用这个命令，表单只能在 Visual FoxPro 环境中正确运行，但在无 Visual FoxPro 的 Windows 环境无法正常运行。

必须在应用程序中用 clear events 命令来结束事件循环，使 Visual FoxPro 能执行 read events 的后继命令。clear events 命令可用作某菜单项的单条命令代码，或设置在表单"退出"按钮中。

4）恢复先前环境

退出应用程序时，应恢复初始环境为以前的环境设置。也可以将恢复先前环境的命令放在一个程序文件中。

综上所述，一个简单的主文件主要由以下几个方面组成：设置系统运行的状态参数、定义系统全局变量、调用系统用户界面、read events 和恢复以前环境。

例如：

```
do setup.prg        &&设置环境，将环境设置放在一个程序文件中
do form main.scx    &&调用系统表单
read events         &&建立事件循环
do clear.prg        &&恢复以前环境，将以前环境设置放在一个程序文件中
```

3. 用户界面设计

Visual FoxPro 的用户界面主要包括表单、菜单和工具栏，它们所包含的控件与菜单命令就能实现应用程序的功能。

从总体结构图很容易列出应用程序的菜单，由总体结构图转换到菜单时，其对应关系如下：系统层对应菜单文件，子系统层对应菜单标题名，功能层对应菜单项。用户也可以根据需要在表单上设置若干按钮表示各子系统的功能。

11.5　详　细　设　计

前面章节已详细学习了表单、菜单、报表设计过程，这里简单介绍几个功能模块的设计与编码。

11.5.1　主控程序设计

这里主控程序使用的是命令文件，这个命令文件名为"学生信息系统.prg"，其程序内容如下：

```
set default to e:\vfpjc
_screen.caption="学生信息管理系统"          &&定义系统的标题
_screen.icon= "cd1.ico"                  &&定义系统的图标
do form 系统首页.scx                       &&调用系统首页表单
read events
```

11.5.2　表单设计示例

1. 系统首页表单

"系统首页.scx"的主要功能是引导用户进入系统，运行结果如图 11-2 所示。由主控程序设计可知，"系统首页.scx"由主控程序启动，单击"点击进入系统"按钮后，将运行"系统登录.scx"表单，进入登录界面，如图 11-3 所示。

图 11-2　系统首页表单

设计步骤如下：

（1）建立一个表单，表单属性 Caption 的值设置为：无（即清空其中的内容）；AutoCenter 设置为.T.；TitleBar 设置为：0-关闭；Picture 值设置为一个图片文件。

（2）按图 11-2 所示，在表单上添加 3 个标签，并设置它们的 Caption 值。

（3）添加一个命令按钮，设置命令按钮的 Caption 值为单击进入系统，命令按钮的 Click 事件代码如下：

```
do form 系统登录.scx          &&执行系统登录表单
release thisform             &&释放当前表单
```

添加另一个命令按钮，设置其 Caption 值为退出，其 Click 事件代码如下：

```
thisform.release            &&释放表单
clear event                 &&清除事务处理
```

2. 系统登录表单

"系统登录.scx"表单文件的主要任务是：通过选择或输入用户名，输入密码，单击"确定"按钮，进入系统主菜单。在这个表单中，用到了一个自由表 password.dbf，用来存放登录时所需的用户名和密码。表 Password 的关系模式为 password(czy(C,3)，mm(C,3))。

设计步骤如下：

（1）建立一个如图 11-3 所示表单，表单属性 Caption 值设置为系统登录。

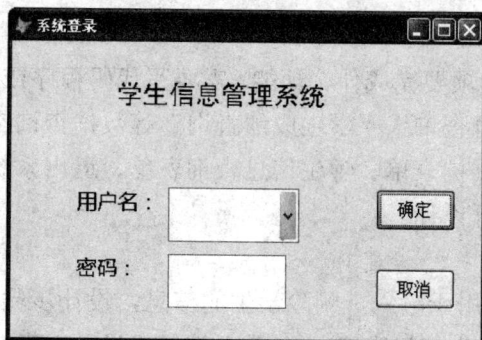

图 11-3　系统登录表单

设置表单的 Load 事件代码如下：

```
public i                &&变量 i 用于存放密码输入次数
i=0                     &&变量 i 初始值为 0
use password
```

设置表单的 Unload 事件代码如下：

```
use
```

（2）在表单上添加 3 个标签，并按图示设置它们的 Caption 值。

（3）添加 1 个组合框，设置组合框属性 RowSource 值为 password.czy，属性 RowSourceType 的值为 6-字段。

（4）添加 1 个文本框，设置属性 PasswordChar 的值为*，InputMask 的值为 999，设置 Click 事件代码为 thisform.text1.setfocus。

（5）添加 2 个命令按钮，分别设置它们的 Caption 属性值。

设置"取消"按钮的 Click 事件代码如下：

```
release thisform
clear event
```

设置"确定"按钮的 Click 事件代码如下：

```
i=i+1
locate for czy=alltrim(thisform.combo1.value)
if found() and mm=alltrim(thisform.text1.value)
   do 主菜单.mpr              &&调用主菜单程序文件
   release thisform
else
```

```
  if i<3
  =messagebox("密码错!"+chr(13)+"再试一次!",48,"警告")     &&chr(13)换行
  thisform.text1.setfocus
  else
  =messagebox("已经输入 3 次了!"+chr(13)+"非法用户!",48,"严重警告")
  release thisform
  endif
endif
```

3. 主菜单中调用的表单

在主菜单中，每个菜单项要完成什么功能，需要写代码程序或调用命令。如主菜单"学生信息查询"中"学生信息查询"、"学生成绩查询"等数据查询都需要设计相应的表单文件。下面只介绍学生信息维护表单、学生信息查询表单、退出系统表单的设计，其他表单的设计可以参考第 8 章进行设计。

1) 学生信息维护

"信息维护"表单主要用于输入、删除学生的信息，设计步骤如下：

（1）创建表单，文件名为信息维护.scx，然后选择"显示"菜单中的"数据环境"命令，在弹出的"添加表或视图"对话框中，添加 student 表文件到数据环境设计器中，如图 11-4 所示，设置"信息维护"表单的属性。

（2）设置标签和文本框。从数据环境设计器中，将字段拖放到表单中规定的位置，生成相应的标签和文本框，备注和照片也可通过同样的方法添加到表单中。从数据环境设置标签和文本框不仅速度快，而且标签的 Caption 和 Name 属性、文本框的 Name 属性都会自动设置与源字段有关的名字，文本框也会自动与源表中的字段绑定，效果如图 11-4 所示。

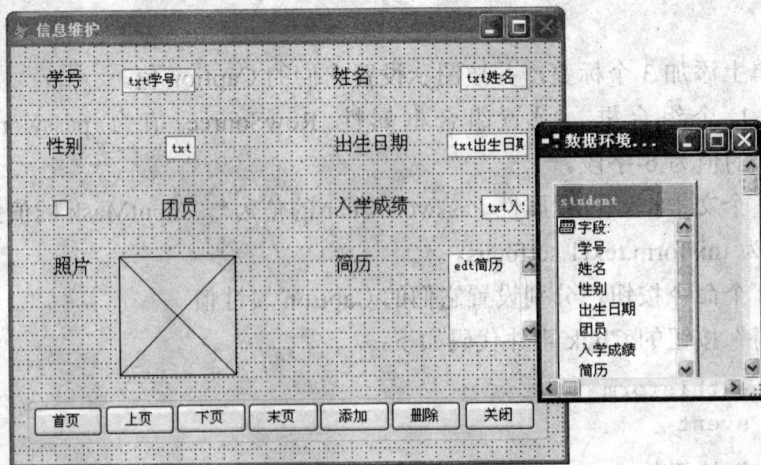

图 11-4　信息维护表单

（3）添加命令按钮组，编写命令按钮组的事件代码。从"表单控件"工具栏中单击"命令按钮组"按钮，在窗口的相应位置单击，创建命令按钮组控件。在属性窗口，分别设置每个按钮的属性。双击"命令按钮组"控件，在打开的代码编辑窗口中输入 Click 事件的代码：

```
do case
    case this.value=1         &&如果值为 1，则显示首记录
        go top
    case this.value=2         &&如果值为 2 且记录指针未指向表头，则显示上一记录
        if not bof()
            skip -1
        endif
    case this.value=3         &&如果值为 3，则显示下一个记录
        skip
        if eof()              &&如果记录指针已指向表尾，则向上移动一个记录
        skip -1
        endif
    case this.value=4         &&如果值为 4，则显示最后一个记录
        go bottom
    case this.value=5         &&如果值为 5，则增加一个记录
        sure=messagebox("需要增加学生信息吗？",4+32+256,"确认")
        if sure=6
            append blank
        endif
        go bottom
        replace 学号 with str(datetime()-{^2011-1-1 12:00:00})
                &&此处为无意义数字，因学号为关键字，不能插入空记录
    case this.value=6         &&如果值为 6，则删除当前记录
        sure=messagebox("需要删除当前学生信息吗？",4+32+256,"确认")
        if sure=6
            delete
            pack
        endif
    case this.value=7    &&如果值为 7，则关闭该窗口
        thisform.release
endcase
thisform.refresh
```

（4）保存并运行文件，可以得到如图 11-5 所示的表单效果。可以通过单击表单中的相关按钮，实现对信息维护的相关操作。

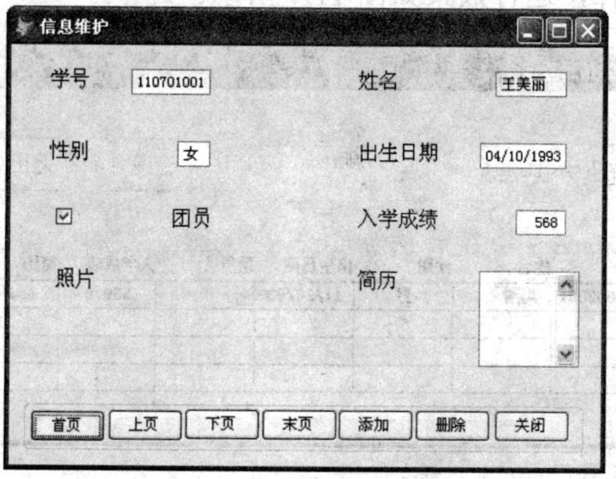

图 11-5　信息维护表单运行效果图

2）学生信息查询表单

"学生信息查询.scx"的设计步骤如下：

（1）建立表单文件，文件名为"学生信息查询.scx"。按图 11-6 所示，在表单上添加 1 个标签，1 个组合框，1 个文本框，1 个表格，2 个按钮。

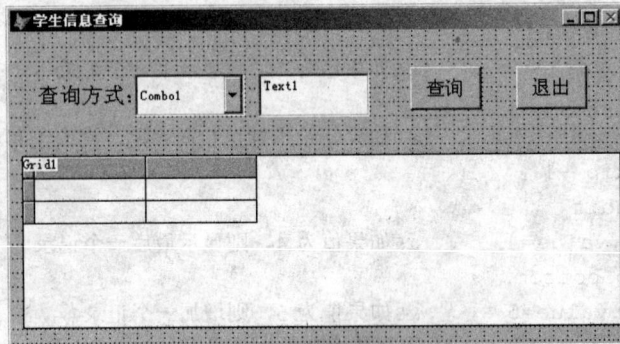

图 11-6　信息查询表单

（2）设置控件属性。按图示设置表单、标签、按钮的 Caption 值。

组合框的 RowSource 的值设置为"学号,姓名"（英文下的逗号），RowSourceType 的值设置为 1-值，Style 的值设置为 2-下拉列表框。表格的 RecordSource 的值设置为 student，RecordSourceType 的值设置为"4-SQL 说明"。

（3）编写命令按钮的事件代码。

表单的 Load 事件代码为 use student。

表单的 Unload 事件代码为 use。

"查询"按钮的 Click 事件代码如下：

```
a=thisform.combo1.value
thisform.grid1.recordsource="Select * from student;
    where Student.&a.=alltrim(thisform.text1.value) into cursor temp"
```

"退出"按钮的 Click 事件代码为 thisform .release。

组合框的 GetFocus 事件代码为 thisform.text1.value=""。

（4）保存并运行文件，运行效果如图 11-7 所示。

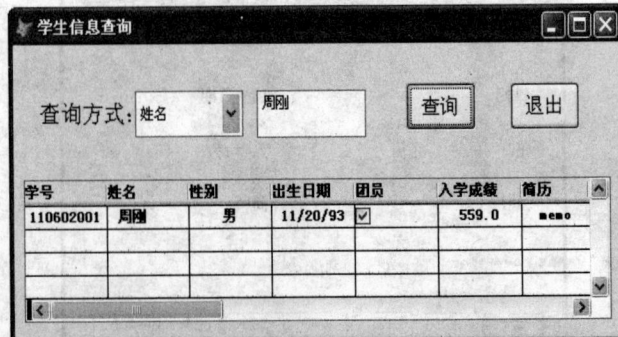

图 11-7　学生信息查询表单运行效果

3）退出系统表单

"退出系统.scx"的设计步骤如下：

如图 11-8 所示，建立表单文件，文件名为"退出系统.scx"，在表单上添加 1 个标签、2 个按钮，分别按图示设置表单、标签、按钮的 Caption 值。

"是"按钮的 Click 事件代码如下：

```
close all
clear events
quit
```

"否"按钮的 Click 事件代码为 release thisform。

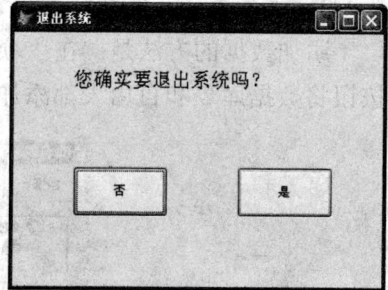

11.5.3　系统主菜单

在系统登录界面中，输入用户名和密码，单击"确定"按钮后，就会出现主菜单，如图 11-9 所示。主菜单的作用是通过菜单项完成所需的各种操作。主菜单的具体设计在此不再多讲，请参考第 10 章。

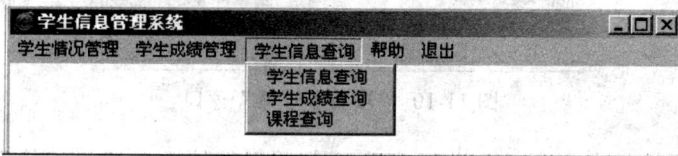

图 11-8　退出系统表单

图 11-9　主菜单

主菜单中包含的菜单项及子菜单项的部分功能如表 11-1 所示。查询成绩.scx、系统说明.scx 表单文件见第 8 章，其他表单文件根据第 8 章所学知识进行设计。

表 11-1　菜单项及子菜单项的部分功能

菜单项	子菜单项	子菜单项功能
学生情况管理	学生信息输入	do form 学生信息输入.scx
	学生信息维护	do form 信息维护.scx
	学生信息修改	do form 信息修改.scx
学生成绩管理	学生成绩输入	
	学生成绩浏览	do form 数据浏览.scx
	学生成绩修改	
学生信息查询	学生信息查询	do form 学生信息查询.scx
	学生成绩查询	do form 查询成绩.scx
	课程查询	
帮助	关于系统	do form 系统说明.scx
退出	退出系统	do form 退出.scx

11.6　连编可执行程序文件

在对应用程序各个模块分别进行设计、进行调试之后，需要对整个项目进行编译，生成.exe 可执行程序，这在 Visual FoxPro 中称为连编项目。操作方法如下：

1）建立项目文件

方法是：选择"文件"菜单中的"新建"命令，在打开的"新建"对话框中选择"项目"，新建一个项目文件，为项目文件名命名，如命名为"学生信息.pjx"。

2）添加数据、文档、表单、应用程序、菜单文件和其他文件

添加数据的方法是：在"项目管理器"窗口中，选择"数据"选项卡，通过"添加"按钮将数据库表和自由表都添加到项目文件中，如图 11-10 所示。

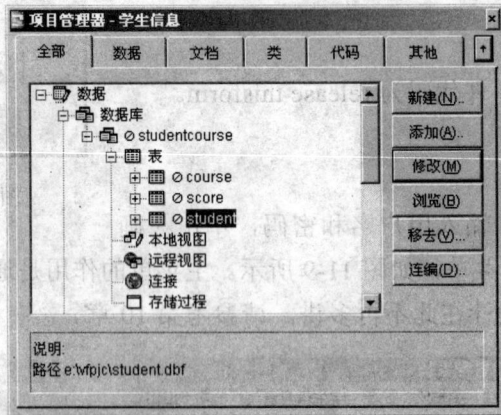

图 11-10　"项目管理器"窗口

表单文件的添加是在"文档"选项卡中，菜单文件的添加在"其他"选项卡中，程序文件的添加是在"代码"选项卡中。也可以在"全部"选项卡中选择相应的项进行添加。

3）设置文件的"排除"与"包含"

刚刚添加的数据库文件左侧会有一个排除符号，表示此项从项目中排除。Visual FoxPro 假设表在应用程序中可以被修改，所以默认表为"排除"。

"排除"与"包含"相对。在项目连编之后，那些在项目中标记为"包含"的文件将变为只读文件。如果应用程序包含需要用户修改或更新的文件，必须将该文件标记为"排除"。该排除文件仍是项目一部分，仍可被跟踪。

可以根据应用程序的需要包含或排除文件，但一般可运行的文件，如表单、报表、查询、菜单和程序文件等应该在项目文件中设置为"包含"，而数据文件则为"排除"。应用程序文件（.app）不能设为包含，类库文件（.ocx 和.dll）可以有选择地设为排除。

4）设置主文件

主文件是整个应用程序的入口点，其任务是设置应用程序的起始点、初始化环境、显示初始的用户界面、控制事件循环，当退出应用程序时，恢复原始的开发环境。当运行应用程序时，将首先启动主文件，然后再依次调用所需要的应用程序及其他组件。所有应用程序必须包含一个主文件。

设置主文件的方法是：在"项目管理器"窗口中，选中作为主文件的文件，选择系统菜单"项目"中的"设置主文件"命令即可。在学生信息管理系统中是将图 11-11 所示的程序文件设置为主文件。由于一个应用系统只有一个起始点，系统的主文件是唯一的。当重新设置主文件时，原来的设置自动解除。

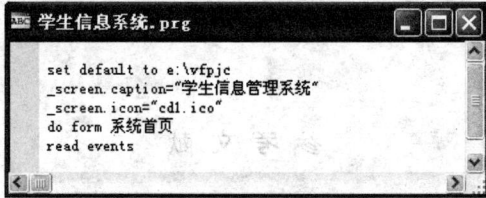

图 11-11　主程序文件代码

5）连编，形成可独立执行的.exe 文件

连编项目首先是让 Visual FoxPro 系统对项目的整体性进行测试，此过程的最终结果是将所有在项目中引用的文件，除了那些标记为排除的文件以外，合成为一个应用程序文件。

连编的方法是：选择"项目"菜单中的"连编"命令，弹出如图 11-12 所示对话框，选择"Win32 可执行/COM 服务程序"单选按钮，单击"确定"按钮，会弹出"另存为"对话框，输入可执行程序文件名，即可生成一个可独立运行的.exe 文件。如果选择"应用程序"单选按钮，则生成以.app 为扩展名的应用程序，.app 文件必须在 Visual FoxPro 开发环境中运行。

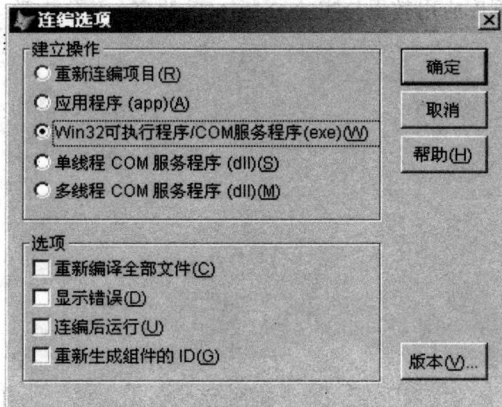

图 11-12　"连编选项"对话框

习　　题

1. 简述使用 Visual FoxPro 开发应用程序的主要步骤。

2. 主文件的作用有哪些？

3. 连编时要注意哪些？

4. 建立一个项目文件：图书管理.pjx，将前面章节习题中的表文件、表单文件、菜单文件连编生成.exe 文件。

参 考 文 献

蔡伟, 等. 2000. Visual FoxPro 6.0 应用开发案例[M]. 北京：人民邮电出版社

段新昱, 常保平. 2009. Visual FoxPro 程序设计[M]. 北京：科学出版社

李明, 顾振山. 2011. Visual FoxPro 9.0 实用教程. 2 版[M]. 北京：清华大学出版社

李淑华. 2004. Visual FoxPro 程序设计[M]. 北京：高等教育出版社

李雁翎. 2002. Visual FoxPro 应用基础与面向对象程序设计教程. 2 版[M]. 北京：高等教育出版社

毛一心, 毛一之, 等. 2003. 中文版 Visual FoxPro 6.0 应用及实例集锦. 2 版[M]. 北京：人民邮电出版社

彭小宁, 魏书堤. 2007. Visual FoxPro 程序设计[M]. 北京：中国铁道出版社

求是科技. 2004. Visual FoxPro 6.0 数据库开发技术与工程实践[M]. 北京：人民邮电出版社

史济民, 汤观全. 2000. Visual FoxPro 及其应用系统开发[M]. 北京：清华大学出版社

王利. 2001. 全国计算机等级考试二级教程——Visual FoxPro 程序设计[M]. 北京：高等教育出版社

徐辉. 2010. Visual FoxPro 数据库应用教程与实验. 2 版[M]. 北京：清华大学出版社

附录　实验指南

实验一　Visual FoxPro 操作环境和语言成分

一、实验目的

(1) 了解 Visual FoxPro 的用户界面和基本操作环境。
(2) 掌握常用数据类型常量的表示方法，掌握赋值和显示命令(?/??)。
(3) 掌握常用函数的使用方法，学会构造表达式。
(4) 掌握数组的定义和赋值。

二、实验内容

实验 1.1　在 Visual FoxPro 命令窗口中，通过所学语句实现求矩形的面积和周长。矩形的长和宽已确定。

参考命令：

```
c=20
k=10
mj=c*k
zc=2*(c+k)
?"面积为：",mj
?"周长为：",zc
```

实验 1.2　在 Visual FoxPro 命令窗口中，通过所学语句实现求一元二次方程 $ax^2+bx+c=0$ 的实数解。已知三个系数 a、b、c 可满足 $b^2-4ac \geq 0$。实验中给定三个系数，保证 $b^2-4ac \geq 0$。

参考命令：

```
a=3
b=4
c=1
x1=(-b+sqrt(b*b-4*a*c))/(2*a)
x2=(-b-sqrt(b*b-4*a*c))/(2*a)
?"x1=",x1
?"x2=",x2
```

实验 1.3　用 MessageBox()函数自定义附图 1 所示的信息框。

参考命令：

```
?messagebox ("输入的值超出范围！",5+48+256,"越界提示")
```

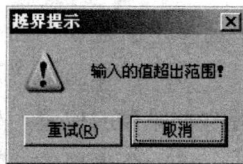

附图 1

实验 1.4　定义一个 2 行 3 列的数组 A，所有元素赋值为 5，并显示前两个数组元素的值。

参考命令：

```
Dimension A(2,3)
A=5
?A(1,1), A(1,2)
```

实验二　数据库和表的操作

一、实验目的

（1）掌握数据库与数据库表的创建。

（2）掌握数据库表中数据的输入、修改、添加、删除等操作。

（3）掌握设置数据库表之间的永久关系和参照完整性。

二、实验内容

实验 2.1　建立数据库文件 jiaoxue.dbc，建立数据库表 teacher.dbf、course.dbf 和 teaching.dbf。表中所含字段及内容如附图 2 所示。

Teacher

教师编号	姓名	性别	出生日期	职称	专业
00001	李红	女	07/05/65	教授	计算机
00002	张国营	男	08/12/70	副教授	计算机
00005	周华丽	女	03/25/80	讲师	计算机
00003	张小娟	女	06/20/75	副教授	汉语
00006	王军	男	09/16/85	助教	法律
00004	刘春江	男	02/13/69	高级工程师	计算机

(a)

Course

课程代码	课程名称	课时
091101	大学计算机基础	48
091102	VFP程序设计	64
090201	大学语文	54
090502	法律基础	72

(b)

Teaching

教师编号	课程代码	授课学期
00002	091101	1
00005	091101	1
00001	091102	2
00004	091102	2
00003	090201	1
00006	090502	2
00002	091102	2
00005	091102	2
00001	091101	1
00004	091101	1

(c)

附图 2

操作步骤如下：

（1）选择“文件”菜单中的“新建”命令，在弹出的“新建”对话框中选择“数据库”选项。

（2）单击“新建文件”按钮，弹出“创建”对话框，输入数据库文件名，选择数据库的存放位置，单击“保存”按钮，进入“数据库设计器”窗口。

（3）单击“数据库设计器”工具栏中的“新建表”按钮，或右击空白处，从快捷菜单中选择“新建表”命令。

（4）在弹出的“新建表”对话框中单击“新建表”按钮，在弹出的“创建”对话框中指定表保存的位置，输入表名，单击“保存”按钮。

（5）在出现的“表设计器”中输入字段名、选择字段类型、设置字段宽度等。

实验 2.2　在 teacher 表中添加两条记录，位置、内容自己确定。

参考方法：如果在 teacher.dbf 的尾部追加记录，则使用 append 命令；如果在 teacher.dbf 的中间插入记录，用 insert 命令。

实验 2.3 建立数据库表 teacher.dbf、teaching.dbf、course.dbf 三个表间的永久关系，建立数据库表之间参照完整性。

操作步骤如下：

（1）打开数据库设计器，在 teacher.dbf 中按教师编号建立主索引或候选索引，在 teaching.dbf 中按教师编号建立普通索引。从 teacher 表的主索引或候选索引处开始，单击并拖到 teaching 表的普通索引上，在 teacher 表和 teaching 表之间出现了一条线（关系线），这样，就建立了 teacher 表和 teaching 表之间的永久关系。用同样的方法建立 course 表和 teaching 表之间的永久关系。

（2）选择"数据库"菜单中的"清理数据库"命令；再选择"数据库"菜单中的"编辑参照完整性"命令，弹出"参照完整性生成器"对话框，利用"更新规则"、"删除规则"和"插入规则"选项卡，进行参照完整性的设置。

实验三 查询设计器和 SQL 查询命令

一、实验目的

（1）掌握用查询设计器建立查询的方法。
（2）掌握用 SQL Select 语句实现表中数据查询。

二、实验内容

实验 3.1 使用查询设计器，查询讲授 VFP 程序设计这门课的教师的姓名、性别、职称。
操作步骤如下：

（1）在命令窗口中输入命令：create query，打开查询设计器，在"添加表或视图"对话框中，将 teacher.dbf、teaching.dbf、course.dbf 三个表添加到查询设计器中。

（2）选择"字段"选项卡，分别将 teacher.姓名、teacher.性别、teacher.职称字段添加到"选定字段"框中。

（3）选择"筛选"选项卡，在"字段名"中选择"course.课程名称"，在"条件"列中选择"="号，在"实例"中输入"VFP 程序设计"。

（4）保存并运行查询。

实验 3.2 使用查询设计器，查询在第 1 学期上课的教师姓名、所上课程的课程名称、课时。
操作步骤如下：

（1）在命令窗口中输入命令：create query，打开查询设计器，在"添加表或视图"对话框中，将 teacher.dbf、teaching.dbf、course.dbf 三个表添加到查询设计器中。

（2）选择"字段"选项卡，分别将 teacher.姓名、course.课程名称、course.课时字段添加到"选定字段"框中。

（3）选择"筛选"选项卡，在"字段名"中选择"teachingt.授课学期"，在"条件"列中选择"="号，在"实例"中输入"1"。

（4）保存并运行查询。

实验 3.3　使用 SQL Select 语句，查询刘春江老师所上课程的课程名称、课时、授课学期。

参考命令 1：

```
select  course.课程名称,course.课时,teaching.授课学期;
from  teacher,teaching,course;
where teacher.教师编号=teaching.教师编号 and course.课程代码
     =teaching.课程代码;
 and  teacher.姓名 = "刘春江"
```

参考命令 2：

```
select  course.课程名称, course.课时,teaching.授课学期;
from  jiaoxue!teacher  inner join jiaoxue!teaching;
   on teacher.教师编号=teaching.教师编号;
    inner join jiaoxue!course;
   on course.课程代码 = teaching.课程代码;
 where  teacher.姓名= "刘春江"
```

实验 3.4　使用 SQL Select 语句，查询职称是副教授的教师的姓名、所上课程名称、课时、授课学期。

参考命令 1：

```
select  teacher.姓名,course.课程名称, course.课时, teaching.授课学期;
from  teacher,teaching,course ;
where  teacher.教师编号=teaching.教师编号 and course.课程代码=
        teaching.课程代码;
   and teacher.职称= "副教授"
```

参考命令 2：

```
select  teacher.姓名, course.课程名称, course.课时, teaching.授课学期;
from  jiaoxue!teacher inner join jiaoxue!teaching;
   on teacher.教师编号=teaching.教师编号;
   inner join jiaoxue!course;
   on course.课程代码=teaching.课程代码;
where  teacher.职称= "副教授"
```

实验 3.5　使用 SQL Select 语句，查询第 1 学期所开设的课程数。

参考命令：

```
select count(distinct 课程代码) as kcs from teaching where 授课学期=
    1 into cursor temp
select temp
go top
?kcs
```

实验四 程序设计基础

一、实验目的

(1) 熟练掌握程序文件的建立、编辑和运行。
(2) 熟练掌握结构化程序设计的三种基本控制结构。
(3) 能分析、设计具有三种基本控制结构的简单的综合程序。

二、实验内容

实验 4.1 运行下面的程序，并回答问题：

```
clear
x=12345
y=0
do while x>0
    y=y+x%10
    x=int(x/10)
enddo
?y
```

(1) 程序运行结果是什么？
(2) 程序功能是什么？

实验 4.2 运行下面的程序，并回答问题：

```
n=0
s=0
do while n<=100
    n=n+1
    if n%2=1
        loop
    else
        s=s+n
    endif
enddo
?s
```

(1) 程序运行结果是什么？
(2) 程序功能是什么？

实验 4.3 编程，在表 teacher.dbf、teaching 和 course.dbf 中，显示周华丽老师的教师编号、姓名、所教的课程名称、学时、授课学期。

方法 1：在程序文件中使用 SQL select 语句。

参考命令：

```
use e:\jxxx\teacher  in 1      &&注意文件地址要根据自己文件地址来写
use e:\jxxx\teaching in 2
```

```
use e:\jxxx\course in 3
select  teacher.教师编号,姓名,课程名称,课时,授课学期
    from  teacher,teaching,course;
where teacher.教师编号=teaching.教师编号 and teaching.课程代码=
    course.课程代码;
and teacher.姓名="周华丽"
close all
```

方法 2：在程序文件中在表之间 teacher.dbf、teaching 和 course.dbf 建立关联，用 display 显示。

参考命令：

```
select 2
use teaching
index on 教师编号 tag bh
select 1
use teacher
set relation to 教师编号 into b
set skip to b
select 3
use course
index on 课程代码 tag kcdm
select 2
set relation to 课程代码 into c
select 1
display 教师编号,姓名,c.课程名称,c.课时,b.授课学期 for 姓名="周华丽"
```

实验 4.4 编程，实现输入一个字符串，判断该字符串是否为回文。如字符串"abcba" 就是回文。

参考命令：

```
clear
accept "请输入一个字符串" to s
n=len(s)
i=1
j=n
do while i<=round(n/2,0)
    if substr(s,i,1)<>substr(s,j,1)
      exit
    endif
    j=j-1
    i=i+1
enddo
if i>=j
    ?"是回文!"
else
    ?"不是回文!"
endif
```

实验五　表 单 设 计

一、实验目的

(1) 掌握利用"表单设计器"设计表单的方法。

(2) 掌握表单控件的常用属性、事件和方法。

二、实验内容

实验 5.1　利用表单向导设计如附图 3 所示的表单,表单文件名为"教师数据输入.scx",实现 teacher.dbf 表中数据的输入。可以再设计另外两个表的数据输入。

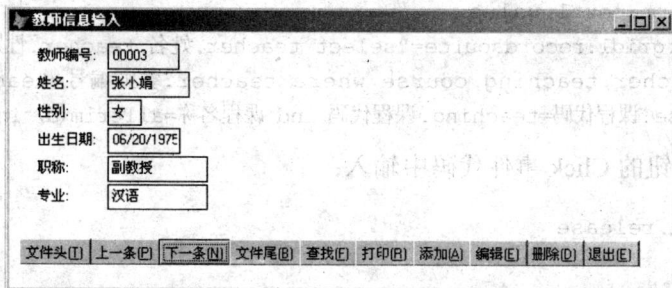

附图 3

操作步骤如下:

(1) 选择"文件"菜单中的"新建"命令,在"新建"对话框中选择"表单",单击"向导"按钮。

(2) 在"向导选取"对话框中,选择"表单向导",单击"确定"按钮。

(3) 根据表单向导提示操作即可。

实验 5.2　设计如附图 4 所示的表单,表单文件名为"按课程查询.scx",实现按课程查询任课教师。

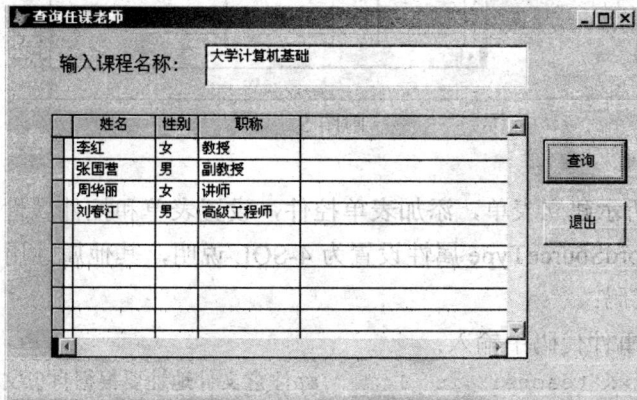

附图 4

操作步骤如下：

（1）按附图 4 所示建立表单，添加表单控件，设置表单和控件属性。表格的 RecordSourceType 属性设置为 4-SQL 说明，其他属性用默认值。

（2）编写事件代码：

在表单的 Load 事件代码中输入：

```
use e:\jxxx\teacher in 1        &&注意文件地址要根据自己文件地址来写
use e:\jxxx\teaching in 2
use e:\jxxx\course in 3
```

在表单的 Unload 事件代码中输入：

```
close all database
```

在"查询"按钮的 Click 事件代码中输入：

```
a=thisform.text1.value
thisform.grid1.recordsource="select teacher.姓名,teacher.性别,teacher.职称;
from teacher,teaching,course where teacher.教师编号=teaching.教师编号;
and course.课程代码=teaching.课程代码 and 课程名称=alltrim(a) into cursor temp"
```

在"退出"按钮的 Click 事件代码中输入：

```
Thisform.release
```

（3）运行表单。

实验 5.3　设计如附图 5 所示的表单，表单文件名为"按学期查询.scx"，实现查询某学期的任课教师情况。

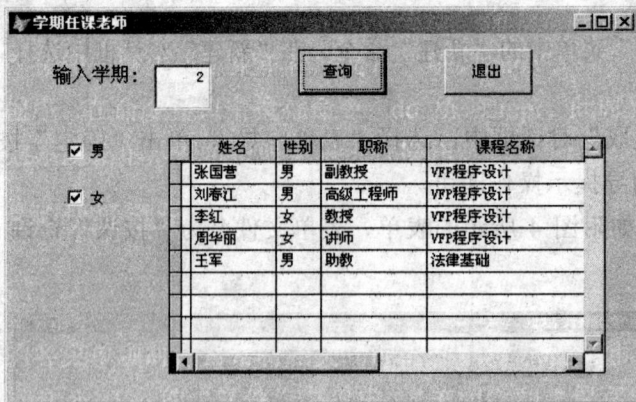

附图 5

操作步骤如下：

（1）按附图 5 所示建立表单，添加表单控件，设置表单和控件属性。文本框的 Value 值为 0；表格的 RecordSourceType 属性设置为 4-SQL 说明，其他属性用默认值。

（2）编写事件代码：

在表单的 Load 事件代码中输入：

```
use e:\jxxx\teacher in 1        &&注意文件地址要根据自己文件地址来写
use e:\jxxx\teaching in 2
use e:\jxxx\course in 3
```

在表单的 Unload 事件代码中输入：

```
close all database
```

在"查询"按钮的 Click 事件代码中输入：

```
a=thisform.text1.value
if thisform.check1.value=1
    thisform.grid1.recordsource="select teacher.姓名,teacher.性别,
        teacher.职称,course.课程名称;
    from teacher,teaching,course;
    where teacher.教师编号=teaching.教师编号 and course.课程代码=
        teaching.课程代码;
    and 授课学期=a and teacher.性别='男' into cursor temp"
endif
if thisform.check2.value=1
  thisform.grid1.recordsource="select teacher.姓名,teacher.性别,
        teacher.职称,course.课程名称;
  from teacher,teaching,course;
  where teacher.教师编号=teaching.教师编号 and course.课程代码=
        teaching.课程代码;
and 授课学期=a and  teacher.性别='女' into cursor temp"
endif
if (thisform.check1.value=1 and thisform.check2.value=1);
 or (thisform.check1.value=0 and thisform.check2.value=0)
    thisform.grid1.recordsource="select teacher.姓名,teacher.性别,
        teacher.职称,course.课程名称;
    from teacher,teaching,course;
    where teacher.教师编号=teaching.教师编号 and course.课程代码=
        teaching.课程代码;
    and 授课学期=a into cursor temp"
endif
```

在"退出"按钮的 Click 事件代码中输入：

```
thisform.release
```

(3) 运行表单。

实验 5.4 设计如附图 6 所示的表单，表单文件名为"数据浏览.scx"，用于实现对三个表的数据浏览。

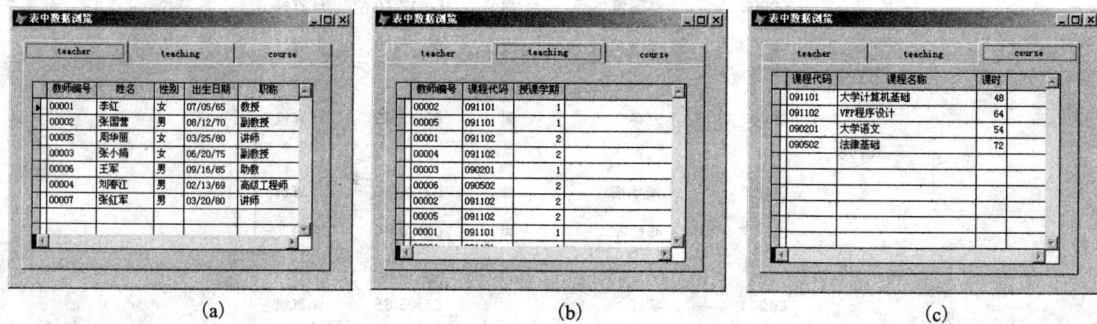

(a)　　　　　　　　　　(b)　　　　　　　　　　(c)

附图 6

操作步骤如下：

(1) 建立表单，如附图 6 所示添加一个页框，有 3 个页面。在每个页面上添加一个表

格。设置表单和每个页面的 Caption 属性。第 1 个标签页中的表格的 RecordSource 属性设置为 teacher，RecordSourceType 属性设置为 1-别名，其他属性用默认值；第 2 个标签页中的表格的 RecordSource 属性设置为 teaching，RecordSourceType 属性设置为 1-别名；第 3 个标签页中的表格的 RecordSource 属性设置为 course，RecordSourceType 属性设置为 1-别名。

（2）编写事件代码：

在表单的 Load 事件代码中输入：

```
use e:\jxxx\teacher in 1        &&注意文件地址要根据自己文件地址来写
use e:\jxxx\teaching in 2
use e:\jxxx\course in 3
```

在表单的 Unload 事件代码中输入：

```
close all database
```

（3）运行表单。

实验六　报 表 设 计

一、实验目的

（1）掌握用"报表向导"设计报表的方法。

（2）掌握用"报表设计器"设计和修改报表的方法。

二、实验内容

实验 6.1　使用 teacher.dbf 中的数据，利用"报表向导"设计如附图 7 所示的报表，文件名为"教师报表.frx"。

TEACHER
01/21/13

职称	教师编号	姓名	性别	出生日期	专业
副教授					
	00002	张国营	男	08/12/70	计算机
	00003	张小娟	女	06/20/75	汉语
高级工程师					
	00004	刘春江	男	02/13/69	计算机
讲师					
	00005	周华丽	女	03/25/80	计算机
	00007	张红军	男	03/20/80	汉语
教授					
	00001	李红	女	07/05/65	计算机
助教					
	00006	王军	男	09/16/85	法律

附图 7

操作步骤如下：

（1）启动报表向导，在"向导选取"对话框中选择"报表向导"，单击"确定"按钮，进入报表向导。

（2）在"步骤 1-字段选取"对话框中添加表 teacher.dbf，并选定所有字段。然后单击"下一步"按钮，进入步骤 2。

（3）在"步骤 2-分组记录"对话框中选择"职称"作为分组依据。

（4）在"步骤 3-选择报表样式"对话框中选择"经营式"。

（5）在"步骤 4-定义报表布局"对话框中选择"纵向"。

（6）在"步骤 5-排序依据"对话框中不作任何选择。

（7）在"步骤 6-完成"对话框中对报表进行相应保存设置。

实验 6.2 用"报表设计器"修改实验 6.1 中的报表，修改后的效果如附图 8 所示。

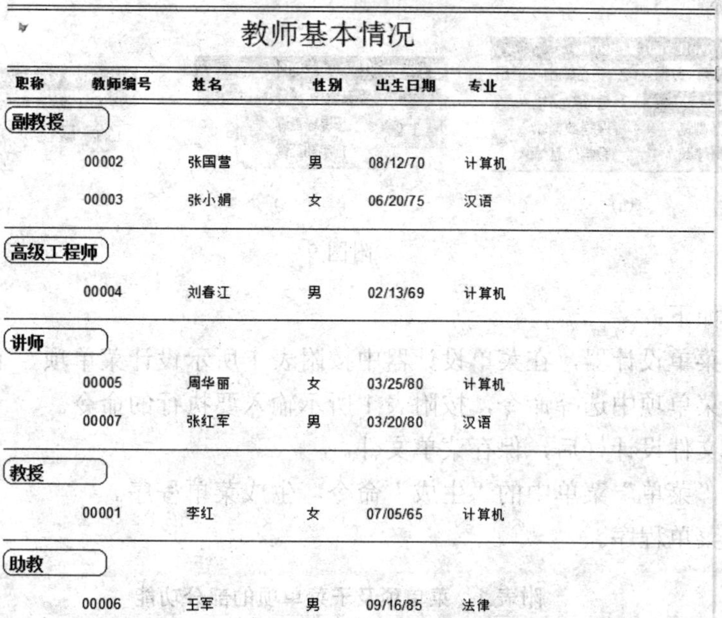

附图 8

操作步骤如下：

（1）打开实验 6.1 建立的报表，在"报表设计"窗口中删除"标题"带区的内容，然后在"报表控件"工具栏中单击"标签"控件，在"标题"带区的中部写上"教师基本情况"几个字，并设置其大小为 20。

（2）在"标题"带区的左边添加一个"图片/ActiveX 绑定控件"（该控件在"报表控件"工具栏内），在弹出的"报表图片"对话框中添加一个需要的图片。

（3）在"组标头 1：职称"带区中，给"ALLT（职称）"表达式添加一个"圆角矩形"控件（该控件在"报表控件"工具栏内），并调整为合适大小。

（4）在"组注脚 1：职称"带区添加一个"线条"控件（该控件在"报表控件"工具栏内），并调整为适当长度。

实验七　菜　单　设　计

一、实验目的

(1) 掌握用"菜单设计器"设计和修改下拉式菜单的方法。

(2) 掌握用"菜单设计器"设计和修改快捷菜单的方法。

(3) 掌握菜单的调用方法。

二、实验内容

实验 7.1　利用前面设计的表文件,设计如附图 9 所示的菜单。子菜单项的部分功能如表 A7-1 所示。

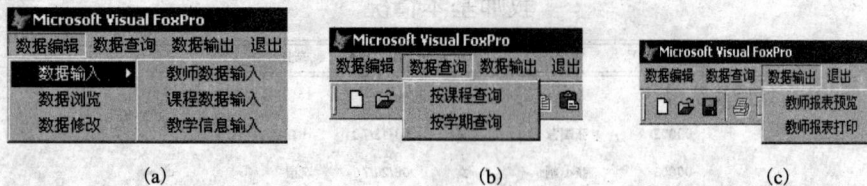

附图 9

操作步骤如下:

(1) 打开菜单设计器,在菜单设计器中按附表 1 所示设计菜单项、子菜单项。

(2) 在子菜单项中选择命令,按附表 1 所示输入要执行的命令。

(3) 菜单文件设计好后,保存菜单文件。

(4) 选择"菜单"菜单中的"生成"命令,生成菜单程序。

(5) 运行菜单程序。

附表 1　菜单项及子菜单项的部分功能

菜单项	子菜单项	下级子菜单项	子菜单项功能
数据编辑	数据输入	教师数据输入	do form 教师数据输入.scx
		课程数据输入	do form 课程数据输入.scx
		教学信息输入	do form 教学信息输入.scx
	数据浏览		do form 数据浏览.scx
	数据修改		
数据查询	按课程查询		do form 按课程查询.scx
	按学期查询		do form 按学期查询.scx
数据输出	教师报表浏览		report form 教师报表.frx preview
	教师报表打印		
退出			do form 退出.scx

＿＿＿＿＿＿＿＿＿＿＿＿＿＿实验报告

学号：＿＿＿＿＿＿　　姓名：＿＿＿＿＿＿　　专业：＿＿＿＿＿　　班级：＿＿＿＿＿

指导老师：＿＿＿＿＿＿　　　　　　　　　　　　　　　　　　　成绩：＿＿＿＿＿

一、实验目的

二、实验内容

三、算法描述及实验步骤

四、过程及实验结果(详细记录过程中出现的问题及解决方法，记录实验执行的结果)

五、总结(对实验结果进行分析，实验心得体会及改进意见)

_____实验报告

学号：_____ 姓名：_____ 专业：_____ 班级：_____

指导老师：_____ 成绩：_____

一、实验目的

二、实验内容

三、算法描述及实验步骤

四、过程及实验结果(详细记录过程中出现的问题及解决方法，记录实验执行的结果)

五、总结(对实验结果进行分析，实验心得体会及改进意见)

_____实验报告

学号：_____　姓名：_____　专业：_____　班级：_____

指导老师：_____　　　　　　　　　　　　　　　　成绩：_____

一、实验目的

二、实验内容

三、算法描述及实验步骤

四、过程及实验结果（详细记录过程中出现的问题及解决方法，记录实验执行的结果）

五、总结（对实验结果进行分析，实验心得体会及改进意见）

_____实验报告

学号：_____　　姓名：_____　　专业：_____　　班级：_____

指导老师：_____　　　　　　　　　　　　　　　　　　成绩：_____

一、实验目的

二、实验内容

三、算法描述及实验步骤

四、过程及实验结果（详细记录过程中出现的问题及解决方法，记录实验执行的结果）

五、总结（对实验结果进行分析，实验心得体会及改进意见）

＿＿＿＿＿＿＿＿＿＿实验报告

学号：＿＿＿＿　　姓名：＿＿＿＿　专业：＿＿＿＿　　班级：＿＿＿＿
指导老师：＿＿＿＿　　　　　　　　　　　　　　　成绩：＿＿＿＿

一、实验目的

二、实验内容

三、算法描述及实验步骤

四、过程及实验结果（详细记录过程中出现的问题及解决方法，记录实验执行的结果）

五、总结（对实验结果进行分析，实验心得体会及改进意见）